机电企业质量管理体系认证教程

俞晨熹　王本轶　黄光文　黄晓　编著

中国质检出版社
中国标准出版社
北京

图书在版编目(CIP)数据

机电企业质量管理体系认证教程/俞晨熹等编著.—北京:中国标准出版社,2012

ISBN 978-7-5066-6612-1

Ⅰ.①机… Ⅱ.①俞… Ⅲ.①机电企业—质量管理体系—中国—教材 Ⅳ.①F426.4

中国版本图书馆CIP数据核字(2011)第244589号

中国质检出版社
中国标准出版社 出版发行

北京市朝阳区和平里西街甲2号(100013)

北京市西城区三里河北街16号(100045)

网址:www.spc.net.cn

总编室:(010)64275323 发行中心:(010)51780235

读者服务部:(010)68523946

中国标准出版社秦皇岛印刷厂印刷

各地新华书店经销

*

开本 787×1092 1/16 印张 15.5 字数 370 千字

2012年1月第一版 2012年1月第一次印刷

*

定价 **40.00** 元

前言

《机电企业质量管理体系认证教程》是高职高专国际质量管理体系认证专业学生，机电企业质量管理体系建立、实施和持续改进人员及与机电企业从事质量管理体系认证相关人员实施教学和培训的一本浙江省高校重点教材。

本书以 GB/T 19000—2008《质量管理体系 基础和术语》(idt ISO 9000:2005)、GB/T 19001—2008《质量管理体系 要求》(idt ISO 9001:2008)为核心，结合机电企业质量管理体系建立、实施和持续改进的工作经验、咨询经验、机电企业质量管理体系审核经验及高校有关机电企业质量管理体系认证教学经验编写而成。

本书编写过程中尤其注意学习者的学习习惯和接受知识从基础到高级的规律以及机、电、机电企业的特点和需求。本书前五章介绍了有关质量管理体系的基础知识，包括质量认证和认可概况、质量管理体系发展概况、八项质量管理原则、十二项质量管理体系基础和质量管理体系八十四条术语概况；第六章至第十五章尝试应用过程、过程方法及管理的系统方法的思路，结合机电企业的高层领导、职能部门的职能要求及机电产品的专业知识，介绍机电企业如何理解 GB/T 19000—2008 标准要求，在理解的基础上建立、实施和持续改进机电企业的质量管理体系。同时，在各章中介绍了相应的术语，以便更好地理解质量管理体系的术语在质量管理体系要求中的应用；第十六章至第十八章介绍质量管理体系策划、质量管理体系认证程序和要求及有关法律法规等知识。

本书第一章至第三章由王本铁副教授负责编写，第四章至第五章由黄光文总经理负责编写，第六章至第十五章由俞晨熹高级工程师负责编写，第十六章至第十八章由黄晓高级工程师负责编写。第一主编俞晨熹为浙江工贸职业技术学院国际质量管理体系认证专业的专业带头人。

本书在编写过程中参考和引用了国内出版的有关质量管理体系认证专著和标准，得到浙江工贸职业技术学院领导、同仁、学生以及浙江亨力电子有限公司和浙江埃尼斯阀门有限公司的大力支持，在此表示衷心感谢。由于编者水平有限，时间仓促，不当之处在所难免，敬请广大读者批评指正。

编　者

2011年9月19日

目录

第一章

质量认证和认可

第一节　质量认证和认可概述

一、认证和认证概述

（一）认证的定义、对象、依据和内容

认证是指由认证机构证明产品、服务、管理体系符合相关技术规范、相关技术规范的强制性要求或者标准的合格评定活动。

1. 认证的定义

认证是由认证机构进行的一种合格评定活动。

2. 认证的对象

认证的对象是产品、服务和管理体系。产品是指一种过程的结果，包括服务、软件、硬件和流程性材料四种通用类别。管理体系是指建立方针和目标并实现这些目标的相互关联或相互作用的一组要素。管理体系又分为质量管理体系、环境管理体系、职业安全与健康管理体系等很多种。进行管理体系认证，有利于企业或组织持续改进其总体业绩与效率，不断提高质量、环境、职业安全与健康等管理的科学性，增强市场竞争力。

需要说明的是，质量管理体系认证和产品认证是相互联系又相互区别的。进行质量管理体系认证，有利于提高质量管理水平，提高产品质量，但一个企业通过质量管理体系认证不等于其产品的质量也必然得到了保证，企业的产品是否符合相关标准或要求，还需要进行产品认证。同理，产品认证也不能替代质量管理体系认证。

3. 认证的依据

认证的依据是相关技术规范、相关技术规范的强制性要求或者标准。这里所指的相关技术规范即认证技术规范；这里所指的标准是依据《中华人民共和国标准化法》规定的包括推荐性标准和强制性标准。认证技术规范是指认证机构自行制定的用于产品、服务、管理体系认证的符合性要求的技术性文件，并经公认机构批准的技术性文件。相关技术规范的强制性要求是指规定必须强制执行的产品特性或其相关工艺和生产方法，包括适用的管理规定在内的文件；该文件可包括适用于产品、工艺或者生产方法的专门术语、符号、包装、标志或标签要求。相关技术规范的强制性要求，包含于有关法律法规、行政法规、部门规章之中。

4. 认证的内容

认证的内容是产品、服务、管理体系。

（二）认证机构的类型、运作依据、组织结构和管理要求

1. 认证机构的类型

（1）认证机构是指具有可靠的执行认证制度的必要能力，并在认证过程中能够客观、公

正、独立地从事认证活动的机构。

(2) 认证机构类型包括:管理体系认证、产品认证、特种职业人员认证(注册)、服务认证等机构。其中,把验证组织(供方)的QMS或EMS与规定要求(标准或其他规范性文件)的符合性的机构称为QMS认证机构或EMS认证机构,把验证组织(供方)的产品与规定要求(标准或其他规范性文件)的符合性的机构称为产品认证机构。在有些国家,称“认证机构”为“注册机构”,此外还有些称为“审核与注册机构”、“认证/注册机构”。

2. 认证机构运作依据

运作依据有:

ISO/IEC 导则 62:1996 对从事质量管理体系审核和认证/注册的机构的通用要求(以下简称ISO/IEC导则62)

ISO/IEC 导则 65:1996 对从事产品认证制度的机构的通用要求(以下简称ISO/IEC导则65)

ISO/IEC 导则 66:1999 对从事环境管理体系(EMS)审核和认证/注册的机构的通用要求(以下简称ISO/IEC导则66)

3. 认证机构的组织结构和管理要求

认证机构的组织结构应能够为其认证活动提供一种公众(或者说与认证相关的利益方)的信任。因此,必要的组织结构及其管理是认证机构提供认证服务的基础。认证机构的组织结构和管理应确保认证机构:A)认证活动的公正性;B)具有承担机构法律责任的能力;C)对认证决定负责;D)具备对相关工作负责的管理者;E)允许与认证活动相关的利益方参与和监督其认证活动;F)具备机构稳定运作的资源(包括人力、物力和财力);G)规定授予认证的条件;H)具有处理申诉和投诉的机制;I)免受商业利益驱动;J)避免相关机构的利益影响;K)建立质量管理体系等。

二、认可和认可概述

(一) 认可的定义

1. 定义

认可是指由认可机构对认证机构、检查机构、实验室以及从事审核、评审等认证活动人员的能力和执业资格,予以承认的合格评定活动。

2. 含义

认证包括以下三层含义:

(1) 认可的性质是由认可机构进行的一种合格评定活动。根据《中华人民共和国认证认可条例》(以下简称条例)的规定,认可机构由国务院认证认可监督管理部门确定,除经确定的认可机构外,其他任何单位不得直接或者变相从事认可活动。

(2) 认可的对象分为:认证机构、检查机构、实验室以及从事审核、评审等认证活动的人员。

(3) 认可的内容是对上述机构以及从事认证活动的人员的能力和执业资格予以承认。

(二) 认可的依据

经国家认证认可监督管理委员会确定的认可机构是中国合格评定国家认可委员会

(CNAS),认可机构按照国际标准ISO/IEC17011:2004《合格评定 认可机构通用要求》建立其运作体系,并制定相关认可规则和认可准则等认可规范性文件。其中,认可规则明确了实施认可活动的政策、程序和相关管理规定,如申请、评审、授予认可、暂停或撤销认可资格、监督或复评、申诉或投诉处理、认可标志的管理以及认可收费等。

认可准则规定实施认可评审的评价依据,国际认可机构将ISO/IEC导则62:1996、ISO/IEC导则65:1996、ISO/IEC导则66和国际认可论坛(IAF)对这些导则的应用指南,作为实施对质量管理体系(QMS)、环境管理体系(EMS)和产品认证机构认可的准则。

国内认可机构将《中华人民共和国认证认可条例》作为实施对质量管理体系(QMS)、环境管理体系(EMS)和产品认证机构认可的准则。

对于ISO和IEC未制定相关认证机构运作的标准的认证领域,如前面提到的职业健康与安全管理体系(OHSMS)、信息安全管理体系(ISMS)、食品安全管理体系(FSMS)等管理体系认证机构,以及有机食品认证机构等机构的运作,也分别参照上述导则、条例和IAF指南制定相关认可准则。

(三) 认可的程序—认可规则的通用要求的重点内容

CNAS的认可程序基本是按照认可过程来描述的,并且对外以公开文件的形式体现,即CNAS认可规则和宣传简介,包括认可规则、暂停和撤销规则、信息通报规则、认可标志使用规则、申诉和投诉处理规则、收费规则等;在CNAS内部质量体系文件中,主要以相应程序文件的形式体现,即受理程序、评审程序、认可决定程序、暂停和撤销处理程序、人员管理程序、信息通报处理程序等。一个典型认可过程包括:

1. 公布认可准则和相关认可信息

在实施认可业务之前,公布实施认可所依据的评审准则和全部相关认可信息,即相关规范性文件中的规定,如与认证机构运作有关的标准和导则。认可信息应包括如下,且应适当更新:

(1) 认可评审和认可过程的详细信息,包括对授予、保持、扩大、缩小、暂停和撤销认可的安排;

(2) 包含认可要求的文件或引用文件,适用时,包括每个认可领域的特定技术要求;

(3) 认可费用的基本信息;

(4) 认证机构权利和义务的说明;

(5) 已认可的认证机构的名录;

(6)投诉和申诉的提出与处理程序的信息;

(7) 认可制度实施的授权信息;

(8) CNAS权利和义务的说明;

(9) CNAS获取财务支持方式的基本信息;

(10) CNAS活动及其运作范围的信息;

(11) 适用时,CNAS的相关机构的信息。

2. 受理认可的申请

CNAS要求由申请认可的认证机构提出正式申请,并对申请材料实施合同评审。合同评审的主要任务,一是对认证机构提供的所从事的认证服务的描述、申请认可的标准清单、认证机构的质量手册及相关的支持性文件和记录等信息的充分性进行评价。二是实施认可资源的复核。CNAS从自身方针和能力等方面复核是否有能力对申请人实施评审，能力包括：是否有适当能力的评审员和专家，以及其及时实施初次评审的能力。

对于满足CNAS认可受理要求的情况，CNAS将向申请认可的机构发出受理通知书。否则，将告知机构不予受理的原因。如果申请机构对此存在异议，可以按照CNAS申诉处理程序向CNAS提出申诉。

3. 实施评审的准备

评审准备活动可能包括：初次评审前的预访问；策划评审方案，如正式指派一个有能力的评审组，并确保评审组成员行为的公正性和非歧视性，确定评审人日数和抽样方案，确定评审组任务和评审范围等；允许认证机构对指派的评审员或专家提出异议；明确地规定评审组的任务；就评审日期和日程与认证机构达成一致；为评审组提供适当的评审用文件、以往评审的记录及认证机构的相关文件和记录等。

4. 实施文件和记录的审查

评审组就认证机构的文件化体系是否符合相关标准和其他认可要求而审查认证机构提供的所有相关文件和记录，并将文件和记录审查中发现的不符合书面通报认证机构，同时决定是否实施后续的现场评审。

5. 实施现场评审，包括办公室评审和见证评审

为了获取认证机构在适用范围内具备能力和符合相关标准与其他认可要求的客观证据，对认证机构的现场评审包括在机构办公场所实施的办公室评审和在机构认证审核组审核现场实施的见证评审。

见证是对认证机构在其认可范围内实施认证服务的观察。为了确认认证机构在整个认可范围内的能力，评审组需见证认证机构一定数量的、有代表性的工作人员的表现。

6. 分析评审发现和撰写评审报告

评审组分析在文件和记录（的）审查及现场评审中收集的所有相关信息和证据，该分析需足以使评审组确定认证机构的能力范围和程度，及其与认可要求的符合性。

评审报告通常提供给认可决定人员的以下信息：

（1）认证机构的唯一识别信息；

（2）评审日期；

（3）参加评审的评审员和（或）专家的姓名；

（4）所有已评审场所的唯一识别信息；

（5）推荐（建议）的经过评审的认可范围；

（6）对认证机构为对其能力树立信心而采用的内部组织结构和程序的充分性与适宜性的陈述，该陈述是根据认证机构与认可要求的符合性确定的；

（7）所有不符合的解决情况；

（8）任何有助于确定认证机构满足要求及其能力的进一步信息；

（9）适当时，就建议的范围提出授予、缩小或扩大认可的推荐意见。

7. 做出认可决定和授予认可

CNAS规定授予认可的条件，根据充分的信息来判断其认可要求是否已经被认证机构满足，并做出是否授予或扩大认可的决定。当使用另一认可机构的评审结果时，CNAS须确定该认可机构按照ISO/IEC 17011的要求运作。做出认可决定后，CNAS向已认可的认证

机构颁发认可证书。

8. 必要时,对认可决定的申诉

当认证机构认为CNAS做出与其期望的认可状态有不利的认可决定时,可能向CNAS提出重新考虑的请求,即申诉。这些不利决定可以包括:拒绝接受申请,拒绝继续进行评审,要求采取纠正措施,变更认可范围,不予认可,暂停或撤销认可,阻碍获得认可的任何其他措施。

CNAS建立了处理认证机构申诉的程序。按照该程序,CNAS指派具有能力的、独立于申诉事项的个人或小组调查和处理申诉,并将结果通告申诉人。

9. 实施认可后的监督和复评

为监控获得认可的认证机构是否持续满足认可要求,CNAS建立程序并按照适宜的时间间隔实施定期现场监督评审、其他监督活动以及复评。通常情况下,采用复评与监督结合的方式,即两次监督间隔不超过12个月,至少每4年进行一次复评。

复评与初始评审相似,不同之处在于复评应考虑以往评审取得的经验,复评比现场监督评审更全面。监督或复评中发现不符合时,考虑到认证机构一直在宣传认可资格和使用认可标志,CNAS对纠正措施的实施规定严格的时限。

CNAS根据上述监督和复评的结果来确认认可的保持或决定认可的更新。根据对认证机构的投诉或认证机构的变更等情况,CNAS可能实施非常规评审。在实施评审前,CNAS将告知认证机构这种可能性。

10. 需要时,扩大认可业务范围

对于获得认可的认证机构提出的扩大认可业务范围的申请,CNAS将实施必要的活动,如评审和授予程序,以确定是否批准扩大范围。

11. 必要时,暂停、撤销或缩小认可资格

CNAS建立暂停、撤销或缩小认可范围的程序。如果获得认可的认证机构持续不能满足认可要求或认可规则,CNAS将决定暂停或撤销认可。

如果认证机构在部分认可范围内持续不能满足认可要求(包括能力要求)时,CNAS将决定缩小其认可范围以撤销对这些部分的认可。

(四)认可资格的引用、认可标志与国际互认标志(MLA标志)的授权使用

认可标志是CNAS颁发给获得认可的认证机构使用的,表示其认可资格的标志。获得认可的认证机构可在认可范围内的证书上使用认可标志。CNAS作为该认可标志的所有者,有保护和使用认可标志的政策并采取有效措施确保获得认可的认证机构,要求:

(1)在互联网、文件、宣传册或广告等传播媒介中引用认可资格时,完全符合CNAS对引用认可资格的要求。

(2)只在认可范围明确覆盖的认证机构场所使用认可标志。

(3)不能做出CNAS认为具有误导性或未经授权的认可资格声明。

(4)暂停或撤销认可的决定一经做出(无论如何决定的),立即停止一切引用认可资格的宣传。

(5)使用认可资格时,不得暗示CNAS批准了某一产品、过程、体系或人员。

国际互认标志(MLA标志)是IAF颁发给签署IAF MLA的认可机构和获得上述认可机构认可的认证机构使用的、表明其认可结果和认证机构运作的一致性的标志。IAF作为

该标志的所有者，有保护和使用该标志的政策并采取有效措施确保 IAF MLA 不能被用在获得认证的产品上，也不能用在获得认证的组织所生产的产品上。

目前，CNAS 仅在 QMS 和 EMS 领域与 IAF 签署了 MLA。因此，IAF MLA 标志的使用仅限于与 QMS 和 EMS 有关的认可证书、认证证书和相关宣传材料等场合。任何获得 CNAS 认可的认证机构须与 CNAS 签署使用 IAF MLA 标志的协议后，方可使用 IAF MLA 标志。

当 CNAS 在广告、目录等宣传材料中发现错误引用认可资格或以误导方式使用认可标志和 IAF MLA 标志时，将采取适当措施予以处理。措施可能包括：要求采取纠正措施，撤销认可资格，公告违规行为，必要时采取其他法律措施等。

三、认证及认证培训、咨询人员

（一）定义

认证及认证培训、咨询人员是指管理体系认证审核员、产品认证检查员、认证培训教员和认证咨询师等从事认证及认证培训、咨询活动的人员，以及认证及认证培训、咨询机构的业务管理人员。

（二）注册要求

《中华人民共和国认证认可条例》第四条规定，从事认证活动的审核人员应经注册机构注册后方可从事相应的认证活动。由此明确了对于在中华人民共和国境内从事认证活动的审核人员，注册是一种强制行为。目前，中国认证认可协会（CCAA）是国家认证认可监督管理委员会唯一授权的依法从事认证人员认证（注册）的机构，开展管理体系审核员、咨询师、产品认证检查员和认证培训教师等的认证（注册）工作。

审核人员的注册也称审核人员的认证，它也是一种认证形式，它是对审核人员满足相关标准或规范的要求所提供的第三方证明。按照国际通常作法，这种审核员注册是一种审核员自愿行为。

ISO 和 IEC 于 2003 年发布了标准 ISO/IEC 17024：2003《合格评定　人员认证机构通用要求》，该标准已经转换为我国国家标准 GB/T 27024—2004。人员注册机构依照标准和国际审核员培训注册协会（IATCA）的相关要求制定审核员注册准则和程序。

审核员注册的准则规定了审核员注册的要求和条件，如审核员所应具备的个人素质、相关知识、教育背景、工作经历、培训经历、审核经历等；审核员注册的程序明确了注册机构实施注册活动的方式、步骤和相关管理规定，如申请、评价、注册、再确认、撤销等。

认证审核人员从事认证活动应主要在三个环节，即能力确认、审核实施和审核员注册环节符合相关标准或法律法规的要求。其中，①能力确认要求认证审核人员应首先由聘用机构确定其具备必要的技术能力，如审核能力和专业能力，以及管理能力，如审核组长的必要的组织能力；②审核实施要求认证审核人员应按照认证机构所制定的认证实施规则或程序的要求实施审核；③审核员注册应按照《中华人民共和国认证认可条例》等规定注册。

四、质量认证

（一）质量认证类型

近百年的发展，质量认证工作不断向深度和广度全面展开，形成了产品质量认证、质量

体系认证和认可(注册)、实验室认可、认证人员及培训机构注册四大系列。

19世纪下半叶,标志着当代工业革命的蒸汽机、柴油机、汽油机和电的发明,并伴随着工业标准化的诞生,形成了当代工业化大生产,使当代市场经济逐渐发育和日臻完善。但随之带来的锅炉爆炸和电器失火等大量恶性事件的发生,使民众意识到,第一方(产品提供方)的自我评价和第二方(产品接收方)的验收评价,由于自身的弱点和缺憾均变得不可靠。民众强烈呼吁,由独立于产销双方之外,不受产销双方经济利益所支配的第三方,用公正、科学的方法对市场上流通的商品,特别是涉及安全、健康的商品进行评价、监督,以正确指导公众购买,保证公众基本利益。解决这一难题有两条路,一是等待政府立法、定规矩、建机构再开始行动;二是由民间热心人士集资并组建机构,先干起来,政府立法之后再规范。多数工业化国家选择的是第二条路,这也就是我们常说的第三方认证,第三方认证首先是民间为适应市场需求自发产生的。例如,美国的UL(保险商实验室)和法国技术监督协会就是在那种形势下诞生的。

(二)第三方认证的产生

1903年,英国首先以国家标准为依据对英国铁轨进行合格认证并授予风筝标志,开创了国家认证制的先河,并开始了在政府领导下开展认证工作的规范性活动。认证工作从单纯民间活动,成为政府和民间共存,或者该政府在规范市场的行为中拿起了第三方认证的武器。

由于政府通过立法而开展认证,因而形成了强制性认证(或称法规性认证)和自愿性(非法规性)认证两大部分。

(三)认证类型

从20世纪初到20世纪70年代,各国开展认证活动均以产品认证为主。1982年,国际标准化组织出版了《认证的原则与实践》一书,总结了已经过去的七十年间各国开展产品认证所使用的八种形式。即

1. 目前各国开展产品认证所使用的八种形式

第一种:型式检验

第二种:型式检验+工厂抽样检验

第三种:型式检验+市场抽样检验

第四种:型式检验+工厂抽样检验+市场抽样检验

第五种:型式检验+工厂抽样检验+市场抽样检验+企业质量体系检查+发证后跟踪监督

第六种:企业质量体系检查

第七种:批量检验

第八种:100%检验

2. 第五种形式

可以看出,各国对各类不同产品尽管都开展了产品认证,但做法相差很远,为国际间相互承认,或建立以国际标准为依据的国际认证制带来不便,以至要走相当长的改造之路。因而,20世纪80年代初,国际标准化组织和国际电工委员会向各国正式提出建议,以第五种形式为基础,建立各国的国家认证制。今后认证的国际指南以此为基础制定,已建立起国家

认证制的国家要逐步向第五种靠拢,未建立起国家认证制的要以第五种为基础建立。为此,国际标准化组织的发展委员会专门为指导发展中国家的认证工作,出版了《怎样开展产品认证工作》的小册子。

在开展产品认证的过程中,需要大量使用具备第三方公正地位的实验室从事产品检测工作。也就是说,在产品认证中,实验室检测扮演了十分重要的角色。同时,除认证活动外,在市场经济活动中,买卖双方也大量地需要检测数据来判定合同中的质量要求。因此,实验室的资格和技术能力的评定制提到了议事日程。1947 年,澳大利亚率先开创了实验室认可活动,发达国家相继效仿。经过几十年的发展,如同认证工作一样,在深度与广度上有了长足进步。1977 年,经美国实验室认可机构发起,主要国家实验室认可组织响应,在丹麦哥本哈根召开了第一次国际实验室认可大会(简称 ILAC),形成了各国实验室认可机构的国际论坛。之后,经过几年的工作,形成了每两年召开一次会议的制度。ILAC 的宗旨是:交流各国实验室认可的做法和经验,研究起草实验室认可国际准则草案,与 ISO/IEC 密切合作,并将草案提交给 ISO/IEC,通过正常程序作为 ISO/IEC 指南发布;促进各国间相互承认进而走向国际互认。1985 年 ISO 和 ILAC 联合出版了《实验室认可的原则与实践》一书,同时,ISO/IEC 陆续发布了实验室认可指南。

第二节　质量认证和认可机构

与质量认证和认可有关的中国国家认证认可监督管理委员会相关部门和单位主要有认可监管部、认证监管部、注册管理部、实验室与监测监管部、中国认证认可协会和中国合格评定国家认可委员会。国际质量认证和认可机构有国际认可论坛(IAF)、国际认证联盟(IQ-Net)、国际审核员培训与注册协会(IATCA)、合格评定委员会(CASCO)、欧洲认证认可组织(EAC)、欧洲质量体系评定与认证网(E-Q-Net)、欧洲信息技术领域质量体系评定与认证多边协定(ITQS)、美国质量体系认证认可机构(RAB)和日本质量体系审核注册认可协会(JAB)等。

一、国内质量认证和认可机构

(一) 中国国家认证认可监督管理委员会认可监管部

认可监管部主要职责:

(1) 负责拟定认可制度、认证人员注册制度、管理体系认证制度、人员认证制度及其规则和工作规划、计划。

(2) 研究拟定对认可机构和认证人员注册机构的监督管理的规定,负责认可机构授权和监督管理工作。

(3) 研究拟定对认证机构、人员认证、认证咨询机构和认证培训机构资质审核制度以及从业资格审批制度、规定、程序、规划和监督管理的规定,并组织实施。

(4) 负责批准的认证机构、认证培训机构、认证咨询机构的统计、汇总及相关管理工作。

(5) 负责对认证认可行业自律组织的管理和指导;研究认证中介机构的市场运作规律和机制,指导和推动认证中介组织的改革工作。

(6) 承办全国认证认可工作部际联席会议办公室和国家认证认可专家咨询委员会办公

室的工作；负责部际联席会议工作制度和工作机制的建立与实施。

(7) 负责认证公告的组织发布工作。

(8) 组织协调服务认证制度的建立及实施工作。

(9) 承办委领导交办的其他事项。

(二) 中国国家认证认可监督管理委员会认证监管部

认证监管部主要职责：

(1) 研究拟定强制性产品认证与安全质量许可制度的建立、规划、计划并组织实施和监督管理；

(2) 负责起草强制性产品认证与安全质量许可制度的产品目录、认证标志管理办法和合格评定程序；

(3) 负责组织确定承担强制性认证任务的认证机构、检查机构和实验室，并监督检查；

(4) 研究拟定自愿性产品认证制度的建立、规划、计划，并组织实施和监督管理；

(5) 负责对产品认证活动和认证结果的监督检查，负责协调强制性产品认证行政执法检查工作中的技术性政策问题；

(6) 会同有关部门对产品认证机构资质、业务范围和技术能力的审核和相关监督管理工作；

(7) 研究拟定出口商品质量许可制度的建立、规划、计划、组织实施和监督管理工作；

(8) 负责对产品认证工厂检查员管理制度的建立，并监督实施；

(9) 研究拟定强制性产品认证免办审批制度以及特殊认证模式的管理规定，并组织实施和监督管理；

(10) 研究提出强制性认证收费标准方案并组织实施；

(11) 承办委领导交办的其他事项。

(三) 中国国家认证认可监督管理委员会注册管理部

注册管理部主要职责：

(1) 研究拟定进出口食品、化妆品生产、加工、储存等企业的卫生注册登记以及陶瓷出口质量许可的工作规章、制度和工作规划、计划。

(2) 负责出口食品、化妆品生产、加工、储存等企业的卫生注册登记和陶瓷出口质量许可的评审、发证和监督管理工作，负责相关重大问题和质量事故的调查处理工作。

(3) 负责统一办理向境外推荐企业注册和组织接待境外主管部门来华检查工作。

(4) 负责进口食品、化妆品生产、加工、储存等企业的注册评审和监督管理工作。

(5) 负责卫生注册评审员的管理工作。

(6) 负责“危害分析与关键控制点(HACCP)”及食品安全管理体系认证的组织推广和监督管理。

(7) 研究拟定食品和农产品认证规划和实施计划，管理和协调食品和农产品认证体系建设工作。负责食品和农产品认证信息统计分析工作。

(8) 研究拟定相关食品和农产品认证基本规范、规则，管理和协调食品和农产品认证工作。

(9) 组织实施食品和农产品认证专项监督检查工作。

(10) 承办委领导交办的其他事项。

(四) 中国国家认证认可监督管理委员会实验室与监测监管部

实验室与监测监管部主要职责：

(1) 统一规范和管理校准、检测、检定、检查、检验检疫、鉴定等实验室和检查机构的基本条件与技术能力评审、资质审核和资格认定工作，研究拟定相关的制度。

(2) 研究拟定和组织实施实验室国家认可制度和规划、计划，监督管理实验室认可活动；配合有关部门对实验室认可机构授权。

(3) 组织实施向社会出具具有证明作用的数据和结果的校准、检测、检定、检查、检验检疫、鉴定等检查机构和实验室的基本条件和技术能力的认定工作。

(4) 管理实验室和检查机构的能力验证工作，研究拟定相关的管理制度和规划、计划，组织实施和协调有关的能力验证活动。

(5) 负责国家级产品质量监督检验中心的授权和相关的后续监督工作。

(6) 组织实施出入境检验检疫实验室和产品质量监督检验实验室的评审、计量认证、注册和资格认定以及依法授权和验收等工作；会同总局有关部门实施质检系统技术机构和实验室的规划工作。

(7) 管理中外合资、合作和外商独资的校准、检测、检定、检查、检验检疫和鉴定机构技术能力的资质审核工作；负责获境外认可机构认可的检查机构和实验室的备案工作。

(8) 管理全国检验检测资源调查和信息处理工作；研究建立检验检测资源共享的相关制度；监督管理和规范检验检测中介服务活动。

(9) 承办委领导交办的其他工作。

(五) 中国认证认可协会

中国认证认可协会(CCAA)成立于2005年9月27日，是由认证认可行业的认可机构、认证机构、认证培训机构、认证咨询机构、实验室、检测机构和部分获得认证的组织等单位会员和个人会员组成的非营利性、全国性的行业组织。依法接受业务主管单位国家质量监督检验检疫总局、登记管理机关民政部的业务指导和监督管理。

中国认证认可协会以推动中国认证认可行业发展为宗旨，为政府、行业、社会提供与认证认可行业相关的各种服务。

中国认证认可协会的主要工作有：加强社会责任监督，制定行规行约，规范行业行为，维护行业利益；调查研究中外行业发展及市场趋势，参与制定行业发展战略规划，向政府提出政策和立法建议，向社会提供信息与咨询服务；倡导科技进步，促进信息化建设，组织人才教育和培训；实施管理体系审核员、咨询师、产品认证检查员和认证培训教师等的认证(注册)工作；参与制、修订国家标准和行业标准，并组织贯彻实施；组织国际对话，开展行业外交，促进国际合作；开展认证推广工作；编辑、翻译出版认证方面的标准、期刊、书籍、文集和资料等；完成政府主管部门交办的工作。

中国认证认可协会以提升行业素质为己任，着力于行业、企业与政府间的沟通协调，并加快国际合作步伐，努力为中国认证认可行业发展营造良好的氛围。

(六) 中国合格评定国家认可委员会

中国合格评定国家认可委员会(CNAS)是根据《中华人民共和国认证认可条例》的规

定，由国家认证认可监督管理委员会批准设立并授权的国家认可机构，统一负责对认证机构、实验室和检查机构等相关机构的认可工作。

1. 历史沿革

中国合格评定国家认可委员会于2006年3月31日正式成立，是在原中国认证机构国家认可委员会(CNAB)和原中国实验室国家认可委员会(CNAL)基础上整合而成的。

中国认证机构国家认可委员会(CNAB)是经中国国家认证认可监督管理委员会依法授权设立的国家认可机构，成立于2002年7月，负责对从事各类管理体系认证和产品认证的认证机构进行认证能力的资格认可。

中国实验室国家认可委员会(CNAL)是经中国国家认证认可监督管理委员会批准设立并授权，成立于2002年7月，统一负责实验室和检查机构认可及相关工作的国家认可机构。

2. 组织机构

中国合格评定国家认可委员会组织机构包括：全体委员会、执行委员会、认证机构技术委员会、实验室技术委员会、检查机构技术委员会、评定委员会、申诉委员会和秘书处。中国合格评定国家认可委员会委员由政府部门、合格评定机构、合格评定服务对象、合格评定使用方和专业机构与技术专家5个方面，总计63个单位组成。

3. 宗旨

中国合格评定国家认可委员会的宗旨是推进合格评定机构按照相关的标准和规范等要求加强建设，促进合格评定机构以公正的行为、科学的手段、准确的结果有效地为社会提供服务。

4. 主要任务

(1) 按照我国有关法律法规、国际和国家标准、规范等，建立并运行合格评定机构国家认可体系，制定并发布认可工作的规则、准则、指南等规范性文件。

(2) 对境内外提出申请的合格评定机构开展能力评价，作出认可决定，并对获得认可的合格评定机构进行认可监督管理。

(3) 负责对认可委员会徽标和认可标识的使用进行指导和监督管理。

(4) 组织开展与认可相关的人员培训工作，对评审人员进行资格评定和聘用管理。

(5) 为合格评定机构提供相关技术服务，为社会各界提供获得认可的合格评定机构的公开信息。

(6) 参加与合格评定及认可相关的国际活动，与有关认可及相关机构和国际合作组织签署双边或多边认可合作协议。

(7) 处理与认可有关的申诉和投诉工作。

(8) 承担政府有关部门委托的工作。

(9) 开展与认可相关的其他活动。

5. 国际互认

中国合格评定国家认可制度已经融入国际认可互认体系，并在国际认可互认体系中有着重要的地位，发挥着重要的作用。原中国认证机构国家认可委员会(CNAB)为国际认可论坛(IAF)、太平洋认可合作组织(PAC)正式成员并分别签署了IAFMLA(多边互认协议)和PACMLA；原中国实验室国家认可委员会(CNAL)是国际实验室认可合作组织(ILAC)和亚太实验室认可合作组织(APLAC)正式成员并签署了ILACMRA(多边互认协议)和

APLAC MRA。目前我国已与其他国家和地区的35个质量管理体系认证和环境管理体系认证认可机构签署了互认协议,已与其他国家和地区的54个实验室认可机构签署了互认协议。中国合格评定国家认可委员会(CNAS)将继续保持原CNAB和原CNAL在IAF、ILAC、APLAC和PAC的正式成员和互认协议签署方地位。

6. 主要进展

截至2011年6月底,我国经过认可的各类认证机构125家,认证机构业务范围8 643种,质量管理体系机构业务范围类型6 284种,这些机构颁发的各类认证证书数量177万余张,获证组织61万多家,其中质量认证证书数量200 532张,证书数量和获证企业数量居全球第一;实验室认可数量4 506家,在全球处于领先水平;检查机构认可数量308家。

二、国外质量认证和认可机构

(一) 国际认可论坛

IAF是国际认可论坛的缩写,它是由有关国家认可机构参加的多边合作组织,成立于1993年1月,现有成员30多个,中国合格评定国家认可委员会(CNAS)是其成员单位之一,中国也是17个发起国之一。其主要目标是协调各国认证制度,通过统一规范各成员国的审核员资格要求、培训准则及质量体系认证机构的评定和认证程序,使其在技术运作上保持一致,从而确保有效的国际互认,它在世界上包括两大组织,分别是欧洲认证认可组织(EAC)和太平洋认可合作组织(PAC)。

以认可项目等效性为基础,国际认可论坛多边承认协议签约的认可机构批准的认可,使组织持有在世界的某一地区已被认可的认证证书能在世界的任何地区被承认。

因此,被IAF多边承认协议签约认可机构认可的认证机构在管理体系、产品、服务、人员和其他类似的符合性评审项目所颁发的认证证书在国际贸易等领域均能得到世界各国承认与信任。

(二) 国际认证联盟

国际认证联盟(IQNet)成立于1990年,是世界上最大的认证机构联盟,在全球33个国家拥有36个成员,致力于通过提供增值、创新的服务满足客户需求。IQNet通过统一的管理系统,在全世界范围内为跨国集团客户提供评审和认证服务,同时推动和支持其成员机构推行质量管理,对各个成员机构颁发的证书在所有成员范围内予以承认。

IQNet目前在中国大陆只有中国质量认证中心(CQC)和方圆标志认证中心(CQM)两个正式成员。其中,截至2011年8月30日,CQC颁发的带有IQNet标志的有效正式达2.1万多张,发证数量已经跃居IQNet成员机构第二位。

(三) 国际审核员培训与注册协会

国际审核员培训与注册协会(IATCA)是由各国质量管理机构、认可机构、认证机构组成的国际组织,宗旨是通过世界范围内统一审核员培训及注册制度,统一审核员培训机构和培训课程批准程序,以保证审核员认证水平,促进培训结果的相互承认,促进质量管理体系和环境管理体系的国际互认。国际审核员培训与注册协会决策机构是IATCA执行委员会,下设1个协调机构:同行评审委员会;5个工作组:审核员注册准则和验证工作组、审核员培训课程注册准则工作组、多边承认同行评定准则工作组、环境管理体系审核员注册工作

组、信息交流和支持工作组。

2004 年 9 月 6 日至 10 日，国际审核员培训与注册协会（IATCA）第十届年会在新加坡召开，来自中国、美国、英国、澳大利亚、意大利、希腊、南非、日本、泰国、印度、新加坡等 10 多个国家及我国台湾地区的近 30 名代表参加了本届会议。由国家认证认可监督管理委员会副主任刘卓慧和中国认证人员与培训机构国家认可委员会（CNAT）副秘书长李强等 7 人组成的中国代表团出席会议并参加了会议期间召开的执委会和有关研讨会。

（四）合格评定委员会

标准化组织（ISO）于 1970 年成立了认证委员会（CERTICO），后改为合格评定委员会（CASCO），主要负责质量认证指南的制定和国际互认的推进工作。

（五）欧洲质量体系

1. 欧洲认证认可组织

为了协调欧洲各国的认可活动，欧洲共同体和欧洲自由贸易联盟成员国的国家评定和认可机构成立了欧洲认证认可组织（EAC）。EAC 的目的是建立一个欧洲的区域性认可承认制度，该认可制度以相互承认彼此的能力为前提。EAC 成立于 1991 年，在前一阶段主要通过签署国家评定和认可机构间的谅解备忘录的形式来开展工作。目前已签署此备忘录的成员机构有 17 个，分别为 NACQS（比利时）、ICHS（丹麦）、ICLAB（爱尔兰）、ISAC（冰岛）、RVC（荷兰）、NA（挪威）、IPQ（葡萄牙）、SWEDAC（瑞典）、NACCB（英国）、SINCERT（意大利）、DAP（德国）、ELOT（希腊）、BMWA（奥地利）、COFRAC（法国）、FINAS（芬兰）、RELE（西班牙）、SAS（瑞士）。其中 NACCB、FINAS、RVC、SAS、SWEDAC 这 5 个国家的机构于 1994 年 11 月 21 日在荷兰的阿姆斯特丹签署了质量认证的相互认可协定（MRA）。根据这个协定，各签约国承认对方认可的认证机构与本国认可的认证机构享有同样的权利。

2. 欧洲质量体系评定与认证网

欧洲质量体系评定与认证网（E-Q-Net）是在自愿的基础上组建的非官方的欧洲质量体系评定与认证网络系统，由 16 个机构组成，分别是：AENOR（西班牙）、AFAQ（法国）、AIB-Vincotte（比利时）、BSIQA（英国）、CISQ（意大利）、DS（丹麦）、DQS（德国）、ELOT（希腊）、IPQ（葡萄牙）、KEMA（荷兰）、NCS（挪威）、OQS（奥地利）、NSAI（德国）、SFS（芬兰）、SIS（瑞典）、SQS（瑞士）。E-Q-Net 是一个通过签署多边谅解备忘录而形成的松散型组织，认证结果的互认通过随同证书的附件加以实现。互认的基础是各成员机构符合 EN45012 和 EAC 建议的要求。

3. 欧洲信息技术领域质量体系评定与认证多边协定

欧洲信息技术领域质量体系评定与认证多边协定（ITQS）的成员有 9 个机构，分别是：AIB-Vincotte（比利时）、AFAQ（法国）、BSIQA（英国）、IMQ（意大利）、Elektronik Centralen（丹麦）、KEMA（荷兰）、RWTUV（德国）、TUV Rheinland（德国）、TUV Bayern（德国）。ITQS 已得到欧洲信息技术、通讯检验和认证委员会（ECITC）及欧洲检验和认证组织（EOTC）的批准。获得 ITQS 某一成员认证证书的企业将收到一份表明 ITQS 其他成员承认此证书的附件，该企业将获准 ITQS 注册。

（六）美国质量体系

1987 年 3 月当 ISO 发布了 ISO 9000 系列标准并把它作为质量体系认证的依据。当时,美国产业界的普遍反应是怀疑它是否行得通。但是随着 1992 年年末欧洲市场的统一,美国产业界对此看法也发生了很大的变化,开始接受 ISO 9000 系列标准。这主要是由于一些国家已经对进入本国的产品或服务提出了一定要符合 ISO 9000 的要求和许多采购的公司都要求其供方必须是通过 ISO 9000 认证。例如美国三大汽车制造商将 ISO 9001 模式用于对其 13 000 个供应商的质量体系进行评定。美国质量体系认证认可机构是于 1989 年 11 月由美国质量管理协会 ASQC 分离出来的一个民间组织,简称 RAB。它主要开展如下业务:①认证机构的认可及注册;②审核员培训机构的认可及注册;③审核员的评价注册。

其中,它在进行认证机构的认证及注册时,必须和美国标准化协会 ANSI 一起进行。由 RAB 统管活动的具体实施,而 ANSI 负责与活动有关的主要工作程序的协调。从 1994 年 6 月至现在,它已接受国内的 18 家认证机构的申请,现在已认可了 13 家认证机构可以对企业推行 ISO 9000 实施认证。

(七) 日本质量体系

质量体系审核注册认可协会最初是由经济团体的 35 个产业代表组成的检查委员会,根据日本民法第 34 条的规定,作为财团法人经过通商产业大臣批准及运输大臣的批准于 1993 年 11 月成立,简称 JAB。该协会在成立之初先后审议和制定了"认证机构设立的方法"。质量体系审核注册认可协会的职责是:负责质量认证机构及审核员培训机构的认可和注册,审核员的评价及注册和符合条件者注册;开展质量体系审核注册制度和国外机构的相互承认的活动及国内外有关机构的交流和协作,就有关质量体系审核注册进行普及和研究。自 JAB 成立以来,已认可质量体系认证机构 11 家,审核员培训机构 2 家。同时日本还积极参加国际上质量体系互认活动,现在已与荷兰、英国、德国、美国、加拿大、澳大利亚、新西兰、韩国 8 个国家的 7 个认证机构签署了两国间互认的备忘录(MOU)。

思考题一

1-1 何谓认证?认证的对象是什么?认证的依据是什么?认证的内容是什么?

1-2 何谓认可?认可的性质是什么?认可的对象是什么?认可的内容是什么?认可的依据是什么?

1-3 简述认可程序。

1-4 认证人员指什么?

1-5 认证人员注册由什么机构负责?依据什么规定注册?

1-6 世界各国开展产品认证所使用的形式有哪几种?

1-7 国家认证认可监督管理委员会确定的认可机构是什么?

1-8 认证及认证培训、咨询人员是指什么?

第二章

ISO 9000族标准概论

第一节 质量管理体系标准的产生和发展

一、质量管理体系标准的产生和发展

(一) 质量管理体系标准的产生

第二次世界大战期间,世界军事工业得到了迅猛的发展。一些国家的政府在采购军品时,不但提出了对产品特性的要求,还对供应厂商提出了质量保证的要求。20世纪50年代末,美国发布了MIL-Q-9858A《质量大纲要求》,成为世界上最早的有关质量保证方面的标准。尔后,美国国防部制定和发布了一系列的对生产武器和承包商评定的质量保证标准。

20世纪70年代初,借鉴军用质量保证标准的成功经验,美国标准化协会(ANSI)和美国机械工程师协会(ASME)分别发布了一系列有关原子能发电和压力容器生产方面的保证标准。

美国军品生产方面的质量保证活动的成功经验,在世界范围内产生了很大的影响。一些工业发达国家,如英国、美国、法国和加拿大等国在70年代末先后制定和发布了用于民品生产的质量管理和质量保证标准。随着世界各国经济的相互合作和交流,对供方质量体系的审核已逐渐成为国际贸易和国际合作的需求。世界各国先后发布了一些关于质量管理体系及审核的标准。但由于各国实施的标准不一致,给国际贸易带来了障碍,质量管理和质量保证的国际化成为当时世界各国的迫切需要。

随着地区化、集团化、全球化经济的发展,市场竞争日趋激烈,顾客对质量的期望越来越高。每个组织为了竞争和保持良好的经济效益,努力设法提高自身的竞争能力以适应市场竞争的需要。为了成功地领导和运作一个组织,需要采用一种系统的和透明的方式进行管理,针对所有顾客和相关方的需求,建立、实施并保持持续改进其业绩的管理体系,从而使组织获得成功。

顾客要求产品具有满足其需求和期望的特性。这些需求和期望在产品规范中表述。如果提供产品的组织的质量管理体系不完善,那么,规范本身不能保证产品始终满足顾客的需要。因此,这方面的关注导致了质量管理体系标准的产生,并以其作为对技术规范中有关产品要求的补充。

国际标准化组织(ISO)于1979年成立了质量管理和质量保证技术委员会(TC176),负责制定质量管理和质量保证标准,下设3个分技术委员会:SC1概念和术语、SC2质量体系和SC3支持技术。制定标准的工作是由代表广泛相关方的国家标准组织提名的质量和各行业专家来进行的,再由这些专家在“少数服从多数”的基础上完成。

1986年,ISO发布了ISO 8402《质量　术语》标准,1987年发布了ISO 9000《质量管理和质量保证标准　选择和使用指南》、ISO 9001《质量体系　设计开发、生产、安装和服务的

质量保证模式》、ISO 9002《质量体系 生产和安装的质量保证模式》、ISO 9003《质量体系 最终检验和试验的质量保证模式》、ISO 9004《质量管理和质量体系要求 指南》6 项标准，通称为 1994 版 ISO 9000 族标准，这些标准分别取代 1987 版 6 项 ISO 9000 系列标准。随后，ISO 9000 族标准进一步扩充到包含 27 个标准和技术文件的标准"家族"。ISO 9000 族标准是国际标准化组织(ISO)在 1994 年提出的概念，是指"由 ISO/TC 176 质量管理和质量保证技术委员会制定的所有国际标准"。

ISO 9000 系列标准的颁布，使各国的质量管理和质量保证活动统一在 ISO 9000 族标准的基础之上。标准总结了工业发达国家先进企业的质量管理的实践经验，统一了质量管理和质量保证的术语和概念，并对推动组织的质量管理，实现组织的质量目标，消除贸易壁垒，提高产品质量和顾客的满意程度等产生了积极的影响，得到了世界各国的普遍关注和采用。迄今为止，它已被全世界一百五十多个国家和地区等同采用为国家标准，并广泛用于工业、经济和政府的管理领域，有五十多个国家建立了质量管理体系认证制度，世界各国质量管理体系审核员注册的互认和质量管理体系认证的互认制度也在广泛范围内得以建立和实施。

(二) 质量管理体系标准的修订和发展

1. 1994 版和 2000 版标准修改概况

为了使 1987 版的 ISO 9000 系列标准更加协调和完善，ISO/TC 176 于 1990 年决定对标准进行修订，提出了《90 年代国际质量标准的实施策略》(国际通称为《2000 年展望》)，其目标是"要让全世界都接受和使用 ISO 9000 族标准；为了提高组织的运作能力，提供有效的方法；增进国际贸易、促进全球的繁荣和发展；使任何机构和个人可以有信心从世界各地得到任何期望的产品以及将自己的产品顺利销售到世界各地"。

第一阶段的修改主要是对质量保证要求(ISO 9001、ISO 9002、ISO 9003)和质量管理指南(ISO 9004)的技术内容作局部修改，总体结构和思路不变。通过 ISO 9000-1 与 ISO 8402 两项标准，引入了一些新的概念和定义，如：过程和过程网络、受益者、质量改进、产品(硬件、软件、流程性材料和服务)等，为第二阶段修改提供过渡的理论基础。1994 年，ISO/TC 176 完成了对标准第一阶段的修订工作，发布了 1994 版的 ISO 8402、ISO 9000-1、ISO 9001、ISO 9002、ISO 9003 和 ISO 9004-1 6 项国际标准，到 1999 年底，已陆续发布了 22 项标准和 2 项技术报告。

第二阶段的修改主要是对各国的标准使用者反映 1994 版标准还存在着一些不足和需要解决的问题。如 1994 版标准所采用的"过程"和语言的表述主要是针对生产硬件的组织，其他行业采用标准时，对于标准的理解和具体实施带来诸多不便，以及标准的框架主要是针对规模较大的组织而设计的，而对于规模较小的组织就难以使用等通用性差；标准提供了 3 种质量保证模式，给标准的应用带来一定的局限性；标准采用 20 项质量体系要素的结构及相关性不好，不尽合理；标准对 20 项质量体系要素中的 17 项规定了应建立程序并形成文件，在一定程度上限制了改进的机会；标准过多地强调了质量体系的符合性，忽视了对产品质量的保证和组织整体业绩的提高；标准对与顾客有关的接口仅作了有限的规定和要求，尤其是缺少对顾客满意和不满意信息的监控；标准没有建立 ISO 9001 与 ISO 9004 的联系，导致两项标准间协调性不好，结构不一致；标准没有考虑与 ISO 14000 环境管理体系等其他管理体系标准的相容性，使组织同时实施几个管理体系时产生困难；为此，制定了许多指南性标准来弥补 1994 版标准的不足，导致 ISO 9000 族标准的数量太多，而实际上只有少数几项

标准得到广泛应用。因此,ISO/TC 176 对 ISO 9000 族标准的修订工作进行了策划,成立了战略规划咨询组(SPAG),负责收集和分析对标准修订的战略性观点,并对《2000 年展望》进行补充和完善,从而提出了《关于 ISO 9000 族标准的设想和战略规划》供 ISO/TC 176 决策。1996 年,在广泛征求世界各国标准使用者意见、了解顾客对标准修订的要求并比较修订方案后,ISO/TC 176 相继提出了《2000 版 ISO 9000 标准结构和内容的设计规范》和《ISO 9001 修订草案》,作为对 1994 版标准修订的依据。1997 年,ISO/TC 176 在总结质量管理实践经验的基础上,吸纳了国际上最受尊敬的一批质量管理专家(朱兰、戴明、费根堡姆等)的意见,对质量管理的经营理念和质量改进的方法以及质量管理思想,全面地融合在 2000 版标准中,给标准注入了更为丰富的内涵。整理并编撰了八项质量管理原则,为 2000 版 ISO 9000 族标准的修订奠定了理论基础。

2000 年 12 月 15 日,ISO/TC 176 正式发布了新版本的 ISO 9000 族标准,统称为 2000 版 ISO 9000 族标准。该标准的修订充分考虑了 1987 版和 1994 版标准以及现有其他管理体系标准的使用经验,因此,它将使质量管理体系更加适合组织的需要,可以更适应组织开展其商业活动的需要。

2. 2008 版标准修改概况

2000 版标准自 2000 年发布之后,ISO/TC 176/SC2 一直在关注跟踪标准的使用情况,不断地收集来自各方面的反馈信息。这些反馈多数集中在两个方面:一是 ISO 9001:2000 标准部分条款的含义不够明确,不同行业和规模的组织在使用标准时容易产生歧义;二是与其他标准的兼容性不够。到了 2004 年,ISO/TC 176/SC2 在其成员中就 ISO 9001:2000 标准组织了一次正式的系统评审,以便决定 ISO 9001:2000 标准是应该撤销、维持不变还是进行修订或换版,最后大多数意见是修订。与此同时,ISO/TC 176/SC2 还就 ISO 9001:2000 和 ISO 9001:2004 的使用情况进行了广泛的“用户反馈调查”。之后,基于系统评审和用户反馈调查结果,ISO/TC 176/SC2 依据 ISO/Guide72 的要求对 ISO 9001 标准的修订要求进行了充分的合理性研究,并于 2004 年向 ISO/TC 176 提出了启动修订程序的要求,并制定了 ISO 9001 标准修订规范草案。该草案在 2007 年 6 月作了最后一次修订。修订规范规定了 ISO 9001 标准修订的原则、程序、修订意见收集时限和评价方法及工具等,是 ISO 9001 标准修订的指导文件。

根据 ISO/TC 176/SC2 的工作规划,ISO 9001:2008 版标准计划于 2008 年正式发布实施。

了解新版标准修订的原则将会使我们知道新版标准条款变化的所以然,这对正确理解新版标准条款的含义大有帮助。ISO 9001:2008 标准修订规范明确规定了此次修订的 7 条指导原则:①ISO 9001:2008 标准的结构模式和过程方法维持与 ISO 9001:2000 的规定相同;②ISO 9001:2008 修订后的标准必须保持通用性,并适宜于所有行业的不同规模、不同类型的组织;③如可能,ISO 9001:2008 与 ISO 14001:2004 标准的兼容性必须得到强化;④ISO 9001:2008 必须保持 ISO 9001 和 ISO 9004 标准之间的协调一致性;⑤ISO 9001:2008 标准的修订仅限于使用户的质量管理体系受到有限的影响,并且所有的修订应该对用户有显著的好处;⑥ISO 9001:2008 起草者应使用 ISO 9001:2000 的支持工具包以助于识别需要澄清的问题;⑦ISO 9001:2008 修订后的标准草案应按照修订规范进行验证,并得到用户的确认。

除上述修订过程必须遵循的原则，修订规范还规定了标准起草的原则。具体如下：①维持标准的原始意图不变；②标准不得带有文化偏见；③标准行文简洁，不得过度使用质量术语和专用术语，应使所有的相关方都能够理解，而不只是质量专业人士；④标准行文准确，含义清晰，易于达成共识，以便消除歧义；⑤多用短句，在不使含义模糊不清的前提下，尽量减少用词；⑥保持使用含义一致的术语，与 ISO/TC 176/SC1 共同解决术语问题；⑦对 ISO 9001：2000 标准的其他要求所提出的修改意见在实施前，必须考虑其效果；⑧标准的要求要以可被审核的方式编写；⑨标准可以翻译为其他语言；⑩与其他管理体系标准和 ISO/CASCO 标准及指南的兼容性和一致性应予以适当考虑。

2008 版 ISO 9000 族标准包括 ISO 9000、ISO 9001、ISO 9004 和 ISO 19011 四个密切相关的质量管理体系核心标准。ISO 9000：2005《质量管理体系　基础和术语》，表述质量管理体系基础知识，并规定质量管理体系术语；ISO 9001：2008《质量管理体系　要求》，规定质量管理体系要求，用于证实组织具有提供满足顾客要求和适用法规要求的产品的能力，目的在于增进顾客满意；ISO 9004：2009《质量管理体系　业绩改进指南》，提供考虑质量管理体系的有效性和效率两方面的指南。该标准的目的是促进组织业绩改进和使顾客及其他相关方满意；ISO 19011：2002《质量和（或）环境管理体系审核指南》，提供审核质量和环境管理体系的指南。

二、实施 ISO 9000 族标准的意义

ISO 9000 族标准是世界上许多经济发达国家质量管理实践经验的科学总结，具有通用性和指导性。实施 ISO 9000 族标准，可以促进组织质量管理体系的改进和完善，对促进国际经济贸易活动、消除贸易技术壁垒、提高组织的管理水平都能起到良好的作用。概括起来，主要有以下四方面的作用和意义：

（一）实施 ISO 9000 族标准有利于提高产品质量，保护消费者利益

现代科学技术的飞速发展，使产品向高科技、多功能、精细化和复杂化发展。消费者在购买这些产品时，即便产品是按照技产品标准（或有关技术规范）生产的，或当产品标准（或有关技术规范）本身不完善时，一般都很难在技术上对产品加以鉴别，只有在使用了该产品后，才能够对产品给以正确的评价。尤其当组织质量管理体系不健全时，就无法保证持续提供满足要求的产品。只有按 ISO 9000 族标准建立质量管理体系，才能使组织具有稳定地提供满足顾客要求和适当的法律法规要求的产品的能力，通过体系的有效应用，包括体系的持续改进过程的有效应用，以及保证符合顾客要求和适用的法律法规要求，达到增强顾客满意的目的。无疑，这增加了消费者（采购者）选购合格供应商的产品的可信性，是对消费者利益的一种最有效的保护。

（二）为提高组织的运作能力提供了有效的方法

ISO 9000 族标准鼓励组织在制定、实施质量管理体系时采用过程方法，通过识别和管理众多相互关联的过程，系统地识别和管理组织所应用的过程以及这些过程之间的相互作用，并实施连续的监视与控制，提高和确保了质量管理体系及其过程的运作能力，方可更好地达到预期的过程目标，最终给顾客提高满意的产品。此外，质量管理体系提供了持续改进的框架，不仅可以令顾客满意，还能够增强顾客和其他相关方满意的机会和程度。因此，

ISO 9000 族标准的应用和实施能够为有效提高组织的运作能力和增强市场竞争能力提供有效方法。

(三) 有利于增进国际贸易,消除技术壁垒

在国际经济技术合作中,ISO 9000 族标准被作为相互认可的管理技术基础,ISO 9000 的质量管理体系认证制度也在国际范围中得到许多国家或区域组织的互认,并纳入它们的合格评定的程序之中。世界贸易组织/技术壁垒协定(WTO/TBT)是 WTO 达成的一系列协定之一,它涉及技术法规、标准和合格评定程序,也包括有关质量管理体系的标准及其评定。贯彻 ISO 9000 族标准为国际经济技术合作提供了国际通用的共同语言和准则;取得质量管理体系认证,已成为参与国内和国际贸易、增强竞争能力的有力武器。因此,贯彻 ISO 9000 族标准对消除技术壁垒、排除贸易障碍起到了十分积极的作用。

(四) 有利于组织的持续改进和持续满足顾客的需求和期望

顾客要求产品具有满足其需求和期望的特性,这些需求和期望在产品的技术标准或规范中表述。因为顾客的需求和期望是不断变化的,这就促使组织持续地改进产品和过程。而质量管理体系要求恰恰为组织改进其产品和过程提供了一条有效途径。因而,ISO 9000 族标准将质量管理体系要求和产品要求区分开来,它不是取代产品要求,而是把质量管理体系要求作为对产品要求的补充,通过建立、实施和持续改进质量管理体系提高质量管理水平,确保组织提供的产品持续改进和持续满足顾客的需求和期望。

三、ISO 9000 族标准在中国

1987 年 3 月 ISO 9000 系列标准正式发布以后,我国在原国家标准局部署下组成了"全国质量保证标准化特别工作组"。1988 年 12 月,我国正式发布了等效采用 ISO 9000 标准的 GB/T 10300《质量管理和质量保证》系列国家标准,并于 1989 年 8 月 1 日起在全国实施。

1992 年 5 月,我国决定等同采用 ISO 9000 族系列标准,制定并发布了 GB/T 19000—1992 (idt ISO 9000:1987)系列标准,1994 年又发布了 1994 版的 GB/T 19000(idt ISO 9000)族标准。

我国对口 ISO/TC 176 技术委员会的全国质量管理和质量保证标准化技术委员会(以下简称 CSBTS/TC 151),是国际标准化组织(ISO)的正式成员,参与了有关国际标准和国际指南的制定工作,在国际标准化组织中发挥了十分积极的作用。CSBTS/TC 151 承担着将 ISO 9000 族标准转化为我国国家标准的任务,对 2000 版 ISO 9000 族标准在我国的顺利转换起到了十分重要的作用。

原国家质量技术监督局已将 2000 版 ISO 9000 族标准等同采用为中国的国家标准,其标准编号及采用 ISO 标准情况为:GB/T 19000—2000(idt ISO 9000:2000)、GB/T 19001—2000(idt ISO 9001:2000)、GB/T 19004—2000(idt ISO 9004:2000)。

根据国家标准化管理委员会下达的国家标准制修订项目计划,中国标准化研究院负责该标准的起草工作。2008 年 8 月,成立了该国家标准的起草组。

2008 年 9 月 12 日,起草组召开了第一次工作组会议,介绍了 2008 版 ISO 9001 的修订概况、ISO 9001 修正设计规范、ISO 和 IAF 有关 2008 版 ISO 9001 标准认证的联合公告以及 2008 版 GB/T 19001 标准起草工作,讨论了 GB/T 19001《质量管理体系　要求》国家标准的修订原则,初步确定了工作计划安排,决定及时转化该国际标准,与 ISO 9001:2008 国

际标准同年发布 GB/T 19001—2008 国家标准。

起草组根据修订原则，对照 ISO/FDIS 9001 标准(最终草稿)，对 2008 版 GB/T 19001《质量管理体系　要求》讨论稿逐字逐句地进行了讨论、推敲，形成了该国家标准草案的征求意见稿，于 2008 年 9 月 20 日向 SCA/TC 151 成员单位征求意见，并在中国标准化研究院网站公开向社会征求意见。2008 年 11 月 13 日至 14 日，起草组召开了第二次会议，对提交的 300 余条意见进行逐条评议，并根据 ISO 对 ISO/FDIS 9001 的修订意见修改 2008 版 GB/T 19001 征求意见稿，形成了送审稿初稿。标准发布后，起草组根据正式的 2008 版 ISO 9001 标准，对国家标准的送审稿初稿进行了修改，形成了正式的国家标准送审稿。

我国已将 2008 版 ISO 9000 族标准等同采用为国家标准，其标准编号及与 ISO 标准的对应关系分别为：

GB/T 19000—2008(ISO 9000:2005，IDT)；

GB/T 19001—2008(ISO 9001:2008，IDT)。

第二节　ISO 9000 族标准的构成和特点

一、质量管理体系的构成

(一) ISO 9000 族质量管理体系标准的状况

1. 管理标准分类

根据 ISO/Guide72:2001 中的规定，管理体系标准分为三类：

A 类：管理体系要求标准。向市场提供有关组织的管理体系的相关规范，以证明组织的管理体系是否符合内部和外部要求(例如通过内部和外部各方予以评定)的标准。例如管理体系要求标准(规范)、专业管理体系要求标准。

B 类：管理体系指导标准。通过对管理体系要求标准各要素提供附加指导或提供不同于管理体系要求标准的独立指导，以帮助组织实施和(或)完善管理体系的标准。例如关于使用管理体系要求标准的指导、关于建立管理体系的指导、关于改进和完善管理体系的指导、专业管理体系指导标准。

C 类：管理体系相关标准。就管理体系的特定部分提供详细信息或就管理体系的相关支持技术提供指导的标准。例如管理体系术语文件，评审、文件提供、培训、监督、测量绩效评价标准，标记和生命周期评定标准。

2. ISO 9000 族质量管理体系标准现状

根据 2008 年 12 月发布的 ISO/TC 176 N817R8 文件，目前 ISO 9000 族质量管理体系标准的状况如表 2-1 所示。

表 2-1　现行标准和文件

编号	名　　称	版次	发布日期	类型
ISO 9000:2005	质量管理体系　基础和术语	第 3 版	2005-09-15	C
ISO 9001:2008	质量管理体系　要求	第 4 版	2008-11-15	A

续表 2-1

编号	名　称	版次	发布日期	类型
ISO 9004:2000	质量管理体系　业绩改进指南	第2版	2000-12-15	B
ISO 10001:2007	质量管理　顾客满意　组织行为规范指南	第1版	2007-01-12	C
ISO 10002:2004	质量管理　顾客满意　组织处理投诉指南	第1版	2004-07-01	C
ISO 10003:2007	质量管理　顾客满意　组织外争议解决指南	第1版	2007-01-12	C
ISO 10005:2005	质量管理体系　质量计划指南	第2版	2005-06-01	C
ISO 10006:2003	质量管理体系　项目质量管理指南	第2版	2003-06-15	B
ISO 10007:2003	质量管理体系　技术状态管理指南	第2版	2003-06-15	C
ISO 10012:2003	测量管理体系　测量过程和测量设备的要求	第2版	2003-04-14	B
ISO/TR 10013:2001	质量管理体系文件指南	第2版	2001-07-15	C
ISO 10014:2006	质量管理　实现财务和经济效益的指南	第1版	2006-07-15	B
ISO 10015:1999	质量管理　培训指南	第1版	1999-12-15	C
ISO/TR 10017:2003	ISO 9001:2000的统计技术指南	第2版	2003-05-15	C
ISO 10019:2005	质量管理体系咨询师的选择及其服务使用的指南	第1版	2005-01-05	C
ISO/TS 16949:2002	质量管理体系　汽车生产件及相关服务组织应用ISO 90001:2000的特别要求	第2版	2002-03-01	A
ISO 19011:2002	质量和(或)环境管理体系审核指南	第1版	2002-10-01	C
ISO小册子:2008	ISO 9000族标准的选择和使用	第2版	2008-01	C
ISO小册子	质量管理原则及其应用指南	第1版	2000-11	C
ISO小册子:2002	小型组织实施ISO 9001:2000指南	第2版	2002-07	B

(二) 2000版ISO 9000族标准核心标准

2000版ISO 9000族标准核心标准见表2-2。

表2-2　2000版ISO 9000族核心标准

核心标准	
ISO 9000:2000	质量管理体系　基础和术语
ISO 9001:2000	质量管理体系　要求
ISO 9004:2000	质量管理体系　业绩改进指南
ISO 19011:2002	质量和(或)环境管理体系审核指南

(三) 2008版ISO 9000族标准核心标准

2008版ISO 9000族标准核心标准见表2-3。

表 2-3　2008 版 ISO 9000 族核心标准

ISO 9000:2005	质量管理体系　基础和术语
ISO 9001:2008	质量管理体系　要求
ISO 9004:2000	质量管理体系　业绩改进指南
ISO 19011:2002	质量和(或)环境管理体系审核指南

(四) 2008 版 GB/T 19000 族标准

在 2008 版 GB/T 19000 族标准中，也包括 4 项核心标准：GB/T 19000、GB/T 19001、GB/T 19004、GB/T 19011，见表 2-4。

表 2-4　2008 版 GB/T 19000 族核心标准

GB/T 19000—2008(ISO 9000:2005,IDT)	质量管理体系　基础和术语
GB/T 19001—2008(ISO 9001:2008,IDT)	质量管理体系　要求
GB/T 19004—2000(idt ISO 9004:2000)	质量管理体系　业绩改进指南
GB/T 19011—2003(idt ISO19011:2002)	质量和(或)环境管理体系审核指南

二、ISO 9000 族核心标准介绍

(一) 质量管理体系　基础和术语

1. ISO 9000:2000 质量管理体系　基础和术语

标准规定了质量管理的八项原则、十二个方面的质量管理体系基础和有关质量的术语共 80 个词条。

2. ISO 9000:2005 质量管理体系　基础和术语

(1) 概况

标准适用于通过实施质量管理体系寻求优势的组织、对供方能满足其产品要求寻求信任的组织和产品的使用者、就质量管理方面所使用的术语需要达成共识的人员和组织(如供方、顾客、监管机构)、评价组织的质量管理体系或依据 ISO 9001 的要求审核其符合性的内部或外部人员和机构(如审核员、监管机构、认证机构)、对组织质量管理体系提出建议或提供培训的内部或外部人员和机构、制定相关标准的人员。

标准规定了质量管理的八项原则，八项质量管理原则形成了 ISO 9000 族质量管理体系标准的基础。最高管理者可运作八项质量管理原则，领导组织进行业绩改进。标准还规定了 12 个方面的质量管理体系基础，12 个方面的质量管理体系基础是 ISO 9000 族质量管理体系的基础。标准还定义了有关质量的术语共 84 个词条，分成 10 个部分，并阐明了 84 个术语的概念。在提示的附录中，用概念图表达了每一部分概念中各术语的相互关系，帮助使用者形象地理解相关术语之间的关系，系统地掌握其内涵。

(2) 变化

ISO 9000:2005 的变化如下：

2005 年 9 月 15 日，国际标准化组织(ISO)发布了 ISO 9000:2005 标准，这是对 ISO 9000:2000 标准的进一步完善。新版标准增加了一些新的定义，扩大或增加了说明性的注释，使

一些术语的文字描述更加简洁合理，术语间逻辑关系更加清晰。我国等同采用后于2008年10月29日发布，编号为GB/T 19000—2008，代替了GB/T 19000—2000。

① 新版标准的术语构架。新版标准术语划分类别没有发生变化，分为十大部分，共84个术语，其中新增4个术语，其中新增不同含义的术语“能力”1个。

② 新版标准修订的主要变化。新版标准修订与变化主要包括三种方式：一是新增加部分术语，考虑与ISO 19011：2002定义的协调一致性；二是某些术语新增注释，使定义更加清晰和完整；三是对基础知识方面，对其文字做了仔细地推敲，部分标准内容文字描述形式进行了调整，使层次更加清晰，文字更加合理，旨在更加准确地表达该标准意图。

③ 新版标准的新增术语：3.1.6能力、3.3.8合同、3.9.12审核计划(新定义与ISO 19011：2002中“3.12审核计划”定义协调一致)、3.9.13审核范围(新定义与ISO 19011：2002中“3.13审核范围”定义协调一致)。

GB/T 19000—2008/ISO 9000：2005标准将在第三章～第十五章中分别予以介绍。

(二) 质量管理体系　要求

1. ISO 9001：2000 质量管理体系　要求

标准规定了对质量管理体系的要求，供组织需要证实其具有稳定地提供顾客要求和适用法律法规要求产品的能力时应用。组织可通过体系的有效应用，包括持续改进体系的过程及确保符合顾客要求与适用法规的要求，增强顾客满意。

该标准取代了1994版ISO 9001、ISO 9002、ISO 9003三个质量保证模式标准，成为用于审核和第三方认证的唯一标准。它可用于内部和外部(第二方或第三方)评价组织提供满足组织自身要求和顾客、法律法规要求的产品的能力。由于组织及其产品的特点对此标准的某些条款不适用，可以考虑对不影响组织提供满足顾客和适用法律法规要求的产品的能力或责任的要求，否则不能声称符合些标准。

与1994版标准相比，标准的名称发生了变化，不再有“质量保证”一词。这反映了标准规定的质量管理体系要求除了产品质量保证之外，还旨在增强顾客满意。

标准应用了以过程为基础的质量管理体系模式的结构，鼓励组织在建立、实施和改进质量管理体系及提高其有效性时，采用过程方法，通过满足顾客要求增强顾客满意。过程方法的优点是对质量管理体系中诸多单个过程之间的联系及过程的组合和相互作用进行连续的控制，以达到质量管理体系的持续改进。

2. ISO 9001：2008 质量管理体系　要求

2008版ISO 9001标准将在第六章～第十五章中予以介绍。

(三) ISO 9004：2000 质量管理体系　业绩改进指南

该标准以八项质量管理体系原则为基础，帮助组织用有效和高效的方式识别并满足顾客和其他相关方的需求和期望，实现、保持和改进组织的整体业绩，从而使组织获得成功。

该标准提供了超出ISO 9001的实施指南，标准强调一个组织质量管理体系的设计和实施受各种需求、具体目标、所提供的产品、所采用的过程及组织的规模和结构的影响，无意统一质量管理体系的结构或文件。

标准也应用了以过程为基础的质量管理体系模式的结构，鼓励组织在建立、实施和改进质量管理体系及提高其有效性和效率时，采用过程方法，以便通过满足相关方要求来提高对相关方的满意程度。

标准还给出了自我评价和持续改进过程的示例，用于帮助组织寻找改进的机会；通过5个等级来评价组织质量管理体系的成熟程度；通过给出的持续改进方法，提高组织的业绩并使相关方受益。

ISO 9004:2009《质量管理体系 业绩改进指南》，该标准已经完全地重新编写并且与ISO 9004:2000没什么关联。现在该标准关注的焦点是以一个组织的所有者的角度来看如何保持组织业务的可持续性，详细内容可以参见该标准和有关资料。

（四）ISO 19011:2000 质量和（或）环境管理体系审核指南

标准合并了1994版ISO 10011-1《质量体系审核指南 第一部分：审核》、ISO 10011-2《质量体系审核指南 第二部分：质量体系审核员的评定准则》、ISO 10011-3《质量体系审核指南 第三部分：审核工作管理》三个分标准，并取代了1996版的ISO 14010《环境审核指南 通用原则》、ISO 14011《环境审核指南 审核程序环境管理体系审核》和ISO 14012《环境审核指南 环境审核员资格要求》。遵循"不同管理体系可以有共同管理和审核方案的管理、环境和质量管理体系审核的实施以及对环境和质量管理体系审核员的资格要求提供了指南。它适用于所有运行质量和/或环境管理体系的组织，指导其内审和外审的管理工作。

该标准在术语和内容方面，兼容了质量管理体系和环境管理体系的特点。在对审核员的基本能力及审核方案的管理中，均增加了了解及确定法律和法规的要求。该标准于2001年正式发布。目前已修订为ISO 19011:2002。

三、2000版和2008版ISO 9000族标准的特点

从结构和内容上看，2000版质量管理体系标准具有以下特点：①标准可适用于所有产品类别、不同规模和各种类型的组织，并可根据实际需要删减某些质量管理体系要求；②采用了以过程为基础的质量管理体系模式，强调了过程的联系和相互作用，逻辑性更强，相关性更好；③强调了质量管理体系是组织其他管理体系的一个组成部分，便于与其他管理体系相容；④更注重质量管理体系的有效性和持续改进，减少了对形成文件的程序的强制性要求；⑤将质量管理体系要求和质量管理体系业绩改进指南这两项标准作为协调一致的标准使用。

2008版质量管理体系标准的特点与2000版质量管理体系标准的特点相同。

思考题二

2-1 简述质量管理体系标准的产生和发展。

2-2 实施ISO 9000族标准的意义是什么？

2-3 ISO 9000族标准是由哪个组织制定的？

2-4 简述中国采用ISO 9000族标准情况。

2-5 2008版ISO 9000族的核心标准有哪些？

2-6 什么是ISO 9000族标准？

第三章

质量管理原则

第一节　八项质量管理原则产生的背景及意义

一个组织的最高管理者(指在最高层指挥和控制组织的一个人或一组人)或管理者,若要成功地领导和运作其组织,需要采用一种系统的、透明的方式,对其组织进行管理。针对所有相关方的需求,建立、实施并保持持续改进组织业绩的管理体系,可以使组织获得成功。一个组织的管理活动涉及多个方面,如质量管理、营销管理、技术管理、采购管理、人力资源管理、环境管理、职业安全与卫生管理、财务管理等。质量管理是组织各项管理的内容之一,而且是组织管理活动的重要组成部分,也是组织管理活动的核心内容。

多年来,基于质量管理的实践经验和理论研究,在质量管理的领域形成了一些有影响的质量管理的基本原则和思想。但不同的学者和专家对这些原则和思想有不同的表述,如戴明提出的质量信条十四点;朱兰关于质量策划、质量改进和质量控制的质量三部曲;克劳士比提出的"零缺陷"理论;田口玄一提出产品质量首先是设计出来的,其次才是制造出来的,质量检验并不能提高产品质量,质量就是产品上市后给社会造成的损失,但是,由于产品功能本身产生的损失除外等观点,这些学者和专家的理念和思想已在质量界传播并用于指导实践。

为奠定 ISO 9000 族标准的理论基础,使之更有效地指导组织实施质量管理,使全世界普遍接受 ISO 9000 族标准,ISO/TC 176 从 1995 年开始成立了一个工作组,根据 ISO 9000 族标准实践经验及理论分析,吸纳了国际上最受尊敬的一批质量管理专家的意见,用了约两年的时间,提出了八项质量管理原则,并将这八项质量管理原则先后系统地应用于 2000 版和 2008 版 ISO 9000 族标准中,使得 ISO 9000 族标准的内涵更加丰富,其主要目的是帮助管理者,尤其是最高管理者系统地树立起质量管理理念,真正理解 ISO 9000 族标准的内涵,提高其质量管理水平。

八项质量管理原则是质量管理实践经验和理论的总结,是 ISO 9000 族标准实施的经验和理论研究的总结,是质量管理的最基本、最通用的一般性规律,是最高管理者或管理者用于领导组织进行业绩改进的指导原则,是 ISO 9000 族质量管理体系标准的基础的基础。

八项质量管理原则是组织的最高管理者有效实施质量管理工作必须遵循的原则,同时它也为从事质量工作的审核员、指导组织建立管理体系咨询员和组织内所有从事质量管理工作的人员学习、理解、掌握 ISO 9000 族标准提供了帮助。

第二节　八项质量管理原则

成功地领导和运作一个组织,需要采用系统和透明的方式进行管理,针对所有相关方的需求，实施并保持持续改进其业绩的管理体系，可使组织获得成功，质量管理是组织各项管理的内容之一。GB/T 19001 标准提出的八项质量管理原则是最高管理者用于领导组织进行业绩改进的指导原则。

一、以顾客为关注焦点

组织依存于顾客。因此组织应当理解顾客当前和未来的需求，满足顾客要求并争取超越顾客期望。

任何组织（工业、商业、服务业或行政组织）均提供满足顾客要求和期望的产品（包括软件、硬件、流程性材料、服务或它们的组合）。如果没有顾客，组织将无法生存。因此，任何一个组织均应始终关注顾客，将理解和满足顾客的要求作为首要工作考虑，并以此安排所有的活动。顾客的要求是不断变化的，为了使顾客满意，以及创造竞争的优势，组织还应了解顾客未来的需求，并争取超越顾客的期望。如某低压电器公司，生产和销售优质的电器产品，不仅获得顾客的信任，而且获得了国家质量奖，从而不断开拓了低压电器国内外市场，企业得到极大的发展。

GB/T 19001 标准中“1.1 总则”、“5.2 以顾客为关注焦点”、“5.3 质量方针”、“5.4.1 质量目标”、“5.5.3 内部沟通”、“7.1 产品实现的策划”、“7.2 与顾客有关的过程”、“7.5.1 生产服务的提供的控制”、“7.5.4 顾客财产”、“7.5.5 防护”、和“8.2.1 顾客满意”、“8.4 数据分析”、“8.5.2 纠正措施”、“8.5.3 预防措施”等条款就是以顾客为关注焦点的具体体现。

应用“以顾客为关注焦点”的原则，组织可以采取如下活动：

1. 调查、识别并理解顾客的需求和期望

GB/T 19001 标准 7.2 条款就是调查、识别并理解顾客的需求和期望的具体体现。

顾客的需求和期望主要表现在产品特性的符合性和有关产品法律法规等的符合性上。如：点钞机产品是否符合 GB 16999—2010《人民币鉴别仪通用技术条件》或国外相关规范要求、交付是否及时、产品交付前后的服务质量、价格、寿命周期内的费用、是否通过生产许可证和 3C 认证等。

2. 确保组织的目标符合顾客的需求和期望

GB/T 19001 标准 1.1 条款、5.2 条款、5.4.1 条款、7.1 条款就是确保组织的目标与顾客的需求和期望相结合的具体体现。

最高管理者建立质量目标时应考虑包括产品要求所需的内容和顾客现在和未来的需求和期望，确保顾客的需求和期望得到确定并转化为要求，最终实现顾客满意的目标。

3. 确保在整个组织内沟通顾客的需求和期望

GB/T 19001 标准 5.3 条款、5.4.1 条款、5.5.3 条款就是确保在整个组织内沟通顾客的需求和期望的具体体现。

组织的全部活动应以满足顾客的要求为目标，因此加强内部沟通，确保组织内全体成员能够理解顾客的需求和期望，知道如何为实现这种需求和期望而运作。

GB/T 19001 标准要求质量方针和质量目标要包括顾客要求，在组织内得到沟通和理解，并进一步要求最高管理者应建立沟通过程，以对质量体系的有效性进行沟通。

4. 监视和测量顾客的满意程度并根据结果采取相应的措施

GB/T 19001 标准 8.2.1 条款、8.4 条款、8.5 条款就是监视和测量顾客的满意程度并根据结果采取相应的措施的具体体现。

顾客的满意程度是指对某一事项满足其要求的期望和程度的意见。监视和测量顾客满意的目的是为了评价是否达到预期的目标，为进一步的改进提供依据。顾客满意程度的监视、测量及评价可以有多种方法。监视、测量及评价的结果将给出需要实施的活动或进一步的改进措施。

GB/T 19001 标准明确要求要监视和测量顾客满意。组织可以借助于数据分析提供所需的顾客满意的信息，进一步通过纠正措施和预防措施，达到持续改进的目的。

5. 系统地控制与顾客的关系

GB/T 19001 标准 7.2.3 条款、7.5.1 条款、7.5.4 条款、7.5.5 条款、8.2.1 条款、8.4 条款就是系统地控制与顾客的关系的具体体现。

组织与顾客的关系是通过组织为顾客提供产品为纽带而产生的。良好的顾客关系有助于保持顾客的忠诚，改进顾客满意的程度。

系统地控制与顾客的关系涉及许多方面。GB/T 19001 标准从多个方面系统地提出了控制要求。如顾客沟通提出了与顾客如何进行联络与沟通；爱护顾客财产，可在顾客中建立良好的信任；提供合格产品并实施防护可使顾客满意；顾客满意的信息与数据的分析可为持续改进与顾客的关系提供重要的信息。可以说这形成一个系统的活动。

二、领导作用

最高管理者确立组织统一的宗旨及方向。他们应当创造并保持使员工能充分参与实现组织目标的内部环境。

在组织的管理活动中，可分为制定方针和目标、规定职责、建立体系、实现策划、控制和改进等活动。质量方针、质量目标构成了组织宗旨的组成部分，而组织与产品实现及有关的活动形成了组织的运作方向。当运作方向与组织的宗旨相一致时，组织才能实现其宗旨。组织的最高管理者的作用在于能否将组织的运作方向与组织宗旨统一，使其一致，并创造一个全体员工能充分参与实现组织目标的内部氛围和环境。

GB/T 19001 标准中“5.1 管理承诺”、“5.2 以顾客为关注焦点”、“5.3 质量方针”、“5.4.1 质量目标”、“5.5.1 职责和权限”、“5.5.3 内部沟通”、“5.6 管理评审”、“6.1 资源提供”、“6.2 人力资源”、“7.1 产品实现的策划”等条款就是领导作用的具体体现。

运用“领导作用”原则，组织通常采取下列的措施和活动。

1. 考虑所有相关方的需求和期望

GB/T 19001 标准 5.1 条款、5.2 条款、5.5.3 条款就是考虑所有相关方的需求和期望的具体体现。

所谓相关方是指与组织的业绩或成就有利益关系的个人或团体(如顾客所有者、员工、供方、银行、工会、合作伙伴或社会)。组织的成功取决于能否理解并满足现有及潜在的顾客和直接和间接顾客尤其是最终顾客的当前和未来的需求和期望，能否理解和考虑其他相关方的当前和未来的需求和期望。组织的最高管理者应将其作为首要考虑的事项加以管理，确保顾客和其他相关方的需求和期望在组织内得到有效沟通，为满足所有相关方的需求和期望奠定基础。

2．为组织的未来描绘清晰的远景，确定富有挑战性的目标

GB/T 19001 标准 5.1 条款、5.3 条款、5.4.1 条款、5.6 条款、7.1 条款就是为组织的未来描绘清晰的远景，确定富有挑战性的目标的具体体现。

组织需要建立质量方针给出发展的前景，建立具有可测性、挑战性和可实现性的质量目标。组织的最高管理者应设定符合这种特点的质量方针和质量目标，并在相关职能和层次上分解质量目标，同时在产品实现策划中考虑质量目标，质量目标应在质量方针的框架下形成。最高管理者应通过管理评审评审质量方针和质量目标。

3．在组织内建立富有特色的企业文化

GB/T 19001 标准 5.1 条款、6.2.2 条款就是在组织内建立富有特色的企业文化的具体体现。

在质量管理成功的企业，居第一位的、起决定作用的是强有力的企业质量文化。目前，国内外对质量文化的内涵主要有三种观点：①认为质量文化是一个企业在长期质量管理过程中形成的具有本企业特色的质量管理思想和精神理念；②认为质量文化是企业全体员工为实现企业的质量目标而自觉遵循的共同的价值观和信念；③认为质量文化是企业物质和精神两种文化结合的产物。总之，质量文化是一种渗透在质量经营活动中的东西，这种文化的内涵可以代表企业的质量哲学、质量理念、共同的价值观、企业奋发向上、不断追求质量第一的精神。质量文化集中反映了企业全体员工的心理状态和精神面貌，是企业质量经营的精神支柱，没有质量文化和质量精神，再规范严格的质量管理也不能取得成效。所以，在组织的质量管理体系活动要求中，最高管理者必须作出管理承诺，建立具有自己特色的质量文化，质量文化的建立可由培训来实现。

4．为员工提供所需的资源和培训并赋予相应的职责和权限

GB/T 19001 标准 5.5.1 条款、6.1 条款、6.2 条款就是为员工提供所需的资源和培训并赋予相应的职责和权限的具体体现。

最高管理者或管理者应充分调动调动工的积极性，发挥员工的主观能动性，应规定并赋予全体员工职责和权限，通过培训提高员工的能力，为其工作提供合适的资源，创造适宜的工作条件和环境，正确评估员工的能力和业绩，采取激励机制，鼓励创新。

三、全员参与

各级人员都是组织之本，只有他们的充分参与，才能使他们的才干为组织带来收益。

人是管理活动的主体，也是管理活动的客体。组织的质量管理是通过组织内各职能各层次人员参与产品实现过程及支持过程来实施的。过程的有效性取决于各级人员的意识、能力和主动精神。全员参与的核心是调动人的积极性，当每个人的才干得到充分发挥并能实现创新和持续改进时，组织将会获得最大收益。

GB/T 19001 标准中“5.1 管理承诺”、“5.5.1 职责和权限”、“5.5.2 管理者代表”、“5.6 管理评审”、“6.2.1 总则”、“6.2.2 能力、培训和意识”、“7.1 产品实现的策划”、“8.2.2 内部审核”、“8.4 数据分析”等条款就是全员参与的具体体现。

运用“全员参与”原则，组织将会采取下列措施：

1．让每个员工了解自身的地位、职责和权限并实施组织和权限

GB/T 19001 标准 5.1 条款、5.5.1 条款、5.5.2 条款就是让每个员工了解自身的地位、

职责和权限并实施组织和权限的具体体现。

组织全体员工都应清楚其地位、职责、权限和相互关系，了解其工作的内容和目标以及达到目标的要求、方法，并且按其职责和权限要求实施，以便开展各项质量活动。

在质量管理体系活动的要求中，最高管理者或管理者承诺和管理者代表均起着主要作用，职责和权限的规定可为这一活动提供条件。

2. 以主人翁的责任感去工作

GB/T 19001 标准 5.5.1 条款、6.2.2 条款、7.1 条款、8.4 条款就是组织的全体员工以主人翁的责任感去工作的具体体现。

最高管理者或管理者应在员工中提倡主人翁意识，让每个人在各自岗位上树立责任感，发挥个人的潜能，可以针对全体员工规定不同的职责、权限和相互关系，通过培训和教育或在工作时把目标和要求讲清，使员工掌握自己的工作内容，可以应用数据分析对自己工作进行分析，得出结果，并正确处理和解决问题。

3. 利用员工自身评价和组织评价员工业绩状况

GB/T 19001 标准 5.6 条款、6.2.1 条款、8.2.1 条款、8.2.2 条款就是利用员工自身评价和组织评价员工业绩状况的具体体现。

组织可以利用各种方式评价员工的业绩状况，通过评价，使员工获得成就感，意识到自己对整个组织的贡献，对发现的差距，进行改进。员工的业绩评价可以用自我评价或结合能力评价、内部审核和管理评审等方式进行。

四、过程方法

将活动和相关的资源作为过程进行管理，可以更高效地得到期望的结果。

通过利用资源和实施管理，将输入转化为输出的一组活动，可以视为一个过程。一个过程的输出可直接形成下一个或几个过程的输入。

为使组织有效运行，必须识别和管理众多相互关联的过程。系统地识别和管理组织所应用的过程，特别是这些过程之间的相互作用，可称之为"过程方法"。

过程方法的一个优点就是实现了对过程系统中单个过程之间的联系以及过程的组合和相互作用进行连续的控制。在质量管理体系中应用过程方法时，该方法强调以下方面的重要性：①理解和满足要求；②需要从增值的角度考虑过程；③获得过程绩效和有效性的结果；④基于客观的测量，持续改进过程。

GB/T 19001 标准中"0.2 过程方法"、"第 4 章质量管理体系"、"第 5 章管理职责"、"第 6 章资源管理"、"第 7 章产品实现"、"第 8 章测量、分析和改进"就是过程方法的具体体现。

应用"过程方法"原则，组织将会采取下列活动：

1. 系统地识别、确定、控制所有的过程

GB/T 19001 标准 4.1 条款和其他条款就是系统地识别、确定、控制所有的过程的具体体现。

系统地识别、确定、控制所有的过程，尤其是系统地识别、确定、控制所有的过程过程的输入、输出和活动特别重要。组织应确定：①质量管理体系所需的过程及其在整个组织中的应用；②确定这些过程的顺序和相互作用；③确定所需的准则和方法，以确保这些过程的运行和控制有效；④确保可以获得必要的资源和信息，以支持这些过程的运行和对这些过程的监视；⑤监视、测量（适用时）和分析这些过程；⑥采取必要的措施，以实现对这些过程的策划结果和对这些过程的持续改进。应依据该标准的要求管理这些过程。

2. 明确所有过程活动的职责和权限

GB/T 19001 标准 5.5.1 条款、7.3.1 条款就是明确所有过程活动的职责和权限的具体体现。

为确保过程有效性。首先要确定过程实施的职责和权限，并管理其职责和权限，设计和开发策划过程对组织提供的产品起着关键的作用，因此应规定设计和开发的职责与权限。

3. 监视、测量和分析关键过程的能力

GB/T 19001 标准 7.5.2 条款、7.6 条款、8.2.3 条款就是监视、测量和分析关键过程的能力的具体体现。

掌握关键过程的能力，将有助于了解相应的过程是否有能力完成所策划的结果。因此 GB/T 19001 标准要求组织采用适宜方法监视和测量过程，尤其是关键过程；确定需实施的监视和测量，以及所需的监视和测量设备，尤其是关键过程所需的识别。当生产和服务提供过程的输出不能由后续的监视或测量加以验证，使问题在产品使用后或服务交付后才显现时，组织应对任何这样的关键过程实施确认。

4. 识别、确定、控制组织职能间和过程间的接口

GB/T 19001 标准 5.5.3 条款、7.3.1 条款就是识别、确定、控制组织职能间和过程间的接口的具体体现。

通常，组织某过程都与若干个职能部门有关，这就产生若干个职能部门间的接口，为使过程有效，这就需识别、确定、控制若干个职能部门间的接口；另外组织各过程间都存在某种联系，这就产生若干个过程间的接口，为使过程有效，这也需识别、确定、控制若干个过程间的接口。

在质量管理体系活动中，内部沟通为管理这种识别接口的活动创造了条件。对设计和开发活动的策划，要识别并管理参与设计的不同小组之间的接口，使设计和开发的输出符合顾客要求。

5. 识别、确定、控制和改进影响过程有效性的各种因素

GB/T 19001 标准 6.1 条款、6.2 条款、6.3 条款、6.4 条款、7.4 条款、7.5.1 条款就是识别、确定、控制和改进影响过程有效性的各种因素的具体体现。

影响过程的有效性涉及许多因素，如人力资源、基础设施、工作环境、方法、材料、检测技术、产品相关的信息、作业指导书等因素。因此，组织应当识别、确定、控制和改进影响过程有效性的各种因素。

五、管理的系统方法

将相互关联的过程作为系统加以识别、理解和管理，有助于组织提高实现目标的有效性和效率。所谓效率是指得到的结果与所使用的资源之间的关系。

这里的“系统”的含义是指将组织中为实现目标所需的全部的相互关联或相互作用的一组要素予以综合考虑。要素的集合构成了系统。要素和系统构成部分和整体的关系。质量管理体系的构成要素是过程。一组完备的相互关联的过程的有机组合构成了一个系统。对构成系统的过程予以识别，理解并管理的系统，可以帮助组织提高实现目标的有效

性及效率。这是一种管理的系统方法，其优点是可使过程相互协调，最大限度地实现预期的结果。

GB/T 19001 标准的 4.1 条依据这一管理思想详细地提出了建立质量管理体系的系统方法的逻辑步骤。

GB/T 19001 标准中“0.1 总则”、“4.1 总要求”、“4.2 文件要求”、“5.1 管理承诺”、“5.5.1 职责和权限”、“5.5.3 内部沟通”、“6 资源管理”、“7.1 产品实现的策划”、“7.6 监视和测量设备的控制”、“8.2.1 顾客满意”、“8.2.3 过程的监视和测量”、“8.4 数据分析”、“8.5 改进”等条款就是系统管理方法的具体体现。

运用“管理的系统方法”原则，组织将采取以下措施：

1. 建立一个体系实现组织的目标

GB/T 19001 标准 4.1 条款、4.2 条款就是建立一个体系实现组织的目标的具体体现。

每个组织都有自己的目标，而目标要依赖于管理活动来实现，所以管理应当有系统性。这只能通过建立和实施一个体系来实现。一个规范的体系是有效实现组织目标的保证。GB/T 19001 标准为建立这样的体系提供了系统的方法和逻辑步骤，同时也指明这样的体系用文件来表述将更加清晰。

2. 识别、理解和管理体系内过程

GB/T 19001 标准第 7 章就是识别、理解和管理体系内过程的具体体现。

体系是由一组关联的过程及其相互作用构成的。过程的相互作用和相互依赖关系表现在某个过程的输出是下一个过程的输入。实际上这种相互作用和相互依赖的关系是很复杂的。GB/T 19001 标准不仅指出了组织的全部过程，而且从原则角度指明了过程间关键的相互作用和相互依赖关系，并且指出要识别、理解和管理质量管理体系。如规定产品实现过程中的策划、与顾客有关过程、设计和开发、采购、生产服务的提供的和监视和测量设备过程及其它们间的相互关系。

3. 加强协调，实现设定目标

GB/T 19001 标准 7.1 条款就是加强协调，实现设定目标的具体体现。

系统的目标是通过构成系统的各过程协调运作实现的。因此，根据组织的目标，设定各过程的分目标，运作这些过程，实现其分目标，从而确保预期实现总目标是管理的系统方法的重要思想。如产品实现过程的策划所要求的内容。

4. 减少职能交叉造成的障碍

GB/T 19001 标准 5.5.1 条款、5.5.3 条款、6.2.2 条款就是减少职能交叉造成的障碍的具体体现。

质量方针和质量目标是构成组织宗旨的重要组成部分。最高管理者和全体员工应理解总目标和与他们相关的分目标，以及在实现目标过程中各自的职责和作用，具备所需的能力，理解与其他职能部门或人员间的接口和相互关系及相互作用，并且加强沟通，从而减少或消除由于职能交叉和职责不清导致的障碍，提高过程运行的效率。

5. 确保得到资源

GB/T 19001 标准 5.1 条款、第 6 章就是确保得到资源的具体体现。

最高管理者及整个组织应确定建立、实施持续改进质量管理体系所需的资源，获得资源和正确使用资源。资源包括人力资源、基础设施资源、工作环境等。

6. 通过监视、测量和分析，持续改进体系

GB/T 19001 标准 7.6 条款、8.2.1 条款、8.2.3 条款、8.4 条款、8.5 条款就是通过监视、测量和分析，持续改进体系的具体体现。

组织应监视、测量和分析质量管理体系所有过程，并且根据监视、测量和分析结果改进质量管理体系及其过程，持续改进体系可以使用 PDCA 循环方法实现。为达到上述目的，需要确定：如何监视过程的绩效，包括过程能力和顾客满意；采取何种测量和监视手段；如何分析信息以及从信息分析中得到什么结果；如何改进该过程；需要采取何种纠正措施和预防措施；这些纠正措施和预防措施是否得到实施且有效。

管理的系统方法和过程方法既有区别又是紧密联系的。两者联系在于：这两种方法研究的对象都与过程相关，都可采用 PDCA 循环方式；两者均着重于关注顾客，并通过识别组织内的关键过程，以及随后对其展开的持续改进来增强顾客满意；目的都是为了促进过程和体系的改进以提高有效性和效率。两者的区别在于：过程方法侧重于研究单个的过程，即过程的输入、输出、活动及所需的资源，以及该过程和其相关过程的关系；管理的系统方法侧重于研究若干个过程乃至过程组成的体系，以及体系运作如何有效地实现组织的目标。显然，过程方法是管理的系统方法的基础。管理的系统方法是将相关的各个有效运作的过程构筑成一个有效运行的体系，从而高效地实现组织的目标。

六、持续改进

事物是在不断发展的，都会经历一个由不完善到完善的过程。人们对过程的结果的要求也在不断地变化和提高，因此，这种变化和提高会促使组织作出相应的变革或改进决定，于是组织就应建立一种适应机制，使组织能适应外界环境的这种变化要求，使组织增强适应能力并提高竞争力，改进组织的整体业绩，让所有的相关方都满意。这种机制就是持续改进。只要组织存在，就决定了这种需求和持续改进的存在，从这种意义上来说，持续改进总体业绩是组织的一个永恒的目标。

持续改进是增强满足要求的能力的循环活动。持续改进的对象可以是质量管理体系、过程、产品等；持续改进可作为过程进行管理；在对该过程的管理活动中应重点关注改进的目标及改进的有效性和效率。

持续改进作为一种管理理念、组织的价值观，在质量管理体系活动中是必不可少的重要要求，可以提高组织的业绩，增强竞争能力。

GB/T 19001 标准中“4.1 总要求”、“5.1 管理承诺”、“5.3 质量方针”、“5.4 策划”、“5.6 管理评审”、“6.1 资源的提供”、“6.2 人力资源”、“7 产品实现”、“8.1 总则”、“8.2.1 顾客满意”、“8.2.2 内部审核”、“8.2.3 过程的监视和测量”、“8.4 数据分析”、“8.5 改进”等条款就是持续改进的具体体现。

应用“持续改进”的原则，组织将采取如下措施：

1. 在整个组织范围内使用一致的方法持续改进组织的业绩

GB/T 19001 标准 5.6 条款、8.2.1 条款、8.2.2 条款、8.2.3 条款、8.4 条款、8.5 条款就是在整个组织范围内使用一致的方法持续改进组织的业绩的具体体现。

在组织的质量管理体系活动中，通常采用一致改进的方法是：基于组织的质量方针、质量目标，通过内部审核和管理评审发现质量管理体系中存在的不合格，通过数据收集和分析

发现质量管理体系中存在的不合格，通过过程的监视和测量发现过程实现所策划结果的能力存在的不合格，通过顾客满意调查发现组织是否已满足其要求的存在的不合格，最终导致采取纠正措施和预防措施而达到持续改进的目的。

2．为员工提供有关持续改进的方法和手段的培训

GB/T 19001 标准 6.2.2 条款、8.2.1 条款、8.2.2 条款、8.2.3 条款、8.4 条款就是为员工提供有关持续改进的方法和手段的培训的具体体现。

持续改进必须采用合适的方法和手段，如都应对组织的员工进行满意调查、质量管理体系审核、过程监视和测量，使用统计技术进行数据分析等知识的培训，方能使员工掌握持续改进的方法和手段。

3．建立和实施目标，持续改进

GB/T 19001 标准 5.6 条款、第 7 章就是建立和实施目标，持续改进的具体体现。

持续改进的最终目的是改进组织质量管理体系的有效性，改进过程的能力，最终提高产品质量。涉及产品、过程、体系的持续改进是每位员工的日常工作都能涉及的。将这几方面的持续改进作为每位员工的目标是恰当的，也能达到真正实现持续改进的目的。

持续改进是一种循环的活动，每一次改进活动都应首先建立相应的目标，以指导和评估改进的结果。如产品实现中，规定产品目标，实施评审，采取措施等；管理评审中，对照质量管理体系目标，实施评审，发现不合格，采取措施，验证。

七、基于事实的决策方法

有效决策是建立在数据和信息分析的基础上。

过程的结果取决于过程实施之前的决策。决策作为过程就应依该过程输入的信息或数据输入为依据实施活动，过程的输出质量取决于输入的信息和数据以及过程活动的质量。所以说决策的质量决定了过程的输出质量。

GB/T 19001 标准中“4.2.4 记录的控制”、“5.3 质量方针”、“5.4.2 质量管理体系策划”、“5.5.3 内部沟通”、“7.1 产品实现的策划”、“7.2.3 顾客沟通”、“7.3 设计和开发”、“7.5 生产和服务提供”、“7.6 监视和测量设备的控制”、“8.1 总则”、“8.2.1 顾客满意”、“8.2.3 过程的监视和测量”、“8.4 数据分析”等条款就是全员参与的具体体现。

应用“基于事实的决策方法”，组织将采取下述活动：

1．确保数据和信息精确和可靠

GB/T 19001 标准 4.2.4 条款、5.5.3 条款、7.2.3 条款、7.6 条款就是确保数据和信息精确及可靠的具体体现。

确保数据和信息精确及可靠是决策正确的保证条件。如在 GB/T 19001 标准中，对记录的控制是这一活动的具体要求；有效的内部和顾客沟通活动能提供准确可靠的数据和信息。监视和测量设备的控制为测量和监控结果的可靠和准确提供最重要的手段和基础。

2．获得和使用正确的方法分析数据和信息

GB/T 19001 标准 4.2.4 条款、7.3.2 条款、8.1 条款就是为组织获得和使用正确方法分析数据和信息的具体体现。

数据和信息需要者要能得到数据和信息，这是有效决策能够进行的保证。如GB/T 19001 标准中，记录保持为活动提供了保证条件；设计和开发输入的信息为设计人员提供了所需的

信息。

统计技术可帮助我们科学分析数据，得到准确的结论，并用于决策。如 GB/T 19001 标准中，过程的监视和测量需使用统计技术，测量、分析和改进需使用统计技术，顾客满意的监测需使用统计技术等。

3. 基于事实分析，做出决策并采取措施

GB/T 19001 标准 5.4.2 条款、7.1 条款、7.3.1 条款、7.5.1 条款、8.1 条款、8.4 条款就是基于事实分析，做出决策并采取措施的具体体现。

将依据数据和信息分析所得到的结果与过去积累的经验比较和思考，进行判断，确定并做出决策，采取相应措施，将获得满意的结果。如 GB/T 19001 标准中，所有的策划活动：质量管理体系策划，产品实现的策划，设计和开发策划，生产服务的提供的策划，监视、测量、分析和改进的策划，数据分析等。

八、与供方互利的关系

组织与供方是相互依存的，互利的关系可增强双方创造价值的能力。

随着生产社会化的不断发展，组织的生产活动分工越来越细，专业化程度越来越高。通常某一产品不可能由一个组织从最初的原材料开始加工直至形成顾客使用的产品并销售给最终顾客，这往往是通过多个组织分工协作来完成的。因此任何一个组织都有其供方或合作伙伴。供方或合作伙伴所提供的原材料、元器件、标准件、外购件、外协件或服务对组织的最终产品有着重要的影响。供方或合作伙伴提供的高质量的产品将促使组织与供方或合作伙伴均增强创造价值的能力，优化成本和资源，组织向顾客提供高质量的产品提供保证，最终确保顾客满意。组织的市场扩大，则为供方或合作伙伴增加了提供更多产品的机会。所以，组织与供方或合作伙伴是互相依存的。

GB/T 19001 标准中“7.4 采购”、“8.4 数据分析”等条款就是与供方互利的关系的具体体现。

应用“与供方互利的关系”原则，组织将会采取的措施：

1. 在供需双方利益基础上，确立与供方的关系

GB/T 19001 标准 7.4.1 条款就是在供需双方利益基础上，确立与供方关系的具体体现。

任何一个组织都存在着众多的供方或合作伙伴。组织与供方或合作伙伴存在着相互的利益关系。为了双方的利益，组织应考虑与供方或合作伙伴建立合作关系，因为，合作关系会给供需双方带来短期的效益或长期效益。

2. 识别和选择关键供方

GB/T 19001 标准 7.4.1 条款、8.4 条款就是识别和选择关键供方的具体体现。

识别并选择起着关键作用的供方或合作伙伴也构成了实现过程的组成部分，把提供的产品对随后的产品实现及最终产品的影响是关键的供方列入关键供方。供方或合作伙伴的范围可能有：提供原材料、元器件、标准件、外购件的供方、提供加工活动（如外协件）的合作伙伴、某项服务（如技术指导、培训、检验、运输等）的提供者等。组织可通过数据分析提供有关供方的信息，以供评价和选择。

3. 与供方的互利

充分意识到组织与供方或合作伙伴的利益是一致的，是实现这一活动的关键。由于竞

争的加剧和顾客要求越来越高,组织之间的竞争不仅仅取决于组织的质量管理体系的能力和提供合格产品的能力,同时也取决于供方的质量管理体系的能力和提供合格产品的能力,所以组织应考虑让关键供方分享自己的技术和资源,也争取共享供方技术和资源,有助于提高供方产品的质量和使用高质量的供方产品。

4. 加强沟通,共同进步

GB/T 19001 标准 7.4.2 条款、8.4 条款就是加强沟通和共同进步的具体体现。

组织与供方或合作伙伴的相互沟通,将使双方减少损失,在最大程度上获得收益。通常采购信息应当予以沟通,沟通的方式和渠道应当有利于沟通的实施。

通过沟通增进供方或合作伙伴改进产品的积极性,增强双方创造价值的能力,共同取得顾客的满意。组织的有关供方提供产品质量信息的数据分析活动和对供方提供产品的验证活动将为这一活动提供准确的信息。

思考题三

3-1 何谓质量管理原则?

3-2 试举例说明以顾客为关注焦点的作用。

3-3 试举例说明领导作用的作用。

3-4 试举例说明全员参与的作用。

3-5 试举例说明过程方法的作用。

3-6 试举例说明管理的系统方法的作用。

3-7 试举例说明持续改进的作用。

3-8 试举例说明基于事实的决策方法的作用。

3-9 试举例说明与供方互利的关系的作用。

第四章

质量管理体系 基础

任何组织均需要管理，管理是多方面的。当管理与质量有关时，则为质量管理。质量管理是指在质量方面指挥和控制组织的协调活动。通常包括制定质量方针和质量目标以及质量策划、质量控制、质量保证和质量改进等活动。实现质量管理的方针目标，有效地开展各项质量管理活动，必须建立相应的质量管理体系。

建立满足何种要求的质量管理体系，对质量管理目标的实现是至关重要的。因此对质量管理体系进行研究是一项重要的基础工作。ISO/TC 176 将其对质量管理体系研究的结果在 ISO 9000:2005 第 2 章质量管理体系基础中作了清晰表述。质量管理体系基础是以八项质量管理原则为基本理论而给出的。质量管理体系基础表述了 ISO 9000 族标准中质量管理体系的基础，质量管理体系基础共十二项，以下予以说明。

一、质量管理体系的理论说明

（一）顾客要求与顾客满意

质量管理体系能够帮助组织增强顾客满意。

顾客要求产品具有满足其需求和期望的特性，这些需求和期望在产品规范中表述。顾客要求可以由顾客以合同方式规定或由组织自己确定。在任一情况下，产品是否可接受最终由顾客确定。顾客的需求和期望是不断变化的，由于竞争的压力和技术的发展，这些都促使组织持续地改进产品和过程以满足顾客要求。

（二）质量管理体系的作用

质量管理体系方法鼓励组织分析顾客要求，规定相关的过程，并使其持续受控，以实现顾客能接受的产品。质量管理体系能提供持续改进的框架，以增加顾客和其他相关方满意的几率。质量管理体系能使组织提供持续满足要求的产品，并向组织及其顾客提供信任。

二、质量管理体系要求与产品要求

GB/T 19000 族标准区分了质量管理体系要求和产品要求。

GB/T 19001—2008 标准 规定了质量管理体系要求。质量管理体系要求是通用的，适用于所有行业或经济领域，不论其提供何种类别的产品。GB/T 19001—2008 标准本身并不规定产品要求。

产品要求可由顾客规定，或由组织通过预测顾客的要求规定，或由法规规定。在某些情况下，产品要求和有关过程的要求可包含在诸如技术规范、产品标准、过程标准、合同协议和法规要求中。

任何一个组织在使用质量管理体系标准时对产品要求也应一并考虑，而不可偏废哪一

项要求。GB/T 19001—2008 标准也明确了两者各自的目的及相互关系。表 4-1 清楚地表述了质量管理体系要求和产品要求的差别。

表 4-1 质量管理体系要求和产品要求的区别

	质量管理体系要求	产品要求
1. 含义	1. 为建立质量方针和质量目标并实现这些目标的一组相互关联的或相互作用的要素,是对质量管理体系固有特性提出的要求 2. 质量管理体系的固有特性是体系满足方针和目标的能力,体系的协调性、自我完善能力、有效性的效果等	1. 对产品的固有特性所提出的要求,有时也包括与产品有关过程的要求 2. 产品的固有特性主要是指产品物理的、感观的、行为的、时间的、功能要求的和人体功效方面的有关要求
2. 目的	1. 证实组织有能力稳定地提供满足顾客和法律法规要求的产品 2. 通过体系有效应用,包括持续改进和预防不合格而增强顾客满意	验收产品并满足顾客
3. 适用范围	通用的要求,适用于各种类型,不同规模和提供不同产品的组织	特定要求,适用于特定产品
4. 表达形式	GB/T 19001—2008 标准要求或法律法规要求	技术规范、产品标准、合同、协议、法律法规,有时反映在过程标准中
5. 要求的提出	GB/T 19001—2008 标准	可由顾客规定;可由组织通过预测顾客要求来规定;可由法规规定
6. 相互关系	质量管理体系要求本身不规定产品要求,但它是对产品要求的补充	

三、质量管理体系方法

(一) 建立和实施质量管理体系方法的步骤

建立和实施质量管理体系的方法包括以下步骤:①确定顾客和其他相关方的需求和期望;②建立组织的质量方针和质量目标;③确定实现质量目标必需的过程和职责;④确定和提供实现质量目标必需的资源;⑤规定测量每个过程的有效性和效率的方法;⑥应用这些测量方法确定每个过程的有效性和效率;⑦确定防止不合格并消除产生原因的措施;⑧建立和应用持续改进质量管理体系的过程。

(二) 质量管理体系方法的作用

质量管理体系方法也适用于保持和改进现有的质量管理体系。

采用上述方法的组织能对其过程能力和产品质量树立信心,为持续改进提供基础,从而增进顾客和其他相关方满意,并使组织成功。

四、过程方法

(一) 过程方法的概念

过程方法的概念见第三章第二节。鼓励采用过程方法管理组织。

（二）以过程为基础的质量管理体系模式

由 GB/T 19000 族标准表述的，以过程为基础的质量管理体系模式如图 4-1 所示。该图表明在向组织提供输入方面相关方起重要作用。监视相关方满意程度需要评价有关相关方感受的信息，这种信息可以表明其需求和期望已得到满足的程度。图 4-1 中的模式没有表明更详细的过程。

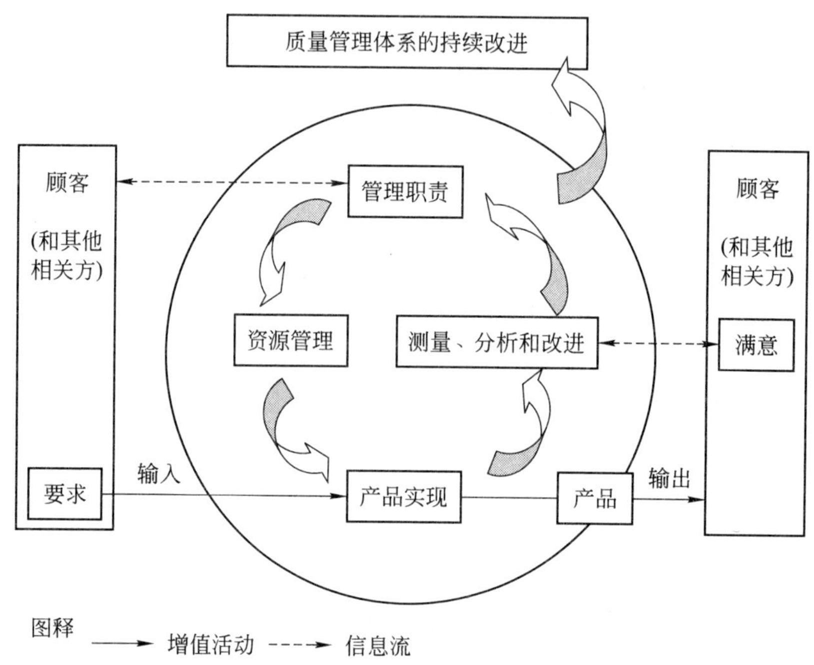

图 4-1 以过程为基础的质量管理体系模式

图 4-1 所表达的意义有如下几个方面：

① 识别顾客需求，通过各种过程的应用提供产品给顾客可视为一个大过程。在对该过程向组织提供输入方面，顾客起着重要作用。

② 图中圆内部分的过程构成一个质量管理体系，GB/T 19001—2008 标准就是按该图的组成提出的控制要求。

③ 基于过程方法，为满足顾客（和其他相关方）的需求提供产品并使其满意的组织活动可能有四个过程构成：产品实现过程，管理活动过程，资源管理过程，测量、分析和改进过程，即图中圆内所包括的过程。

④ 这四个过程存在着相互作用。以产品实现过程为主过程，对过程的管理构成管理过程，即管理职责，实现过程所需资源的提供构成资源管理过程，对实现过程的测量、分析和改进构成支持过程。

⑤ 这四个过程分别可以依据实际情况分为更详细的过程。如在图中产品实现方框中重叠的三个箭头表明产品实现过程是由一系列过程构成的。

⑥ 监视相关方满意程度需要评价有关相关方感受的信息。这可通过测量、分析和改进过程实现。

⑦ PDCA 方法适合组织的质量管理体系的持续改进，持续改进使质量管理体系螺旋式

提升。图 4-1 中已表明这一点。PDCA 方法也适合于每一个过程的持续改进。

⑧ 图 4-1 中实线箭头表示增值活动;虚线表示信息流,且是双向的。

五、质量方针和质量目标

建立质量方针和质量目标为组织提供了关注的焦点。两者确定了预期的结果,并帮助组织利用其资源达到这些结果。质量方针为建立和评审质量目标提供了框架。质量目标需要与质量方针和持续改进的承诺相一致,其实现需是可测量的。质量目标的实现对产品质量、运行有效性和财务业绩都有积极影响,因此对相关方的满意和信任也产生积极影响。

(一) 质量方针

质量方针是由组织的最高管理者正式发布的该组织总的质量宗旨和方向。①最高管理者通常泛指具有执行职责的最高层管理者,如总经理。②正式发布指应通过一种适当的形式表达。例如专门的质量方针文件或写在质量手册中。③总的质量宗旨和方向可理解为组织在质量方面的未来发展的远景规划或蓝图是组织的追求。通常是宏观定性的。④质量方针应与组织的总方针相一致。

(二) 质量目标

质量目标是指组织在质量方面所追求的目的。①可理解为在一定的时间范围内或限定的范围内,组织所规定的与质量有关的预期应达到的具体要求、标准或结果;②质量目标应是可测量的。

(三) 制定质量方针和质量目标的目的和意义

制定质量方针和质量目标为组织提供了关注的焦点。每个组织为其未来的发展,都会制定一个战略规划,这是组织未来发展的方向,也是最高管理者将组织引向何处的决策方向。它将成为组织全体员工的工作准则和取向。质量方针给出组织的质量政策方向,质量目标给出了实施的准则。

质量方针和质量目标为组织确定预期的结果,可以帮助组织使用其资源达到这些预期的结果。质量方针和质量目标需要通过建立和运行质量管理体系实施质量管理而实现。

质量目标的实现对产品质量、体系运行有效性和财务业绩都有积极的影响。质量目标的实现表明产品的质量达到了预期的结果,也证明了质量管理体系运行有效,因而组织也必将获得经济效益。组织的相关方都会获益,这就必然增强相关方对组织的信任和满意程度。

六、最高管理者在质量管理体系中的作用

(一) 创造一个员工充分参与并使质量管理体系有效运行的环境

最高管理者通过其领导作用及各种措施可以创造一个员工充分参与的环境,质量管理体系能够在这种环境中有效运行。

最高管理者能够决定组织的命运。最高管理者有权制定组织的政策,赋予员工职责和权限,提供资源。一个成功的领导者,应当是一个有充分发挥全员积极参与实现组织目标的管理者。因此,最高管理者应当通过其具有的领导权力,充分发挥领导作用,制定各种合理可行的措施,创造一个员工能充分发挥自身能力、使员工积极参与的氛围和环境。这是最高管理者核心作用的体现。

（二）最高管理者发挥的作用

最高管理者可以运用八项质量管理原则作为发挥以下作用的基础：①制定并保持组织的质量方针和质量目标；②通过在整个组织内促进质量方针和质量目标的实现，增强员工的意识、积极性和参与程度；③确保整个组织关注顾客要求；④确保实施适宜的过程，以满足顾客和其他相关方要求并实现质量目标；⑤确保建立、实施和保持一个有效的质量管理体系以实现这些质量目标；⑥确保获得必要资源；⑦定期评审质量管理体系；⑧决定有关质量方针和质量目标的措施；⑨决定改进质量管理体系的措施。

七、文件

（一）文件的概念

文件是指信息及其承载媒介。文件概念表明它是由两个要素构成的。一是信息，二是承载媒介。媒介可以是纸张、计算机磁盘、光盘或其他电子媒介（如录音带、录像带等）。照片或标准样品或它们的组合。信息是文件的实质内容，信息的不同，决定了文件的性质不同。

（二）文件的价值

文件能够沟通意图、统一行动，其使用有助于：①满足顾客要求和质量改进；②提供适宜的培训；③重复性和可追溯性；④提供客观证据；⑤评价质量管理体系的有效性和持续适宜性。

文件的形成本身并不是目的，它应是一项增值的活动。

（三）质量管理体系中使用的文件

（1）应当建立一个形成文件的质量管理体系，而不是一个文件系统。

（2）在质量管理体系中使用下述几种类型的文件：①向组织内部和外部提供关于质量管理体系的一致信息的文件，这类文件称为质量手册；②表述质量管理体系如何应用于特定产品、项目或合同的文件，这类文件称为质量计划；③阐明要求的文件，这类文件称为规范（如产品工艺规程）；④阐明推荐的方法或建议的文件，这类文件称为指南（如GB/T 19004—2000《质量管理体系　业绩改进指南》）；⑤提供如何一致地完成活动和过程的信息的文件，这类文件包括形成文件的程序（如文件控制程序）、作业指导书（如设备操作说明）和图样；⑥为完成的活动或达到的结果提供客观证据的文件，这类文件称为记录（如管理评审记录）。

（3）每个组织确定其所需文件的多少和详略程度及使用的媒体。这取决于下列因素，诸如组织的类型和规模、过程的复杂性和相互作用、产品的复杂性、顾客要求、适用的法规要求、经证实的人员能力以及满足质量管理体系要求所需证实的程度。

（4）文件使用的媒介取决于组织管理方式的现代化程度，既可以使用纸张，也可使用光盘、磁盘等。

（5）对文件的要求不是形式上的，而是真正能使质量管理体系有效运行。基于这一概念，GB/T 19001—2008标准要求制订6项活动的形成文件的程序，而要求20处保持记录。

八、质量管理体系评价

（一）质量管理体系过程的评价

评价质量管理体系时，应对每一个被评价的过程提出如下四个基本问题：①过程是否已被识别并适当规定？②职责是否已被分配？③程序是否得到实施和保持？④在实现所要求的结果方面，过程是否有效？

（二）质量管理体系过程的评价类型

综合每一个被评价的过程提出四个基本问题的答案可以确定评价结果。质量管理体系评价活动方式可以有多种，如质量管理体系审核和质量管理体系评审以及自我评定，在涉及的范围上可以有所不同，并可包括许多活动。

1. 质量管理体系审核

质量管理体系审核用于确定符合质量管理体系要求的程度。审核发现用于评定质量管理体系的有效性和识别改进的机会。

第一方审核由组织自己或以组织的名义进行，用于内部目的，可作为组织自我合格声明的基础。

第二方审核由组织的顾客或由其他人以顾客的名义进行。

第三方审核由外部独立的组织进行。这类组织通常是经认可的，提供符合（如：GB/T 19001—2008）要求的认证或注册。

ISO19011 提供审核指南。

2. 质量管理体系评审

最高管理者的任务之一是对照质量方针和质量目标，定期和系统地评价质量管理体系的适宜性、充分性、有效性和效率。这种评审可包括考虑是否需要修改质量方针和质量目标，以响应相关方需求和期望的变化。评审包括确定是否需要采取措施。

审核报告与其他信息源一同用于质量管理体系的评审。

质量管理体系评审也称之为管理评审。质量管理体系评审的内容可包括考虑修改质量方针和目标的需求以响应相关方需求和期望的变化，还可包括确定采取措施的需求。管评审的依据应考虑质量方针和质量目标，方针和目标是否已经包含顾客和相关方的期望。

管理评审的输入信息是多方面的，总体上应能反映方针和目标的所有方面及其内容。质量管理体系审核报告是管理评审的输入之一。

管理评审的输出应给出质量方针和质量目标实现的效果，同时为进一步改进提供支持，最终为组织和相关方增值。

3. 自我评定

自我评定方法是 2000 版 GB/T 19000 族标准新引入的一项评审活动。在 GB/T 19001—2008 标准中没有要求此项活动。当组织为改进业绩、评价组织自身是否需要采取改进措施时可用这种方法。

自我评定是组织参照质量管理体系或优秀模式对组织的活动和结果所进行的全面、系统的评审。

自我评定的目的是为组织提供以事实为基础的指南，指导组织向何处投入改进资源。

评定的对象是组织的质量管理体系。评价的范围和深度可根据组织的目标和各项活动的重要性予以确定。

评价的依据是质量管理体系准则,如国家和区域质量的评定标准。

自我评定方法可为组织提供一种对其业绩和质量管理体系的成熟程度进行总体评价的方法,同时还帮助组织识别需要改进的区域或确定优先开展的事项。

自我评定方法与质量审核是两种不同的方法,它不能代替内部或外部质量审核。它是一种使组织的质量管理体系更加完善的评审方法,它只能用于组织内部的业绩的自我评审,不能将其作为质量审核来使用。

九、持续改进

(一)改进和持续改进的概念

改进是指为改善产品的特征及特性和(或)提高用于设计、生产和交付产品的过程的有效性和效率所开展的活动。

持续改进是增强满足要求的能力的循环活动。

当改进是渐进的,并且是积极地寻求进一步改进的机会,也就是持续改进。

持续改进的对象是质量管理体系。

制定改进目标和寻求改进机会的过程是一个持续过程。在该过程中常常使用审核发现、审核结论、数据分析、管理评审或其他方法给出存在的问题,指明原因,其结果是导致组织采取纠正措施或预防措施。这一持续循环的活动就是持续改进。

(二)持续改进质量管理体系的目的

持续改进质量管理体系的目的是为了提高组织质量管理体系的有效性和效率,实现质量方针和质量目标,增加顾客和其他相关方满意的机会。有效性是完成策划的活动和达到结果的程度;而效率是达到结果与所使用的资源之间的关系。

(三)持续改进的基本活动、步骤和方法

这里是将八项质量管理原则中的“持续改进”原则具体应用于质量管理体系理论而给出的步骤和方法。

改进活动是基本的活动,包括:①分析和评价现状,以识别改进区域;②确定改进目标;③寻找可能的解决办法,以实现这些目标;④评价这些解决办法并作出选择;⑤实施选定的解决办法;⑥测量、验证、分析和评价实施的结果,以确定这些目标已经实现;⑦正式采纳更改。

到此为止,仅仅实现了一个改进过程。从这种意义上来讲,它是纠正措施和预防措施活动。如果有必要,则可能对这个改进过程进行评审,以确定进一步的改进机会,或者说再重复上述改进步骤的活动。从这种意义上讲,它构成了一种持续改进活动,也是一个 PDCA 循环过程。

十、统计技术的作用及应用

(一)统计技术的作用

应用统计技术可帮助组织了解变异,从而有助于组织解决问题并提高有效性和效率。

这些技术也有助于更好地利用可获得的数据进行决策。

帮助组织：①寻找最佳的方法以解决现存问题；②提高解决问题的有效性和组织的工作效率；③利用相关数据进行分析作出决策；④持续改进。

（二）统计技术的应用

许多活动的运行和结果中，甚至是在明显的稳定条件下，均可观察到变异。这种变异可通过产品和过程可测量的特性观察到，并且在产品的整个寿命周期（从市场调研到顾客服务和最终处置）的不同阶段中均可看到其存在。

统计技术有助于对这类变异进行测量、描述、分析、解释和建立模型，甚至在数据相对有限的情况下也可实现。这种数据的统计分析能对更好地理解变异的性质、程度和原因提供帮助。从而有助于解决，甚至防止由变异引起的问题，并促进持续改进。

GB/Z 19027 给出了统计技术在质量管理体系中的指南。

十一、质量管理体系与其他管理体系的关注点

（一）质量管理体系的关注点

质量管理体系是组织的管理体系的一部分，它致力于实现与质量目标有关的结果，适当时，满足相关方的需求、期望和要求。

任何组织的管理体系均由多个部分构成，如财务管理体系、质量管理体系、环境管理体系、职业安全与卫生管理体系等。质量管理体系和其他管理体系就其各自的目标需要满足相关方的需求、期望和要求。

（二）质量目标与其他目标的关系

组织的质量目标补充其他目标，如成长、筹资、收益性、环境及职业卫生与安全等目标。

每一部分管理体系都有自己的目标，这些目标也构成了组织的总的管理目标。每一部分管理体系都致力于使与其目标相关的结果满足相关方的需求、期望和要求。

不同的目标关注的内容不同。如财务目标可能关注效益增长、资金、利润；环境目标关注环境因素控制及环境水平；质量目标关注顾客的要求的满足、持续改进等。但是这些目标是相辅相成的，是组织总体目标的组成部分。目标所关注的内容是管理体系要达到的，也就是管理体系的关注点。

（三）管理体系整合

一个组织的若干个管理体系，可以与质量管理体系整合成一个使用通用要素的综合管理体系。这将有利于策划、资源配置、确定互补的目标以及评价组织的整体有效性。

作为各个部分的管理体系，它们实际上存在着共同的组成要素，如文件管理活动、记录管理活动、纠正措施、预防措施等。综合考虑不同的管理体系共用这些共同的要素，会给组织在管理活动的策划、资源的配置、确定组织互补的目标以及评价组织的整体有效性等方面带来好处。

（四）管理体系评价

组织的管理体系可以对照其要求进行评价，也可以对照国家标准如 GB/T 19001—2008 和 GB/T 24001 的要求进行审核，这些审核既可分开进行也可合并进行。

十二、质量管理体系与优秀模式之间的关系

（一）组织优秀模式

组织优秀模式是指国际上一些先进国家的著名的管理模式。例如美国的马尔科姆、鲍德里奇国家质量奖、欧洲质量奖和日本的戴明奖等国家和区域的质量奖的评定模式。

（二）共同的原则

GB/T 19000 族标准和组织优秀模式提出的质量管理体系方法依据共同的原则。它们两者均：①使组织能够识别它的强项和弱项；②包含对照通用模式进行评价的规定；③为持续改进提供基础；④包含外部承认的规定。

（三）应用范围

GB/T 19000 族质量管理体系与优秀模式之间的差别在于它们应用范围不同。GB/T 19000 族标准提出了质量管理体系要求和业绩改进指南，质量管理体系评价可确定这些要求是否得到满足。

优秀模式包含能够对组织业绩进行比较评价的准则，并能适用于组织的全部活动和所有相关方。优秀模式评定准则提供了一个组织与其他组织的业绩相比较的基础。例如：美国“鲍德里奇国家质量奖”的评定准则有以下七个方面的内容：①领导能力，包括管理职责，公共责任；②信息及其分析处理；③质量策划；④人力资源开发和管理，包括雇员参与，教育和培训；⑤过程质量管理；⑥质量和动作的结果，包括产品的质量和总体业绩；⑦以顾客为中心的顾客满意程度。

显然，这种准则适用于组织的全部活动和所有相关方，比质量管理体系评价的范围更广。

思考题四

4-1 质量管理体系基础包括哪些？

4-2 试举例说明质量管理体系要求与产品要求的关系。

4-3 试举例说明质量管理体系的作用。

4-4 试举例说明建立和实施质量管理体系方法的步骤。

4-5 试举例说明过程和过程方法的作用。

4-6 试举例说明质量方针和质量目标的作用。

4-7 试举例说明最高管理者在质量管理体系中的作用。

4-8 试举例说明文件的价值和文件的类型。

4-9 试举例说明质量管理体系评价的四个基本问题和质量管理体系评价的类型。

4-10 试举例说明持续改进的作用。

4-11 试举例说明统计技术的作用。

4-12 试举例说明质量管理体系与优秀模式之间的关系。

第五章

质量管理体系 术语

第一节 术语标准概述

一、术语的分类

(一) GB/T 19000—2000《质量管理体系　基础和术语》中的术语

GB/T 19000—2000《质量管理体系　基础和术语》第3章"术语和定义"中，列出了80条术语，共分为十部分。

部　分	术语条数
第一部分　有关质量的术语	5
第二部分　有关管理的术语	15
第三部分　有关组织的术语	7
第四部分　有关过程和产品的术语	5
第五部分　有关特性的术语	4
第六部分　有关合格(符合)的术语	13
第七部分　有关文件的术语	6
第八部分　有关检查的术语	7
第九部分　有关审核的术语	12
第十部分　有关测量过程质量管理的术语	6

这些术语适用于GB/T 19000族的所有标准。

(二) GB/T 19000—2008《质量管理体系　基础和术语》中术语及其主要变化

GB/T 19000—2008《质量管理体系　基础和术语》第3章"术语和定义"中，列出了84条术语，共分为10部分。

部　分	术语条数
第一部分　有关质量的术语	6
第二部分　有关管理的术语	15
第三部分　有关组织的术语	8
第四部分　有关过程和产品的术语	5
第五部分　有关特性的术语	4
第六部分　有关合格(符合)的术语	13

续表

部　　分	术语条数
第七部分　有关文件的术语	6
第八部分　有关检查的术语	7
第九部分　有关审核的术语	14
第十部分　有关测量过程质量保证的术语	6

这些术语适用于GB/T 19000族的所有标准。

新版标准的新增术语4个：3.1.6能力、3.3.8合同、3.9.12审核计划、3.9.13审核范围。

二、术语的替代原则

GB/T 19000《质量管理体系　基础和术语》标准第3章“术语和定义”中所定义的术语，如果出现在其他的定义中，标准规定在该定义中使用“术语”及其后的括号中附上该定义的词条号。以代替其完整的定义。例如：

产品的定义是“过程(3.4.1)的结果”，如果将其中“过程”用完整定义替代，则产品的定义是“一组将输入转化为输出的相互关联或相互作用的活动的结果”。

有的术语中可能会涉及多个其他的术语，为了正确理解这类术语，最好一次替代一个术语，最多两个；如果将所有涉及的术语全部用其完整的定义替代的话，既烦琐又难以理解。如“设计和开发”的定义“将要求(3.1.2)转换为产品(3.4.2)、过程(3.4.1)或体系(3.2.1)的规定的特性(3.5.1)或规范(3.7.3)的一组过程(3.4.1)”中涉及七个其他术语：要求、产品、过程、体系、特性、规范和过程，可以将这7个术语逐一替代，以便正确理解。

对于在具体场合限于特定含义的概念，在定义前的角括号＜ ＞中标出适用领域。示例：在有关审核的术语中，技术专家的条目是：“3.9.11 技术专家：〈审核〉向审核组(3.9.10)提供特定的知识或技术的人员。”

三、术语的概念关系与概念图

GB/T 19000标准的附录A中列出了概念关系的三种主要形式：属种关系、从属关系和关联关系。

(一) 属种关系

在层次结构中，下层概念具备了上层概念的所有特性，并包含有将其区别于上层和同层概念的特性的表述。例如：季节与春、夏、秋、冬；文件与规范、质量手册、质量计划、程序文件和记录。

这类关系通过一个没有箭头的扇形或树形图表示，如图5-1。

(二) 从属关系

在层次结构中，下层概念是上层概念的组成部分。例如：年与春、夏、秋、冬；质量管理与质量策划、质量控制、质量保证和质量改进；纠正与返工和降级。

这类关系通过一个没有箭头的耙形图表示，如图5-2所示。

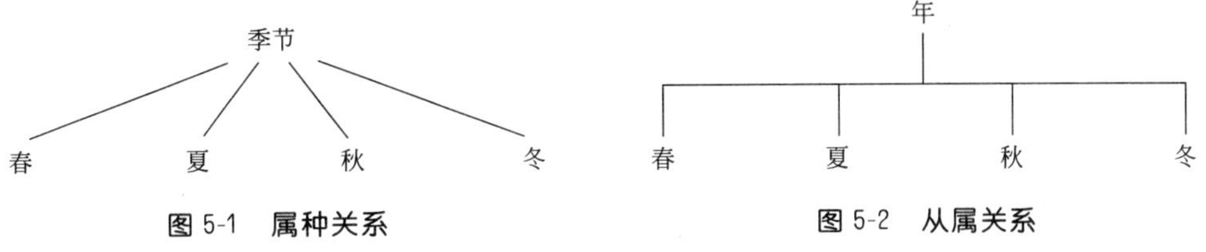

图 5-1　属种关系　　图 5-2　从属关系

（三）关联关系

两个概念之间的关系存在原因和结果、活动和场所、工具和功能、材料和产品等联系。例如：阳光和夏天、过程和程序、过程和产品、不合格和让步、不合格和缺陷、不合格和纠正等。

这类关系通过一条在两端带有箭头的线表示，如图 5-3 所示。

阳光 ←——→ 夏天

图 5-3　关联关系

GB/T 19000 标准的附录 A 中用 10 张概念图表述每类术语中术语之间的关系，以帮助对术语的理解。

第二节　质量管理体系基本术语关系图

质量管理体系中的术语是依据不同主题分组的，同一个组中不同术语之间的关系参见概念图图 5-4～图 5-13。概念图是质量管理体系基本术语依据主题分组的基础。

虽然在图中列出了术语的定义，但未列出其相关的注释，为加强对术语的理解，在第六章～第十五章以及相关章节中使用有关术语时，作出相应注释。

一、质量的概念图及说明

质量的概念图见图 5-4。概念图包括 6 个术语。其中质量与要求、顾客满意、能力（不同含义 2 个）是并联关系；要求与等级、顾客与能力（3.1.5）、能力（3.1.6）与能力（3.1.5）是并联关系。

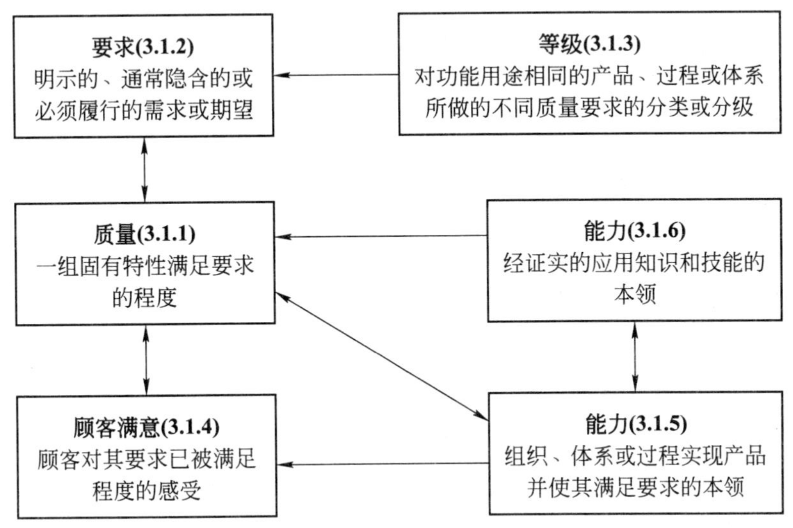

图 5-4　有关质量的概念（3.1）

（一）质量与要求、顾客满意、能力并联关系的理解

(1) 质量与要求密切相关，一组固有特性满足要求的程度高，则说明质量好；反之，则说明质量低。

(2) 质量与顾客密切相关，高质量的产品和服务一定受到顾客的欢迎，顾客必定满意；反之，顾客必定不满意。

(3) 质量与能力(3.1.6)密切相关，高质量的产品和服务是由人来创造的，对质量来说，人是决定的因素，所以，要提供符合要求的高质量产品和服务，组织的员工必须具备经证实的应用知识和技能的本领的重要条件；反之，就不可能提供高质量产品和服务。

(4) 质量与能力(3.1.5)密切相关，高质量的产品和服务与组织、体系或过程实现产品并使其满足要求的本领密切相关，对质量来说，组织、体系或过程实现产品并使其满足要求的本领是其保证，所以，要提供符合要求的高质量产品和服务，组织必须建立、实施和持续改进质量管理体系，以确保组织、体系或过程实现产品并具备其满足要求的本领；反之，就不可能提供高质量产品和服务。

（二）要求与等级并联关系的理解

要求与等级密切相关，对功能用途相同的产品、过程或体系所做的不同质量要求的分类或分级产生不同等级的产品、过程或体系。如冰箱能源效率等级按能源效率的不同要求分为 5 级。

（三）顾客与能力(3.1.5)并联关系的理解

顾客与能力密切相关，组织、体系或过程实现产品并使其满足要求的本领是质量的保证，当然，符合要求的能力是顾客满意的保证。

（四）能力(3.1.5)与能力(3.1.6)并联关系的理解

能力(3.1.5)与能力(3.1.6)密切相关，能力(3.1.5)是指经证实的应用知识和技能的本领；能力(3.1.6)是指组织、体系或过程实现产品并使其满足要求的本领。符合要求的组织、体系或过程实现产品并使其满足要求的本领是由人来创造的，对组织、体系或过程实现产品并使其满足要求的本领来说，人是决定的因素，所以，要具有组织、体系或过程实现产品并使其满足要求的本领，组织的员工必须具备经证实的应用知识和技能的本领的重要条件；反之，就不可能提供组织、体系或过程实现产品并使其满足要求的本领。

二、管理的概念图及说明

管理的概念图见图 5-5。概念图包括 15 个术语。其中管理与管理体系及最高管理者是并联关系；质量管理与质量管理体系是并联关系；最高管理者与质量方针是并联关系；质量方针与质量目标是并联关系；质量改进与持续改进、效率及有效性是并联关系；质量保证与有效性是并联关系；体系与管理体系、管理体系与质量管理体系、管理与质量管理是属种关系；质量管理与质量策划、质量控制、质量保证及质量改进是从属关系。

（一）管理与管理体系及最高管理者是并联关系的理解

管理与管理体系是并联关系，管理与管理体系密切相关。管理是指指挥和控制组织的协调的活动，而管理体系是指建立方针和目标并实现这些目标的体系；管理体系包含管理，

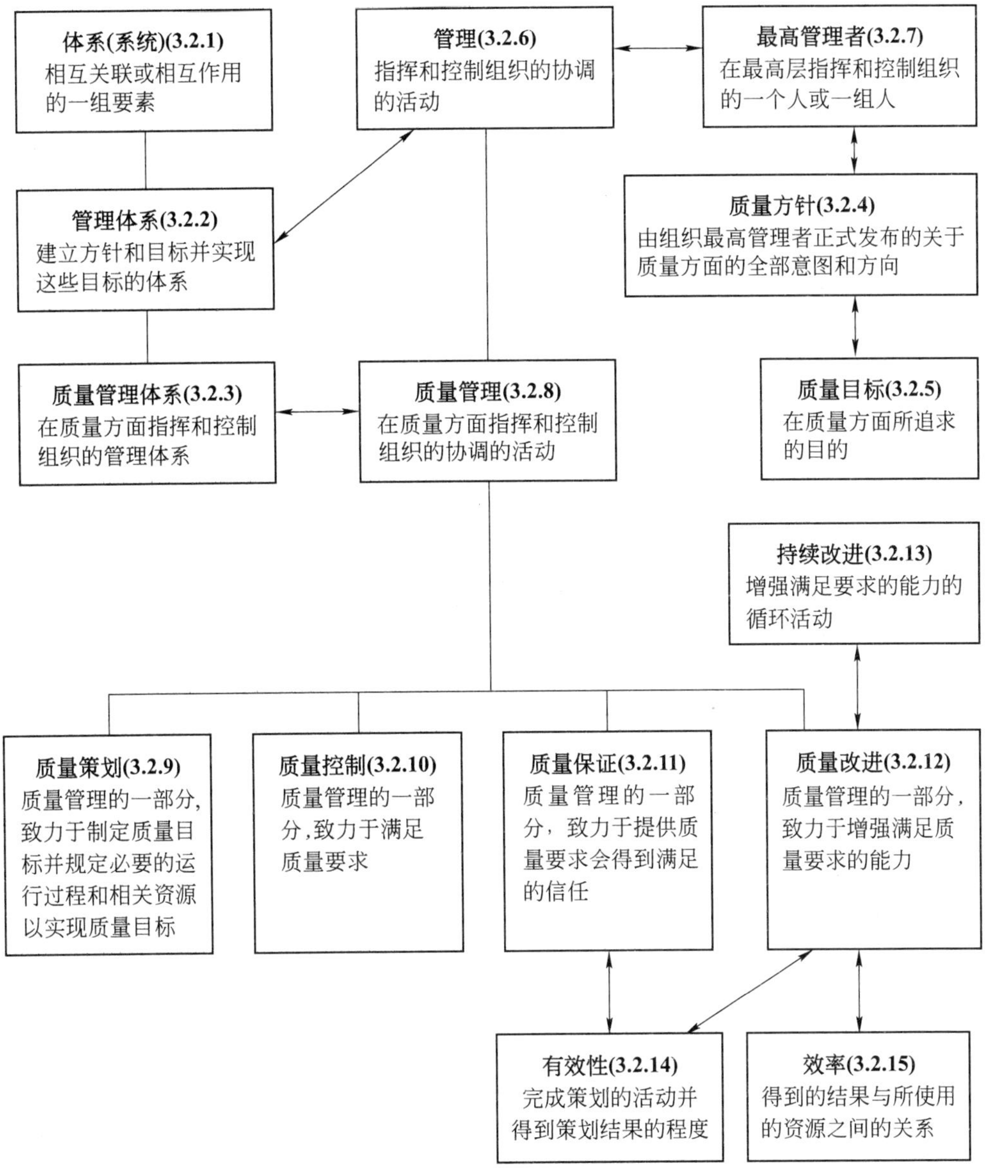

体系(系统)(3.2.1)
相互关联或相互作用的一组要素

管理(3.2.6)
指挥和控制组织的协调的活动

最高管理者(3.2.7)
在最高层指挥和控制组织的一个人或一组人

管理体系(3.2.2)
建立方针和目标并实现这些目标的体系

质量方针(3.2.4)
由组织最高管理者正式发布的关于质量方面的全部意图和方向

质量管理体系(3.2.3)
在质量方面指挥和控制组织的管理体系

质量管理(3.2.8)
在质量方面指挥和控制组织的协调的活动

质量目标(3.2.5)
在质量方面所追求的目的

持续改进(3.2.13)
增强满足要求的能力的循环活动

质量策划(3.2.9)
质量管理的一部分,致力于制定质量目标并规定必要的运行过程和相关资源以实现质量目标

质量控制(3.2.10)
质量管理的一部分,致力于满足质量要求

质量保证(3.2.11)
质量管理的一部分,致力于提供质量要求会得到满足的信任

质量改进(3.2.12)
质量管理的一部分,致力于增强满足质量要求的能力

有效性(3.2.14)
完成策划的活动并得到策划结果的程度

效率(3.2.15)
得到的结果与所使用的资源之间的关系

图 5-5　有关管理的概念(3.2)

即包含活动,包含为建立方针和目标并实现这些目标的活动。

管理与最高管理者是并联关系,管理与最高管理者密切相关。指挥和控制组织的协调的活动需要人来负责,最高管理者正是在最高层指挥和控制组织的一个人或一组人。

(二) 质量管理与质量管理体系并联关系的理解

质量管理与质量管理体系密切相关,质量管理是指在质量方面指挥和控制组织的协调的活动,而质量管理体系是指在质量方面指挥和控制组织的管理体系;质量管理体系包含质量管理,即包含活动,包含在质量方面指挥和控制组织的协调的活动。

(三) 最高管理者与质量方针并联关系的理解

最高管理者与质量方针密切相关,质量方针是指由组织最高管理者式发布的关于质量方面的全部意图和方向。

(四) 质量方针与质量目标并联关系的理解

质量方针与质量目标密切相关,质量方针是指关于质量方面的全部意图和方向,而质量目标是指在质量方面所追求的目的;质量方针提供制定和评审质量目标的框架,质量目标应与质量方针保持一致。

(五) 质量改进与持续改进、效率及有效性并联关系的理解

(1) 质量改进与持续改进是并联关系,质量改进与持续改进密切相关。质量改进是质量管理的一部分,致力于增强满足质量要求的能力,而持续改进是增强满足质量要求的能力的循环活动。持续改进不仅要增强满足质量要求的能力,而且强调循环活动,即不断地增强满足质量要求的能力。

(2) 质量改进与效率是并联关系,质量改进与效率密切相关。质量改进是质量管理的一部分,致力于增强满足质量要求的能力。增强满足质量要求的能力要有效率,即用最少的资源达到所希望得到的结果。针对不断变化的质量要求,质量改进致力于增强满足质量要求的能力,以满足顾客要求。

(3) 质量改进与有效性是并联关系,质量改进与有效性密切相关。质量改进是质量管理的一部分,致力于增强满足质量要求的能力。增强满足质量要求的能力应有有效性,即通过质量改进能较好完成策划的活动并得到预期策划的结果。

(六) 体系(系统)与管理体系属种关系的理解

体系(系统)是相互关联或相互作用的一组要素。管理体系是建立方针和目标并实现这些目标的一种体系。

(七) 管理体系与质量管理体系属种关系的理解

管理体系是建立方针和目标并实现这些目标的体系。管理体系可包括若干个不同的管理体系:如质量管理体系、财务管理体系或环境管理体系。质量管理体系是其中一种的管理体系。

(八) 管理与质量管理属种关系的理解

管理是指挥和控制组织的协调的活动。管理包括若干个不同的活动,如质量管理活动、财务管理活动、生产管理活动等,质量管理是其中的一种管理。

(九) 质量管理与质量策划、质量控制、质量保证及质量改进从属关系的理解

质量管理是在质量方面指挥和控制组织的协调的活动。质量管理包括质量策划、质量控制、质量保证及质量改进,质量策划、质量控制、质量保证及质量改进是质量管理的一部分。

三、组织的概念图及说明

组织的概念图见图 5-6。概念图包括 8 个术语。其中组织与组织结构、基础设施及相关方是并联关系;基础设施与工作环境是并联关系;供方与合同、顾客与合同是并联关系;相关方与供方及顾客是属种关系。

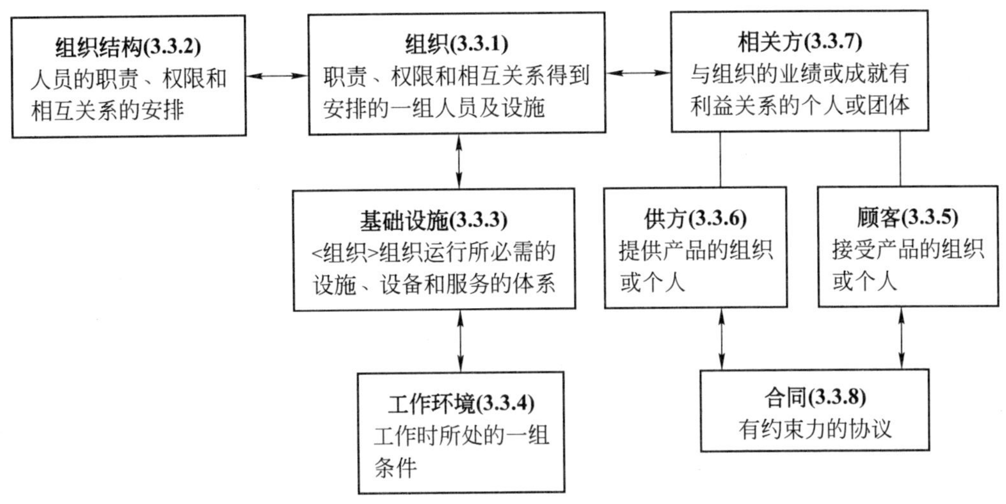

图 5-6　有关组织的概念(3.3)

(一) 组织与组织结构、基础设施及相关方并联关系的理解

(1) 组织与组织结构是并联关系，组织与组织结构密切相关。组织是职责、权限和相互关系得到安排的一组人员及设施。组织结构是人员的职责、权限和相互关系的安排。它们都是指组织的人员职责、权限和相互关系，但是，组织是指"得到安排的一组人员及设施"，而组织结构是指"安排"，对象不同。

(2) 组织与基础设施是并联关系，组织与基础设施密切相关。基础设施是指(组织)组织运行所必需的设施、设备和服务的体系。组织是指"得到安排的一组人员及设施"，它们都包含设施，组织运行必需包含设施，而基础设施是指"设施、设备和服务的体系"，对象不同。

(3) 组织与相关方是并联关系，组织与相关方密切相关。相关方是与组织的业绩或成就有利益关系的个人或团体。如顾客、所有者、员工、供方、银行、工会、合作伙伴或社会都是相关方，组织与相关方发生有关质量上的联系，则组织应对相关方实施控制，并确保相关方满意。

(二) 基础设施与工作环境并联关系的理解

基础设施与工作环境密切相关，工作环境是指工作所处的一组条件。基础设施必定在一定的工作环境中运作，所以，基础设施对所处的工作环境有一定的要求，这一要求可能涉及标准要求和法律法规等要求。

(三) 供方与合同并联关系的理解

供方与合同密切相关，供方是指提供产品的组织或个人。合同是指有约束力的协议。供方与其他组织发生关系，可能要签订合同，所以，供方应对合同实施控制。

(四) 顾客与合同并联关系的理解

顾客与合同密切相关，顾客是指接受产品的组织或个人。合同是指有约束力的协议。顾客与其他组织发生关系，可能要签订合同，所以，顾客应对合同实施控制。

(五) 相关方与供方及顾客属种关系的理解

相关方是指与组织的业绩或成就有利益关系的个人或团体，所以相关方包括供方和顾客。

四、过程和产品的概念图及说明

过程和产品的概念图见图 5-7。概念图包括 5 个术语。其中过程与程序及产品是并联关系;过程与设计和开发及项目是属种关系。

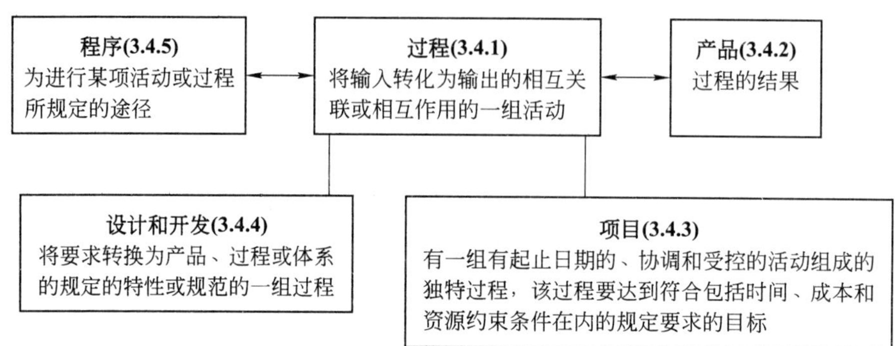

图 5-7 有关过程和产品的概念(3.4)

(一) 过程与程序及产品并联关系的理解

(1) 过程与程序及产品是并联关系,过程与程序密切相关。过程是指将输入转化为输出的相互关联或相互作用的一组活动。程序是指为进行某项活动或过程所规定的途径。为使过程运行或正常运行或有效运行,要规定程序,即指出实施过程的途径。

(2) 过程与程序及产品是并联关系,过程与产品密切相关。产品是指过程的结果。过程是"一组活动","一组活动"的结果就是产品。

(二) 过程与设计和开发及项目属种关系的理解

(1) 过程与设计和开发是属种关系,设计和开发是指将要求转换为产品 、过程或体系的规定的特性或规范的一组过程。设计和开发是指"一组过程",也是一种过程,不过对过程规定了较详细的具体要求。

(2) 过程与项目是属种关系,项目是指由一组有起止日期的、协调和受控的活动组成的独特过程,该过程达到符合包括时间、成本和资源约束条件在内的规定要求的目标。项目是指"独特过程",不过对过程也规定了较详细的具体要求,并提出"规定要求的目标"。

五、特性的概念图及说明

特性的概念图见图 5-8。概念图包括 4 个术语。其中特性与可信性及可追溯性是并联关系;特性与质量特性是属种关系。

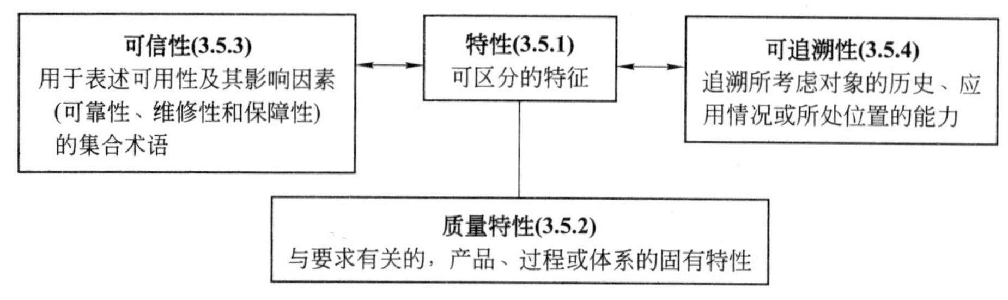

图 5-8 有关特性的概念(3.5)

(一) 特性与可信性及可追溯性并联关系的理解

(1) 特性与可信性是并联关系,特性与可信性密切相关。特性是指可区分的特征。可信性是指用于表述可用性及其影响因素(可靠性、维修性和保障性)的集合术语。特性是指"特征",可信性是指"集合术语",在某个意义上来说,可信性包含的可用性及影响因素(如可靠性等)也是一类特性。

(2) 特性与可追溯性是并联关系,特性与可追溯性密切相关。可追溯性是指追溯所考虑对象的历史,应用情况或所处位置的能力。当考虑产品时,如果产品出现质量问题,就可能涉及可追溯性,如原材料和零部件的来源、加工的历史、产品交付后的发送和所处位置。

(二) 特性与质量特性属种关系的理解

特性与质量特性是属种关系,质量特性是指与要求有关的,产品、过程或体系的固有特性。特性包括质量特性,质量特性是特性的一种;特性可以是固有的或赋予的,而质量特性是固有的。

六、合格的概念图及说明

合格(符合)的概念图见图 5-9。概念图包括 14 个术语。其中不合格与要求、合格、缺陷、让步、偏离许可、纠正、纠正措施、预防措施及报废是并联关系;要求与合格及缺陷是并联关系;合格与放行是并联关系;返工与返修是属种关系;纠正与返工及降级是从属关系。

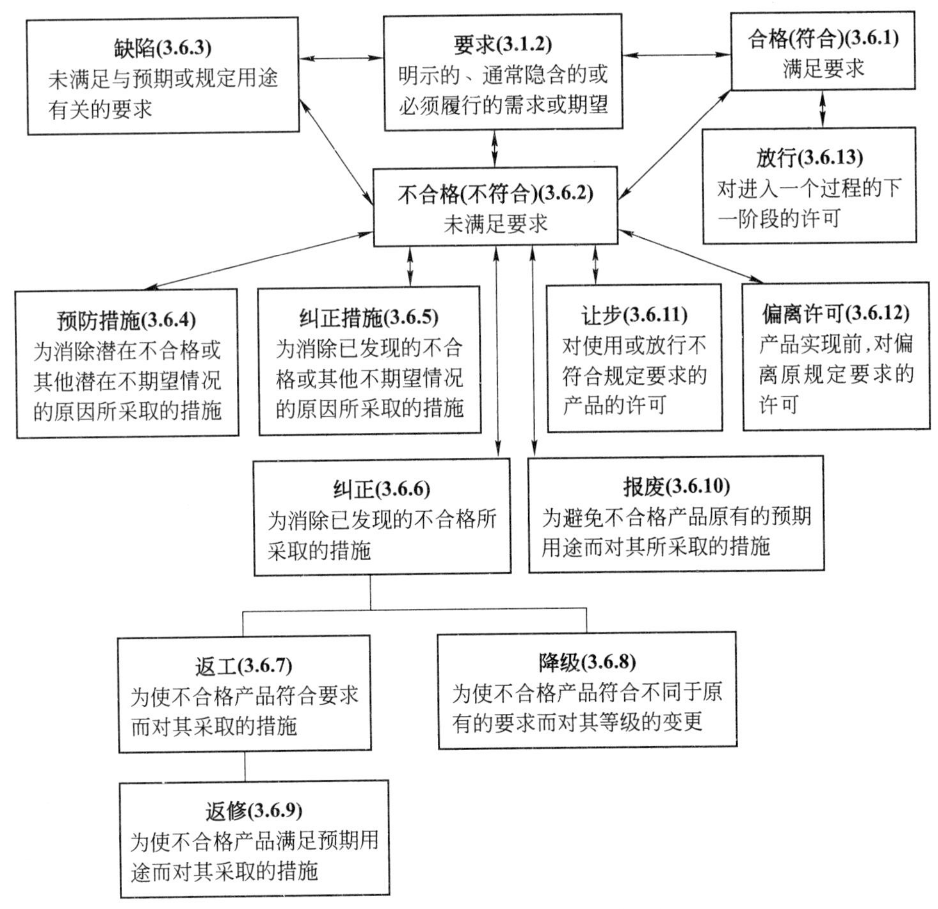

图 5-9 有关合格(符合)的概念(3.6)

（一）不合格与要求、合格、缺陷、让步、偏离许可、纠正、纠正措施、预防措施及报废并联关系的理解

(1) 不合格与要求是并联关系，不合格与要求密切相关。不合格（不符合）是指未满足要求。

(2) 不合格与合格是并联关系，不合格与合格密切相关。合格（符合）是指满足要求。

(3) 不合格与缺陷是并联关系，不合格与缺陷密切相关。缺陷是指未满足与预期或规定用途有关的要求。缺陷是不合格的一种类型，缺陷就是不合格，但是由于缺陷有法律内涵，特别是在与产品责任问题有关的方面。因此，使用术语"缺陷"应当极其慎重，往往对不合格和缺陷予以严格的区分，在质量管理体系中对不合格的控制是指除缺陷外的不合格实施控制。

(4) 不合格与让步是并联关系，不合格与让步密切相关。让步是指对使用或放行不符合规定要求的产品的许可。让步通常限于在商定的时间或数量内的对含有不合格特性的产品的交付，但是，不得对涉及人身安全和健康的不合格实施让步放行。

(5) 不合格与偏离许可是并联关系，不合格与偏离许可密切相关。偏离许可是指产品实现前，对偏离原规定要求的许可。如某型号二极管进货时，用其他型号二极管代用，不符合原先二极管采购文件要求，实施偏离许可，偏离许可通常是在限定的产品数量或期限内并针对特定的用途。

(6) 不合格与纠正是并联关系，不合格与纠正密切相关。纠正是指为消除已发现的不合格所采取的措施。

(7) 不合格与纠正措施是并联关系，不合格与纠正措施密切相关。纠正措施是为消除已发现的不合格或其他不期望情况的原因所采取的措施。一个不合格可以有若干个原因，采取纠正措施是为了防止再发生不合格。

(8) 不合格与预防措施是并联关系，不合格与预防措施密切相关。预防措施是为消除潜在不合格或其他潜在不期望情况的原因所采取的措施。一个潜在不合格可以有若干个原因，采取预防措施是为了防止发生不合格。

(9) 不合格与报废是并联关系，不合格与报废密切相关。报废是为避免不合格产品原有的预期用途而对其所采取的措施。

（二）要求与合格及缺陷并联关系的理解

(1) 要求与合格是并联关系，要求与合格密切相关。合格（符合）是指满足要求。

(2) 要求与缺陷是并联关系，要求与缺陷密切相关。缺陷是指未满足与预期或规定用途有关的要求。

（三）合格与放行并联关系的理解

合格与放行是并联关系，合格与放行密切相关。放行是指对进入一个过程的下一阶段的许可。"进入一个过程的下一阶段的许可"一般指一个过程的上一阶段的结果是合格的，方可进入下一阶段，即可以放行。

（四）返工与返修属种关系的理解

返工是为使不合格产品符合要求而对其采取的措施。返修是为使不合格产品满足预期用途而对其采取的措施。返工结果可能合格产品，也可能仍然不合格产品，如果不合格产品

能满足预期用途，则可称之谓返修。

（五）纠正与返工及降级从属关系的理解

（1）纠正与返工是从属关系，纠正是指为消除已发现的不合格所采取的措施。纠正的措施之一是返工。

（2）纠正与降级是从属关系，纠正是指为消除已发现的不合格所采取的措施。纠正的措施之一是降级。

七、文件的概念图及说明

合格（符合）的概念图见图 5-10。概念图包括 6 个术语和 1 个无定义术语。其中文件与信息是并联关系；文件与规范、质量手册、质量计划、记录及程序文件是属种关系。

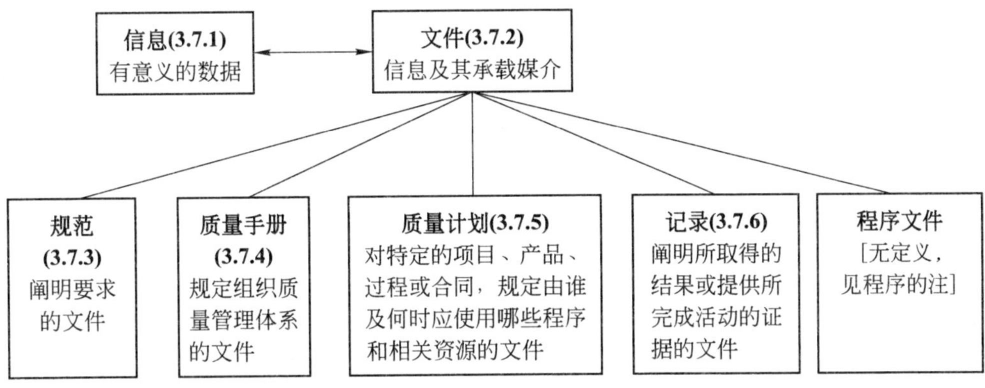

图 5-10　有关文件的概念(3.7)

（一）文件与信息并联关系的理解

文件与信息密切相关，文件是指信息及其承载媒介。信息是指有意义的数据。由此可见文件包括信息，即信息是文件的一部分。

（二）文件与规范、质量手册、质量计划、程序文件及记录属种关系的理解

（1）文件与规范是属种关系，规范是指阐明要求的文件。可见规范是一种文件。

（2）文件与质量手册是属种关系，质量手册是指规定组织质量管理体系的文件。可见质量手册是一种文件。

（3）文件与质量计划是属种关系，质量计划是指对特定的项目、产品、过程或合同，规定由谁及何时应使用哪些程序和相关资源的文件。可见质量计划是一种文件。

（4）文件与记录是属种关系，记录是指阐明所取得的结果或提供所完成活动的证据的文件。可见记录是一种文件。

（5）文件与程序文件是属种关系，当程序形成文件时，通常称为“书面程序”或“形成文件的程序”。含有程序的文件可称为“程序文件”。可见程序文件是一种文件。

八、检查的概念图及说明

检查的概念图见图 5-11。概念图包括 6 个术语和 1 个无定义术语。其中确定与评审、检验及客观证据是并联关系；客观证据与验证及确认是并联关系；确认与验证是并联关系；

确定与试验是属种关系。

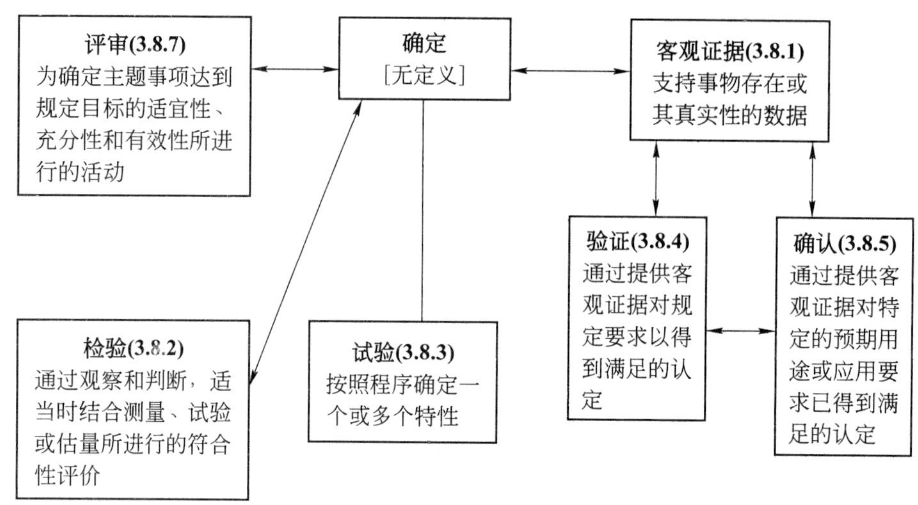

图 5-11　有关检查的概念(3.8)

（一）确定与评审、检验及客观证据并联关系的理解

（1）确定与评审是并联关系，确定与评审密切相关。评审是指为确定主题事项达到规定目标的适宜性、充分性和有效性所进行的活动。可见“评审”是一项活动，评审的有关的活动需要“确定”。

（2）确定与检验是并联关系，确定与检验密切相关。检验是指通过观察和判断，适当时结合测量、试验或估量所进行的符合性评价。可见“检验”是一项评价活动，检验的有关评价活动需要“确定”。

（3）确定与客观证据是并联关系，确定与客观证据密切相关。客观证据是指支持事物存在或其真实性的数据。为了证明“支持事物存在或其真实性的数据”是客观证据，必须对其进行“确定”。

（二）客观证据与验证及确认并联关系的理解

（1）客观证据与验证是并联关系，客观证据与验证密切相关。验证是指通过提供客观证据对规定要求已得到满足的认定。可见“验证”包括“提供客观证据”的活动。

（2）客观证据与确认是并联关系，客观证据与确认密切相关。确认是指通过提供客观证据对特定的预期用途或应用要求已得到满足的认定。可见“确认”包括“提供客观证据”的活动。

（三）确认与验证并联关系的理解

确认与验证密切相关，验证是指通过提供客观证据对规定要求已得到满足的认定。可见“验证”包括“提供客观证据”的活动。

（四）确定与试验属种关系的理解

试验是指按照程序确定一个或多个特性。可见试验也是一项确定活动。

九、审核的概念图及说明

审核的概念图见图 5-12。概念图包括 14 个术语。其中审核与审核委托方、受审核方、审核方案、审核计划、审核范围、审核准则、审核发现及审核组是并联关系；审核范围与审核计划是并联关系；审核计划与审核准则是并联关系；审核员与审核组、技术专家及能力是并联关系；审核发现与审核证据是并联关系；审核证据与审核结论是并联关系。

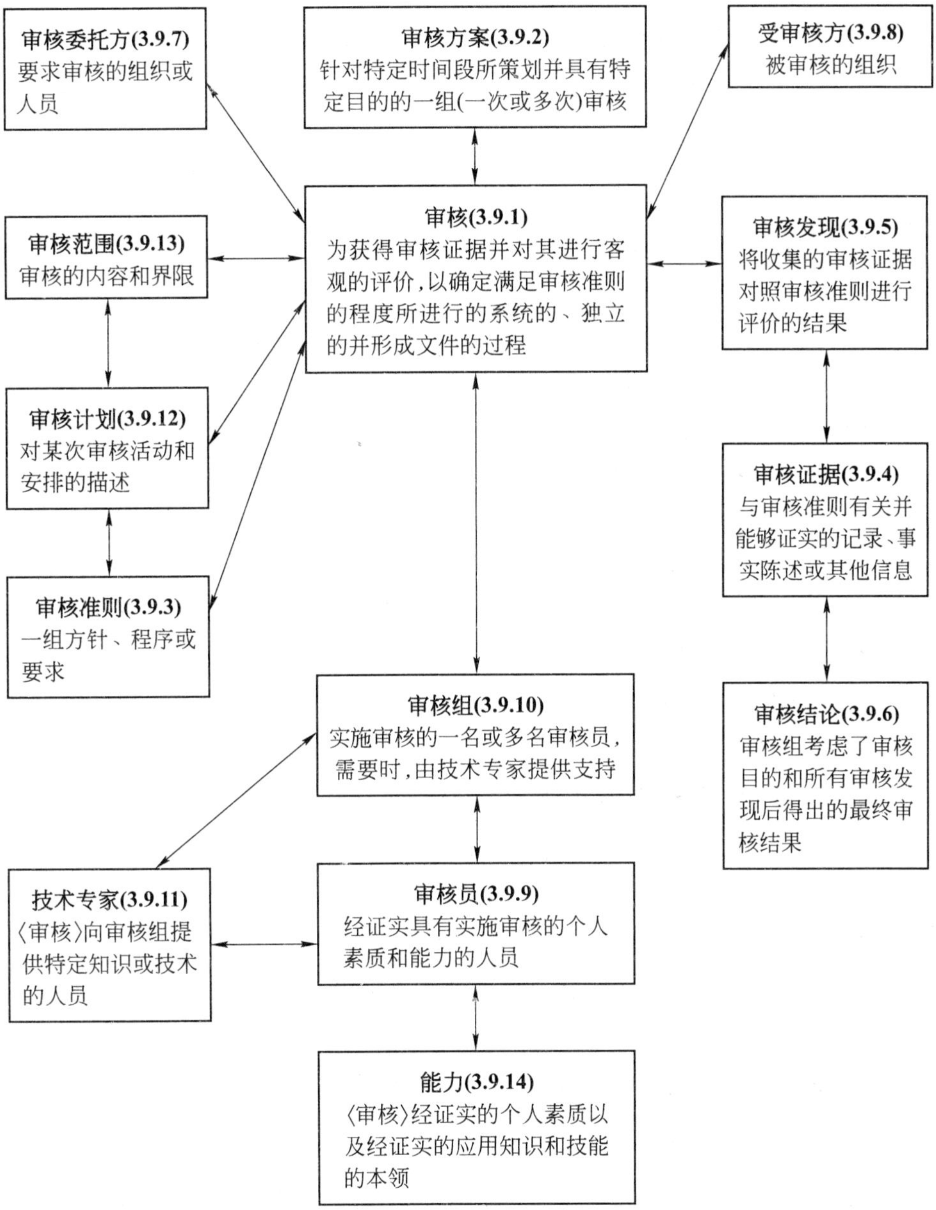

审核委托方(3.9.7)
要求审核的组织或人员

审核方案(3.9.2)
针对特定时间段所策划并具有特定目的的一组(一次或多次)审核

受审核方(3.9.8)
被审核的组织

审核(3.9.1)
为获得审核证据并对其进行客观的评价，以确定满足审核准则的程度所进行的系统的、独立的并形成文件的过程

审核范围(3.9.13)
审核的内容和界限

审核发现(3.9.5)
将收集的审核证据对照审核准则进行评价的结果

审核计划(3.9.12)
对某次审核活动和安排的描述

审核证据(3.9.4)
与审核准则有关并能够证实的记录、事实陈述或其他信息

审核准则(3.9.3)
一组方针、程序或要求

审核组(3.9.10)
实施审核的一名或多名审核员，需要时，由技术专家提供支持

审核结论(3.9.6)
审核组考虑了审核目的和所有审核发现后得出的最终审核结果

技术专家(3.9.11)
〈审核〉向审核组提供特定知识或技术的人员

审核员(3.9.9)
经证实具有实施审核的个人素质和能力的人员

能力(3.9.14)
〈审核〉经证实的个人素质以及经证实的应用知识和技能的本领

图 5-12　有关审核的概念(3.9)

(一) 审核与审核委托方、受审核方、审核方案、审核计划、审核范围、审核准则、审核发现及审核组并联关系的理解

(1) 审核与审核委托方是并联关系，审核与审核委托方密切相关。审核是指为获得审核证据并对其进行客观的评价，以确定满足审核准则的程度所进行的系统的、独立的并形成文件的过程。审核委托方是指要求审核的组织或人员。可见审核委托方出于某种目的，要

求对其质量管理体系或其他体系实施审核，或依据法律或合同有权要求审核的任何其他组织对某组织质量管理体系或其他体系实施审核。

(2) 审核与受审核方是并联关系，审核与受审核方密切相关。受审核方是指被审核的组织。

(3) 审核与审核方案是并联关系，审核与审核方案密切相关。审核方案是指针对特定时间段所策划并具有特定目的一组(一次或多次)审核。可见“审核方案”是对特定时间段和有特定目的一组(一次或多次)审核的策划。

(4) 审核与审核计划是并联关系，审核与审核计划密切相关。审核计划是指对审核活动和安排的描述。

(5) 审核与审核范围是并联关系，审核与审核范围密切相关。审核范围是指审核的内容和界限。

(6) 审核与审核准则是并联关系，审核与审核准则密切相关。审核准则是指一组方针、程序或要求。“审核准则”是审核的依据。

(7) 审核与审核发现是并联关系，审核与审核发现密切相关。审核发现是指将收集的审核证据对照审核准则进行评价的结果。“审核发现”是审核活动中审核员对收集的审核证据对照审核准则进行评价的结果。

(8) 审核与审核组是并联关系，审核与审核组密切相关。审核组是指实施审核的一名或多名审核员，需要时，由技术专家提供支持。可见实施审核需要由审核员组成的审核组。

(二) 审核范围与审核计划并联关系的理解

审核范围与审核计划密切相关，审核计划是指对审核活动和安排的描述，通常包括审核范围。

(三) 审核计划与审核准则并联关系的理解

审核计划与审核准则密切相关，审核计划是指对审核活动和安排的描述，通常包括审核准则。

(四) 审核员与审核组、技术专家及能力并联关系的理解

(1) 审核员与审核组是并联关系，审核员与审核组密切相关。审核组包括一名或多名审核员。

(2) 审核员与技术专家是并联关系，审核员与技术专家密切相关。技术专家是指〈审核〉向审核组提供特定知识和技术人员。需要技术支持时，审核组包括一名或多名技术专家。

(3) 审核员与能力是并联关系，审核员与能力密切相关。能力是指〈审核〉经证实的个人素质以及经证实的应用知识和技能的本领。所以审核员必须具备规定的能力。

(五) 审核发现与审核证据并联关系的理解

审核发现与审核证据密切相关，审核发现是指将收集的审核证据对照审核准则进行评价的结果。可见审核需要收集审核证据，并要与审核准则进行评价，然后才能得出结果。

(六) 审核证据与审核结论并联关系的理解

审核证据与审核结论密切相关，审核结论是指审核组考虑了审核目的和所有审核发现

后得出的最终审核结果。可见审核结论要考虑审核发现，而审核发现要利用审核证据方能产生审核发现。

十、测量过程质量管理的概念图及说明

测量过程质量管理的概念图见图 5-13。概念图包括 6 个术语。其中测量管理体系与测量过程、计量确认、测量设备及计量职能是并联关系；测量设备与计量确认及计量特性是并联关系。

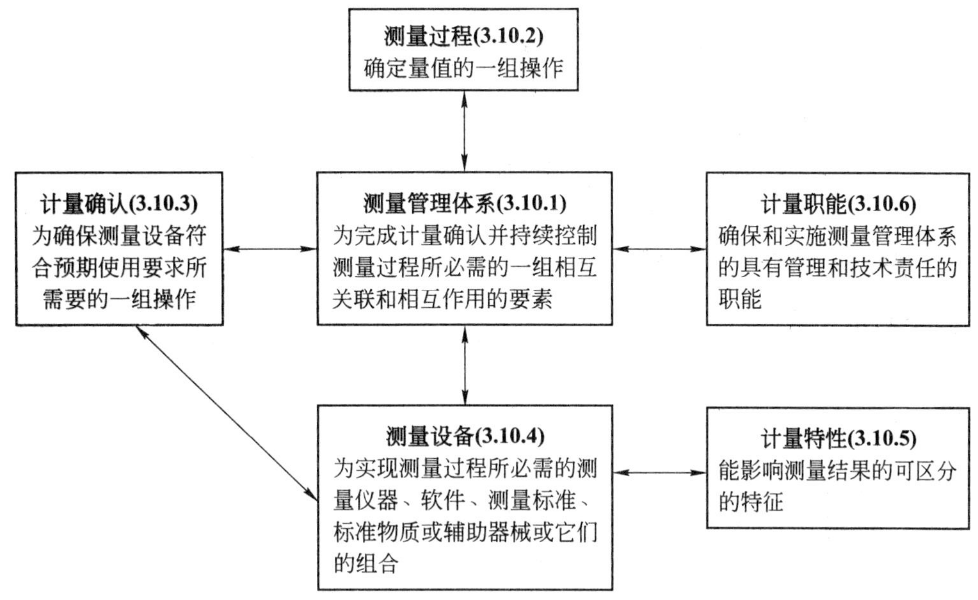

图 5-13 有关测量过程质量管理的概念(3.10)

(一) 测量管理体系与测量过程、计量确认、测量设备及计量职能并联关系的理解

(1) 测量管理体系与测量过程是并联关系，测量管理体系与测量过程密切相关。测量管理体系是指为完成计量确认并持续控制测量过程所必需的相互关联和相互作用的一组要素。测量管理体系包括“持续控制测量过程所必需的相互关联和相互作用的一组要素”，可见控制测量过程是测量管理体系的一项工作内容。

(2) 测量管理体系与计量确认是并联关系，测量管理体系与计量确认密切相关。根据测量管理体系定义，可见测量确认是测量管理体系的一项工作内容。

(3) 测量管理体系与测量设备是并联关系，测量管理体系与测量设备密切相关。测量设备是指为实现测量过程所必需的测量仪器、软件、测量标准、标准物质或附助器械或它们的组合。可见测量过程需使用测量设备，而测量设备是持续控制测量过程所必需的相互关联和相互作用的一组要素中的一项要素。

(4) 测量管理体系与计量职能是并联关系，测量管理体系与计量职能密切相关。计量职能是指确定和实施测量管理体系的具有管理和技术责任的职能。测量管理体系必须进行管理，因此，测量管理体系的正常运行，必须规定组织有关计量的职能部门和人员的计量职能。

（二）测量设备与计量确认是并联关系的理解

测量设备与计量确认密切相关，计量确认是指为确保测量设备符合预期使用要求所需要的一组操作。计量确认的对象是测量设备，其目的是确保测量设备符合预期使用要求。

（三）测量设备与计量特性并联关系的理解

测量设备与计量特性密切相关，计量特性是指能影响测量结果的可区分的特征。测量设备通常有若干个计量特性。

第三节 几个基本术语

为学习第六章～第十五章作必要的准备，本节首先阐述过程、产品、程序、特性、要求、质量、体系、管理、管理体系、质量管理、质量管理体系、不合格与缺陷几个基本术语。

一、过程、产品与程序的概念

（一）过程的概念

1. 定义

过程(3.4.1)：将输入转化为输出的相互关联或相互作用的一组活动。

注 1：一个过程的输入通常是其他过程的输出。

注 2：**组织**(3.3.1)为了增值通常对过程进行策划并使其在受控条件下运行。

注 3：对形成的**产品**(3.4.2)是否**合格**(3.6.1)不易或不能经济地进行验证的过程，通常称之为“特殊过程”。

2. 理解要点

(1) 从过程的定义看，过程应包含三个要素：输入、输出和活动；资源是过程的必要条件。组织为了增值，通常对过程进行策划，并使其在受控条件下运行。组织在对每一个过程进行策划时，要确定过程的输入、预期的输出和为了达到预期的输出所需开展的活动和相关的资源，也要明确为了确定预期输出达到的程度所需的测量方法和验收准则；同时，要根据PDCA循环，对过程实行控制和改进。

(2) 过程与过程之间存在一定的关系。一个过程的输出通常是其他过程的输入，这种关系往往不是一个简单的按顺序排列的结构，而是一个比较复杂的网络结构：一个过程的输出可能成为多个过程的输入，而几个过程的输出也可能成为一个过程的输入；或者也可以说，一个过程与多个部门的职能有关，一个部门的职能与多个过程有关。

(3) 组织在建立质量管理体系时，必须确定为增值所需的直接过程和支持过程，以及相互之间的关联关系（包括接口、职责和权限），这种关系通常可用流程图来表示；对所确定的过程进行策划和管理，通过对过程的控制和改进，确保质量管理体系的有效性。

（二）产品的概念

1. 定义

产品(3.4.2)：过程(3.4.1)的结果。

注 1：有下述四种通用的产品类型：

——服务(如运输);

——软件(如计算机程序、字典);

——硬件(如发动机机械零件);

——流程性材料(如润滑油)。

许多产品由分属于不同产品类别的产分构成,其属性是服务、软件、硬件或流程性材料取决于产品的主导成分。例如:产品“汽车”是由硬件(如轮胎)、流程性材料(如:燃料、冷却液)、软件(如:发动机控制软件、驾驶员手册)和服务(如销售人员所做的操作说明)所组成。

注 2:服务通常是无形的,并且是在**供方**(3.3.6)和**顾客**(3.3.5)接触面上需要完成至少一项活动的结果。服务的提供可涉及,例如:

——在顾客提供的有形产品(如需要维修的汽车)上所完成的活动;

——在顾客提供的无形产品(如为准备纳税申报单所需的损益表)上所完成的活动;

——无形产品的交付(如知识传授方面的信息提供);

——为顾客创造氛围(如在宾馆和饭店)。

软件由信息组成,通常是无形产品,并可以方法、报告或**程序**(3.4.5)的形式存在。

硬件通常是有形产品,其量具有计数的**特性**(3.5.1)。流程性材料通常是有形产品,其量具有连续的特性。硬件和流程性材料经常被称为货物。

注 3:质量**保证**(3.2.11)主要关注预期的产品。

2. 理解要点

过程的结果和活动的输出均可构成产品,GB/T 19000 族标准中列出了四种通用的产品类别,即服务、软件、硬件和流程性材料。

(1) 服务

服务通常是无形的,并且是在供方和顾客接触面上至少需要完成一项活动的结果。对每一项服务而言,应具备三要素,即供方、顾客和发生在供方与顾客之间的活动,这类活动至少是一项,也可以是多项;这类活动可以认为是服务提供过程,这类活动的结果就是服务。对服务业而言,服务和服务提供过程往往都在与顾客的接触中同时发生,很难区分。

服务的提供可涉及:

——在顾客提供的有形产品上所完成的活动,如物品寄存服务和物品的搬运服务,都是在顾客提供的物品上完成的。

——在顾客提供的无形产品上所完成的活动,如律师的辩护服务,是在对客户提供的信息进行查证和分析等活动的基础上完成的。

——无形产品的交付,如技能的培训。

——为顾客创造氛围,如在机场、火车站和购物商场。

根据不同的对象和不同的活动形式,服务又可分成多类,如饭店或宾馆、餐饮、培训、运输、银行、证券交易、旅游、教育、批发、零售和医疗服务等。

(2) 软件

软件由信息组成。软件通常是无形产品,体现在一定的承载媒介上(如纸、光盘),可以以方法、论文或程序的形式存在。计算机程序是软件的一种形式。

(3) 硬件

硬件通常是有形产品,可以分离,可以定量计数。

(4) 流程性材料

流程性材料通常是有形产品，一般是连续生产，状态可以是液体、气体、粒状、线状、块状或板状。

许多产品都包含有上述四类产品中的二类、三类或四类，究竟属于哪类产品取决于其主导成分。例如，餐饮服务中包括了硬件(如菜肴)和软件(如顾客点菜的信息)，但餐饮服务提供的主导产品仍是服务。

从产品的用途来说，产品可以有外部产品(即组织提供给顾客的产品)和内部产品(组织的产品实现过程中形成的产品)。

(三) 程序的概念

1. 定义

程序(3.4.5)：为进行某项活动或过程(3.4.1)所规定的途径。

注1：程序可以形成文件，也可以不形成文件。

注2：当程序形成文件时，通常称为"书面程序"或"形成文件的程序"。含有程序的**文件(3.7.2)**可称为"程序文件"。

2. 理解要点

(1) 过程包括子过程，过程和子过程中都会涉及各类活动，组织为了高效地获得所期望的过程输出，就应对过程实行控制。在为了控制而进行的策划中应包括为所涉及的活动规定的途径。这种规定可以是口头的，也可以是书面的；也就是说，程序可以形成文件，也可以不形成文件。

(2) 当程序形成文件时，通常称为"书面程序"或"形成文件的程序"。含有规定途径(程序)的文件可以称为"程序文件"。程序文件中通常包括活动的目的和范围；做什么和谁来做，何时、何地和如何做；应使用什么材料、设备和文件；如何对活动进行控制和记录。

一个组织的程序文件的多少与详略程度取决于组织的规模、产品的特点、过程的复杂程度和员工的能力等。

程序文件可采用任何形式或类型的媒介。当采用电子媒介时，需要特别注意对它的控制，包括批准和受控。

二、特性、要求和质量的概念

(一) 特性的概念

1. 定义

特性(3.5.1)：可区分的特征。

注1：特性可以是固有的或赋予的。

注2：特性可以是定性的或定量的。

注3：有各种类别的特性，如：

——物理的(如：机械的、电的、化学的或生物学的特性)；

——感官的(如：嗅觉、触觉、味觉、视觉、听觉)；

——行为的(如：礼貌、诚实、正直)；

——时间的(如：准时性、可靠性、可用性)；

——人因工效的(如:生理的特性或有关人身安全的特性);

——功能的(如:飞机的最高速度)。

2. 理解要点

(1) 特性可以是固有的或赋予的。“固有的”就是指某事或某物中本来就有的,尤其是那种永久的特性,如螺栓的直径、机器的生产率或接通电话的时间等技术特性。有的产品只具有一种类别的固有特性,有的产品可能具有多种类别的固有特性。例如:化学试剂只具有一类固有特性,即化学性能;而对彩色电视机来说,则具有多类固有特性,如物理特性中的电性能、环境适应性能、安全性等,感官特性中的听觉(音质)和视觉(色彩),时间特性中的可靠性等。

(2) 赋予特性不是固有特性,不是某事或某物中本来就有的,而是完成产品后因不同的要求而对产品所增加的特性,如产品的价格、硬件产品的供货时间和运输要求(如运输方式)、售后服务要求(如保修时间)等特性。

(3) 不同产品的固有特性与赋予特性是不相同的,某些产品的赋予特性可能是另一些产品的固有特性,例如供货时间和运输方式对硬件产品而言,属于赋予特性;但对运输服务而言,就属于固有特性。

(二) 要求的概念

1. 定义

要求(3.1.2):明示的、通常隐含的或必须履行的需求或期望。

注1:“通常隐含”是指**组织(3.3.1)**、**顾客(3.3.5)**和其他**相关方(3.3.7)**的惯例或一般做法,所考虑的需求或期望是不言而喻的。

注2:特定要求可使用限定词表示,如:产品要求、质量管理要求、顾客要求。

注3:规定要求是经明示的要求,如:在**文件(3.7.2)**中阐明。

注4:要求可由不同的**相关方(3.3.7)**提出。

注5:本定义与ISO/IEC导则第2部分:2004的3.12.1中给出的定义不同。3.12.1　**要求** requirement 表达应遵守的准则的条款。

2. 理解要点

(1) “明示的”可以理解为是规定的要求。如在文件中阐明的要求或顾客明确提出的要求。

(2) “通常隐含的”是指组织、顾客和其他相关方的惯例或一般做法,所考虑的需求或期望是不言而喻的。例如:银行对顾客存款的保密性,化妆品对顾客皮肤的保护性等。一般情况下,顾客或相关的文件(如标准)中不会对这类要求给出明确的规定,供方应根据自身产品的用途特性进行识别,并作出规定。

(3) “必须履行的”是指法律法规的要求及强制性标准的要求。如我国对与人身、财产的安全有关的产品,发布了相应的法律法规和强制性的行政规章或制定了代号为GB的强制性标准,如食品卫生安全法、GB 8898《电网电源供电的家用和类似一般用途的电子及有关设备的安全要求》等,供方在产品的实现过程中必须执行这类文件和标准。

(4) 要求可以由不同的相关方提出,不同的相关方对同一产品的要求可能是不相同的,例如,对汽车来说,顾客要求美观、舒适、轻便、省油,但社会要求不对环境产生污染。供方在确定产品要求时,应兼顾各相关方的要求。

(5) 要求可以是多方面的,当需要特指时,可以采用修饰词表示,如产品要求、质量管理体系要求、顾客要求等。

（三）质量的概念

1. 定义

质量(3.1.1)：一组固有特性(3.5.1)满足要求(3.1.2)的程度。

注1：术语“质量”可使用形容词，如：差、好或优秀来修饰。

注2：“固有的”(其反义是“赋予的”)是指本来就有的，尤其是那种永久的特性。

2. 理解要点

质量是对程度的一种描述，因此，可使用形容词来表示质量，通常人们用质量好或质量差来表述产品的质量；用工作完成的好坏来表述工作的质量。在质量的定义中涉及另两个术语，即“特性”和“要求”，了解这两个术语能使我们更好地理解“质量”这个术语。

需要特别注意如下几点：

(1) 质量的广义性：在质量管理体系所涉及的范畴内，组织(供方)的相关方对组织的产品、过程或体系都可能提出要求，而产品、过程和体系又都具有各自的固有特性，因此，质量不仅指产品质量，也可指过程和体系的质量。

(2) 质量的时效性：由于组织的顾客和其他相关方对组织和产品、过程和体系的需求和期望是不断变化的，例如，原先被顾客认为质量好的产品会因为顾客要求的提高而不再受到顾客的欢迎。因此，组织应不断地调整对质量的要求。

(3) 质量的相对性：组织的顾客和其他相关方可能对同一产品的功能提出不同的需求；也可能对同一产品的同一功能提出不同的需求；需求不同，质量要求也就不同，只要满足需求就应该认为质量好。

三、质量管理、体系、管理和质量管理体系的概念

（一）体系的概念

体系(系统)(3.2.1)：相互关联或相互作用的一组要素。要素指构成体系或系统的基本单元(在GB/T 19000族标准中要素可理解为过程)。

（二）管理的概念

管理(3.2.6)：指挥和控制组织(3.3.1)的协调的活动。

（三）管理体系的概念

管理体系(3.2.2)：建立方针和目标并实现这些目标的体系(3.2.1)。

注：一个组织(3.3.1)的管理体系可包括若干个不同的管理体系：如质量管理体系(3.2.3)、财务管理体系或环境管理体系。

管理体系是指建立方针和目标并实现这些目标的相互关联或相互作用和一组要素。管理体系的建立首先应针对管理体系的内容建立相应的方针和目标，然后为实现该方针和目标设计一组相互关联或相互作用的要素(基本单元)。一个组织的管理体系可包括若干个不同的管理体系，如质量管理体系、财务管理体系或环境管理体系。

（四）质量管理的概念

1. 定义

质量管理(3.2.8)：在质量(3.1.1)方面指挥和控制组织(3.3.1)的协调的活动。

注：在质量方面的指挥和控制活动，通常包括制定质量方针(3.2.4)和质量目标(3.2.5)，以及质量策划(3.2.9)、质量控制(3.2.10)、质量保证(3.2.11)和质量改进(3.2.12)。

2. 理解要点

(1) 组织的管理与质量管理

任何组织都要从事经营并要承担社会责任，因此，每个组织都要考虑自身的经营目标。为了实现这目标，组织会对各个方面实行管理，如行政管理、物料管理、人力资源管理、财务管理、生产管理、技术管理和质量管理等。实施并保持一个通过考虑相关方的需求，从而持续改进组织业绩有效性和效率的管理体系可使组织获得成功。质量管理是组织各项管理内容中的一项，是在质量方面指挥和控制组织的一项活动，通常包括制定质量方针和质量目标，实施质量策划、质量控制、质量保证和质量改进。质量管理应与其他管理相结合。

质量策划、质量控制、质量保证和质量改进都是质量管理的一部分，但是其目的各不相同：质量策划致力于制定质量目标并制定必要的运行过程和相关资源以实现质量目标；质量控制致力于满足质量要求；质量保证致力于提供质量要求会得到满足的信任；质量改进致力于增强满足质量要求的能力(要求可以是有关任何方面的，如有效性、效率或可追溯性。

(2) 质量管理的相互协调的活动

质量管理的相互协调的活动是质量方面指挥和控制组织的一项协调的活动，即协调销售、设计和开发、采购、生产、检验等项活动。

(五) 质量管理体系的概念

1. 定义

质量管理体系(3.2.3)：在质量(3.3.1)方面指挥和控制组织(3.3.1)的管理体系(3.2.2)。

2. 理解要点

体系、管理体系和质量管理体系处在三个不同的层次上，它们之间互有联系。

(1) 质量管理体系是组织若干管理体系中的一个。对质量管理体系而言，首先要建立质量方针和质量目标，然后为实现这些质量目标确定相关的过程、活动和资源以建立一个管理体系，并对该管理体系实行管理。质量管理体系主要在质量方面能帮助组织提供持续满足要求的产品，增进顾客满意和相关方的满意。

(2) 质量管理体系的建立要注意与其他管理体系的整合性，以方便组织的整体管理。

四、不合格与缺陷的概念

(一) 不合格的概念

1. 定义

合格(3.6.1)：满足要求(3.1.2)。

不合格(3.6.2)：未满足要求(3.1.2)。

2. 理解要点

(1) 定义中的要求是指明示的、通常隐含的或必须履行的需求或期望。

(2) 当产品的特性未满足产品的要求时，则构成不合格品。当过程或体系未满足过程的要求或体系的要求时，则构成不合格项。

（二）缺陷的概念

1. 定义

缺陷（3.6.3）：未满足与预期或规定用途有关的要求（3.1.2）。

注1：区分缺陷与不合格（3.6.2）的概念是重要的，这是因为其中有法律内涵，特别是在与产品责任问题有关的方面。因此，使用术语“缺陷”应当及其慎重。

注2：顾客（3.3.5）希望的预期用途可能受供方（3.3.6）信息的性质影响，如所提供的操作或维护说明。

2. 理解要点

（1）缺陷与不合格

缺陷与不合格有关联关系，二者都与未满足要求有关，但缺陷主要涉及与用途有关的要求，即定义中的“有关的要求”可以理解为与预期或规定用途有关的明示的、通常隐含的或必须履行的三类需求或期望。特别要注意其中与预期或规定用途有关的通常隐含的需求或期望，因为产品出现问题时，双方往往不容易达成共识。

缺陷与不合格虽然有关联关系，但必须区分二者，特别是缺陷，因为缺陷有法律内涵，特别是与产品责任问题有关，因此术语“缺陷”应慎用。

对产品缺陷，在一些国家的法律中都作出了规定。我国《产品质量法》第四十六条对此作了规定，即“本法所称缺陷，是指产品存在危及人身、他人财产安全的不合理的危险；产品有保障人体健康和人身、财产安全的国家标准、行业标准的，是指不符合该标准。”

一般来说，不合理危险的原因主要有：产品设计上的原因、产品制造上的原因。在我国，标准分为推荐性和强制性两类标准，因此，不符合与保障人体健康、人身、财产安全有关的强制性的国家标准和行业标准的产品也构成缺陷产品。特别需要注意的是，某一产品的强制性标准可能未覆盖该产品的安全性能指标（特别对某些新产品），此种情况下，如果该项指标在强制性标准中未列出，仍可判定该产品存在缺陷。例如，某规格型号的点钞机经过检验，发现其绝缘电阻不符合 GB 16999 标准，用户使用后，发生人身触电事故，该点钞机认为是存在缺陷的产品。

缺陷是有时间性的，因为发现缺陷的存在与社会整体的科学技术水平有关，科学技术的发展，可能会发现以往的产品存在一些缺陷。例如，过去人们不知道氟利昂对地球生态的有害影响，在冰箱中采用了氟利昂制冷剂，后来发现氟利昂对大气的臭氧层造成破坏，于是就不再采用氟利昂作为冰箱的制冷剂，而采用了其他对环境造成损害的制冷剂（如 R401A），那么如果哪一家企业仍采用氟利昂作为冰箱的制冷剂，则该冰箱就存在缺陷。

缺陷的判定往往需要根据每一产品及所发生的每一种情况进行具体分析，再作出结论，有时往往需要第三方的介入。

（2）预期用途的影响因素

定义中的“预期或规定用途”往往涉及供方和顾客，而顾客希望的预期用途可能会受供方提供的信息内容的影响，如所提供的操作或维护说明。例如，在某一煤气热水器的使用说明中告知，必须将热水器安装在浴室外空气流通的地方，顾客在安装时必须引起高度的重视。如果因在产品的使用说明中未能作出类似的告示而导致使用者出现影响人身或财产安全的事故时，可认定该类产品存在缺陷。

思考题五

5-1 简述 GB/T 19000—2008 标准的术语分类。

5-2 术语概念关系的有哪几种形式?

5-3 试分别举例说明关联关系、属种关系和从属关系。

5-4 术语概念图有哪几种?

5-5 何谓产品?试举机电行业例子说明产品。

5-6 何谓过程?试举机电行业例子说明过程。

5-7 何谓程序?试举机电行业例子说明程序。

5-8 何谓质量?试举机电行业例子说明质量。

5-9 何谓要求?试举机电行业例子说明要求。

5-10 何谓质量管理?试举例说明质量管理。

5-11 何谓质量管理体系?试举例说明质量管理体系。

5-12 何谓不合格?试举机电行业例子说明不合格。

5-13 何谓缺陷?试举机电行业例子说明缺陷。

第 六 章

GB/T 19001—2008 标准概述

第一节 概 述

GB/T 19001—2008 标准等同采用 ISO 9001:2008 标准。该标准由引言、正文及附录三部分组成。本章以后各章提到 GB/T 19001 标准就是指 GB/T 19001—2008 标准，提到 GB/T 19000 标准就是指 GB/T 19000—2008 标准，除非必要时注明年代号，本章至第十五章将对 GB/T 19001 标准进行阐述。

一、引言部分

标准引言部分包括了四个条款，即 0.1 总则、0.2 过程方法、0.3 与 GB/T 19004 的关系和 0.4 与其他管理体系标准相容性。本节特别指出的是：

(1) 采用质量管理体系应当是组织的一项战略性决策，组织的最高管理者应给予充分的理解和重视。应该认识到，GB/T 19001 标准规定的要求是通用的，组织应能根据各自的需求、具体的目标、所提供的产品、所采用的过程以及组织的规模和结构，设计和实施组织的质量管理体系，每个组织的质量管理体系应该具有自身的特点。

一个组织质量管理体系的设计和实施受下列因素的影响：组织的业务环境、该环境的变化或与该环境有关的风险，组织的不同需求，组织的特定目标，所提供的产品，所采用的过程，组织的规模和组织结构。

(2) 质量管理体系应当适当地文件化，但是，GB/T 19001 标准的目的不在于统一质量管理体系的结构或文件。

(3) GB/T 19001 标准所规定的质量管理体系要求是对产品要求的补充。GB/T 19001 标准所规定的要求除了产品质量保证之外，还在于增强顾客满意。

“注”是理解和说明有关要求的指南，帮助理解、澄清有关要求的参考性信息。

(4) GB/T 19001 标准能用于内部和外部各方(包括认证机构)评定组织满足顾客要求、适用于产品的法律法规要求和组织自身要求的能力。也就是说，GB/T 19001 标准可作为第一方审核、第二方审核和第三方审核的依据。

(5) GB/T 19001 标准鼓动组织采用过程方法，建立、实施质量管理体系，并改进其有效性，通过满足顾客要求，增强顾客满意。

有关“过程方法”的定义和说明见第三章，过程方法的优点是对诸过程组成的系统中单个过程之间的联系以及过程的组合和相互作用进行连续的控制。

(6) PDCA 模式适用于所有的过程，也可以说 PDCA 模式租(适)用于任何一项工作。

第四章图 4-1 所反映的以过程为基础的质量管理体系模式展示了 GB/T 19001—2008 标准第 4 章～第 8 章中所提出的过程联系。该展示反映了在规定输入要求时，顾客起着重

要的作用。对顾客满意的监视要求对顾客关于组织是否已满足其要求的感受的信息进行评价。该模式虽覆盖了本标准的所有要求,但却未详细地反映各过程。

注:此外,称之为“PDCA”的方法可适用于所有过程。PDCA 模式可简述如下:

P——策划:根据顾客的要求和组织的方针,为提供的结果建立必要的目标和过程;

D——实施:实施过程;

C——检查:根据方针、目标和产品要求,对过程和产品进行监视和测量,并报告结果;

A——改进:采取措施,以持续改进过程绩效。

二、正文部分

GB/T 19001 标准分为 8 章:1　范围;2　规范性引用文件;3　术语和定义;4　质量管理体系;5　管理职责;6　资源管理;7　产品实现;8　测量、分析和改进。

三、附录部分

附录分为附录 A 及附录 B 两部分,附录 A 与附录 B 均是资料性的附录,供参考用。

附录 A 的两个表列出了 GB/T 19001—2008 与 GB/T 24001—2004 之间的对照;附录 B 的表列出了 GB/T 19001—2008 与 GB/T 19001—2000 之间的变化对照。

第二节　标准的范围、规范性引用文件及术语和定义

本节对标准的范围、规范性引用文件及术语和定义进行阐述。标准“1 范围”的“范围”是指 GB/T 19001 标准的应用范围,不能与组织的质量管理体系范围相混淆。

一、定义

本节应用的术语应用了 GB/T 19000—2008 标准规定的术语定义。

顾客满意(3.1.4):顾客对其要求(3.1.2)已被满足程度的感受。

注 1:顾客抱怨即使是一种满意程度低的最常见的表达方式,但没有抱怨并不一定表明顾客很满意。

注 2:即使规定的顾客要求符合顾客的愿望并得到满足,也不一定确保顾客很满意。

持续改进(3.2.13):增强满足要求(3.1.2)的能力的循环活动。

注:制定改进目标和寻求改进机会的过程(3.4.1)是一个持续过程,该过程使用审核发现(3.9.5)和审核结论(3.9.6)、数据分析、管理评审(3.8.7)或其他方法,其结果通常导致纠正措施(3.6.5)或预防措施(3.6.4)。

组织(3.3.1):职责、权限和相互关系得到安排的一组人员及设施。

示例:公司、集团、商行、企事业单位、研究机构、慈善机构、代理商、社团或上述组织的部分或组合。

注 1:安排通常是有序的。

注 2:组织可以是公有的或私有的。

注 3:本定义适用于质量管理体系(3.2.3)标准。术语“组织”在 ISO/IEC 指南 2 中有不同的定义。

顾客(3.3.5):接受产品(3.4.2)的组织(3.3.1)或个人。

示例:消费者、委托人、最终使用者、零售商、受益者和采购方。

注:顾客可以是组织内部的或外部的。

二、范围

标准1.1条款说明有哪些需求的组织可以采用GB/T 19001标准，采用后可以得到什么结果。

（一）总则

1. 标准条文

1.1 总则

本标准为有下列需求的组织规定了质量管理体系要求：

a） 需要证实其具有稳定地提供满足顾客要求和适当的法律法规要求的产品的能力；

b） 通过体系的有效应用，包括体系持续改进过程的有效应用，以及保证符合顾客要求和适用的法律法规要求，旨在增强顾客满意。

注1：在本标准中，术语“产品”仅适用于：

a） 预期提供给顾客的或顾客所要求的产品；

b） 产品实现过程所产生的任何预期输出。

注2：法律法规要求可称作法定要求。

2. 总则要求和说明

1）总则要求的理解

“组织”是指职责、权限和相互关系得到安排的一组人员及设施。如组织可以是公司、集团、商行、企事业单位、研究机构、慈善机构、代理商、社团或上述组织的部分或组合，可以是公有的，也可以是私有的。“质量管理体系要求”是指在质量方面指挥和控制组织的管理体系的要求，即GB/T 19001标准规定的要求。

标准为有下列需求的组织规定了质量管理体系要求：

(1) 组织需要证实其具有稳定地提供满足顾客要求和适用的法律法规要求的产品的能力。组织应用GB/T 19001标准能够为组织提供了一个系统的质量管理模式，从而使组织具有持续而又稳定地满足顾客要求和适用的法律法规要求的产品的能力，持续提供合格的产品，确保产品持续满足要求。

(2) 通过体系的有效应用，包括体系的持续改进过程的有效应用，以及保证符合顾客要求和适用的法律法规要求，旨在增强顾客满意。“持续改进”是指增强满足质量要求的能力的循环活动。如果组织通过体系持续改进过程的有效应用，能够完成策划的活动并得到预期策划的结果，以及保证符合顾客要求和适用的法律法规要求，不仅可以达到顾客满意，而且可以增强顾客满意。

“顾客”是指接受产品的组织或个人。“顾客满意”是指顾客对其要求已被满足程度的感受。从定义可以看出，顾客满意是顾客的感受，必须是顾客的亲身体验，组织不能去推测、估计。没有顾客抱怨、投诉并不意味着顾客满意，顾客不发表意见或表示无所谓也不表明顾客是满意的。

2）总则要求的说明

(1) GB/T 19001标准不仅关注质量管理体系，更关注质量管理体系的结果。即：组织能持续提供符合要求的产品、持续满足顾客要求和适用的法律法规要求、不断增强顾客满意。

(2) GB/T 19001 标准的要求是对组织的质量管理体系最基本要求，所以组织能满足顾客要求、增强顾客满意只是其总体目标的一个最基础的要求。如果组织按 GB/T 19001 标准建立、实施、持续改进的质量管理体系已经很成功，需要追求更高的目标，组织可以应用 ISO 9004 标准或其他的质量管理卓越模式获得帮助。

(3) 组织的质量管理体系是否符合 GB/T 19001 标准，并得到有效的实施和保持，可以通过质量管理体系评价获得。如获得第三方质量管理体系认证(外部证实活动)，接受顾客或顾客代表的第二方审核；组织自己依据 GB/T 19001 标准进行的内部评价(内部证实)，如内部审核等组织或向外界作出的自我声明等。

(4) 在 GB/T 19001 标准中，"产品"的概念要比 GB/T 19000 标准狭义，是指预期提供给顾客的或顾客所要求的产品和产品实现过程所产生的任何预期输出。预期提供给顾客的或顾客所要求的产品包括最终产品，产品实现过程所产生的任何预期输出，原材料、元器件、外购件、标准件、外协件、零部件(如半成品等中间过程的输出)、最终产品；不包括在产品形成过程中不期望得到的结果，如对环境产生影响的污染、废料和对工作场所中人的安全健康产生影响的不良结果，这些不期望的结果是环境管理体系和职业健康与安全管理体系要控制的。

(5) "法律法规"是指是社会发展到一定历史阶段的产物，它是拥有立法权的国家机关依照立法程序制定和颁布的规范性文件。产品符合法律法规要求是必需的，是质量管理体系必须达到的目标。

(二) 应用

1. 标准条文

1.2 应用

本标准规定的所有要求是通用的，旨在适用于各种类型、不同规模和提供不同产品的组织。

由于组织及其产品的性质导致本标准的任何要求不适用时，可以考虑对其进行删减。

如果进行删减，应仅限于本标准第 7 章的要求，并且这样的删减不影响组织提供满足顾客要求和适用法律法规要求的产品的能力或责任，否则不能声称符合本标准。

2. 应用要求和说明

1) 标准规定的所有要求的通用性

GB/T 19001 标准规定的所有要求是通用的，旨在适用于各种类型、不同规模和提供不同产品的组织。GB/T 19001 标准可以应用于所有行业和经济领域，适合各种类型、不同规模和提供不同产品的组织。如机电行业、食品行业、信息行业、金融行业、教育行业、服务行业等。

2) 标准要求的删减

(1) 由于组织及其产品的性质导致本标准的某些要求不适合用时，可以考虑对其进行删减。删减的正当理由应是客观的和与实际情况相符。如因组织的特定产品使其质量管理活动确实不存在某过程或确实不存在某事物，则可以考虑对相关的标准要求进行删减。

① 组织的质量管理活动确实不存在某个过程，可考虑删减与这个过程相应的 GB/T 19001 标准的要求。如某点钞机公司由美国顾客负责伪钞鉴别程序设计，美国顾客负责向某点钞机公司伪钞鉴别程序设计变更及提供适当的伪钞鉴别程序更改信息，且该点钞机使用

的伪钞鉴别程序由美国顾客提供。该点钞机公司负责按美国客户要求提供有关点钞机若干台，则该点钞机公司不存在点钞机产品伪钞鉴别程序的设计和开发，也无权进行伪钞鉴别程序设计和开发的更改，则该点钞机公司质量管理体系可以删减标准“7.3 设计和开发”中有关伪钞鉴别程序设计和开发的要求。又如某时间继电器子公司生产产品的所有原材料、元器件、外购件、标准件、外协件、零部件全部由母公司提供，则该时间继电器子公司与采购过程无关，所以该时间继电器子公司质量管理体系可以删减标准“7.4 采购”要求。

② 如果组织的质量管理活动不涉及某项事物，可考虑删减与这个事物相应的 GB/T 19001 标准的要求。如某温度控制器公司在向顾客提供的产品中没有使用顾客财产，则该温度控制器公司与顾客财产无关，所以该温度控制器公司质量管理体系可以删减标准“7.5.4 顾客财产”要求。

(2) 标准在许多条款的要求中使用了“适当时”、“适用时”、“必要时”、“当……”的表述，如 6.3、7.4.2、7.5.1、7.5.2、7.5.3、7.5.5、7.6、8.3 等条款。组织应根据实际情况对这些条款子项中的要求做出准确的取舍，舍去的部分可以理解为是组织对标准要求进行删减的一种情况，但对这类删减不一定必须在质量手册中按标准 4.2.2a)条款的要求进行阐述。

(3) 组织可以根据不同的原因选择采用 GB/T 19001 标准的部分要求。如顾客要求对供方进行评价选择或实施第二方审核时，可能并不对供方的 GB/T 19001 标准的全部要求进行审核，供方不能对任何其他顾客或通过其他方式声称供方的质量管理体系符合 GB/T 19001 标准。

3) 删减仅限于本标准第 7 章的要求

如果进行删减，应仅限于本标准第 7 章的要求，并且这样的删减不影响组织提供满足顾客要求和适用法律法规要求的产品的能力或责任，否则不能声称符合本标准。标准对删减提出了明确的限制性规定，组织如果声称符合 GB/T 19001 标准，对标准要求进行的删减必须满足下列条件：

(1) 只允许删减 GB/T 19001 标准第 7 章“产品实现”的某些要求，除第 7 章外，标准其他要求不得删减。

(2) 删减不能影响组织提供满足顾客要求和适用的法律法规要求的产品的能力或责任。如某时间继电器子公司生产产品的所有原材料、元器件、外购件、标准件、外协件、零部件全部由母公司提供，则该时间继电器子公司与采购过程无关，所以该时间继电器子公司质量管理体系可以删减标准“7.4 采购”要求，删减不影响时间继电器子公司提供满足顾客要求和适用的法律法规要求的产品的能力或责任，有关由采购引起的产品的能力或责任由母公司承担；又如某点钞机公司存在伪钞鉴别程序设计开发过程，就不能删减“7.3 设计和开发”，否则，会由于点钞机公司质量管理体系不包含 7.3 设计和开发条款的控制，而导致没有对伪钞鉴别程序设计开发实施控制，从而影响该点钞机公司提供满足顾客要求和适用的法律法规要求的产品的能力；如该点钞机公司存在伪钞鉴别程序设计开发外包，但是，其设计和开发结果必须得到点钞机公司的评审、验证和确认，即点钞机公司也参与设计和开发，所以，不能全部删减“7.3 设计和开发”，点钞机公司仍然具有影响组织提供满足顾客要求和适用的法律法规要求的产品的能力或责任。

三、规范性引用文件

1. 标准条文

2　规范性引用文件

下列文件中的条款通过本标准的引用而成为本标准的条款。凡是注日期的引用文件，其随后所有的修改单(不包括勘误的内容)或修订版均不适用于本标准，然而，鼓励根据本标准达成协议的各方研究是否可使用这些文件的最新版本。凡是不注日期的引用文件，其最新版本适用于本标准。

GB/T 19000—2008 质量管理体系　基础和术语(ISO 9000:2005,IDT)

2. 规范性引用文件要求和说明

(1) GB/T 19000 通过 GB/T 19001 标准的引用成为 GB/T 19001 标准的要求。

(2) 注日期的标准 GB/T 19000—2008，其随后所有的修改单(不包括勘误的内容)或修订版均不适用于 GB/T 19001 标准，鼓励根据 GB/T 19001 标准达成协议的各方研究是否可使用这些文件的最新版本。

(3) GB/T 19001 标准的引用标准是 GB/T 19000—2008。

四、术语和定义

1. 标准条文

3　术语和定义

本标准采用 GB/T 19000 中所确定的术语和定义。

本标准中所出现的术语“产品”，也可指“服务”。

2. 术语和定义要求和说明

(1) 标准采用 GB/T 19000 中所规定的 84 个术语和定义。

(2) GB/T 19001 标准中所出现的术语“产品”，也可指“服务”。

思 考 题 六

6-1　GB/T 19001—2008 标准主要包括哪些内容？

6-2　什么是过程？试举例说明。

6-3　什么是过程方法？试举例说明。

6-4　哪些组织可以应用 GB/T 19001—2008 标准？

6-5　删减 GB/T 19001—2008 标准某些条款，需要符合什么要求？试举例说明。

第七章

机电企业高层领导质量管理体系要求

第一节 最高管理者相关质量管理体系条款和流程

一、与最高管理者质量管理体系要求相关的条款

与最高管理者质量管理体系要求相关的主要条款有：4.1、4.2.1、4.2.2、5、6.1、8.1、8.2.1、8.2.2、8.2.3、8.4、8.5；相关的一般条款主要有4.2.3、4.2.4、6.2、6.3、6.4、7。

二、相关的主要条款

4.1 总要求

组织应按本标准的要求建立质量管理体系，将其形成文件，加以实施和保持，并持续改进其有效性。

组织应：

a） 确定质量管理体系所需的过程及其在整个组织中的应用（见1.2）；

b） 确定这些过程的顺序和相互作用；

c） 确定所需的准则和方法，以确保这些过程的运行和控制有效；

d） 确保可以获得必要的资源和信息，以支持这些过程的运行和监视；

e） 监视、测量（适用时）和分析这些过程；

f） 实施必要的措施，以实现所策划的结果和对这些过程的持续改进。

组织应按本标准的要求管理这些过程。

组织如果选择将影响产品符合要求的任何过程外包，应确保对这些过程的控制。对此类外包过程控制的类型和程度应在质量管理体系中加以规定。

注1：上述质量管理体系所需的过程包括与管理活动、资源提供、产品实现以及测量、分析和改进有关的过程。

注2："外包过程"是为了质量管理体系的需要，由组织选择，并由外部方实施的过程。

注3：组织确保对外包过程的控制，并不免除其满足所有顾客要求和法律法规要求的责任。对外包过程控制的类型和程度可受诸如下列因素影响：

a） 外包过程对组织提供满足要求的产品的能力的潜在影响；

b） 对外包过程控制的分担程度；

c） 通过应用7.4实现所需控制的能力。

4.2.1 总则

质量管理体系文件应包括：

a） 形成文件的质量方针和质量目标；

b） 质量手册；

c）　本标准所要求的形成文件的程序和记录；

d）　组织确定的为确保其过程有效策划、运行和控制所需的文件，包括记录。

注1：本标准出现"形成文件的程序"之处，即要求建立该程序，形成文件，并加以实施和保持。一个文件可包括对一个或多个程序的要求。一个形成文件的程序的要求可以被包含在多个文件中。

注2：不同组织的质量管理体系文件的多少与详略程度可以不同，取决于：

a）　组织的规模和活动的类型；

b）　过程及其相互作用的复杂程度；

c）　人员的能力。

注3：文件可采用任何形式或类型的媒介。

4.2.2　质量手册

组织应编制和保持质量手册，质量手册包括：

a）　质量管理体系的范围，包括任何删减的细节和正当的理由（见1.2）；

b）　为质量管理体系编制的形成文件的程序或对其引用；

c）　质量管理体系过程之间的相互作用的表述。

5　管理职责

5.1　管理承诺

最高管理者应通过以下活动，对其建立、实施质量管理体系并持续改进其有效性的承诺提供证据：

a）　向组织传达满足顾客和法律法规要求的重要性；

b）　制定质量方针；

c）　确保质量目标的制定；

d）　进行管理评审；

e）　确保资源的获得。

5.2　以顾客为关注焦点

最高管理者应以增强顾客满意为目的，确保顾客的要求得到确定并予以满足（见7.2.1和8.2.1）。

5.3　质量方针

最高管理者应确保质量方针：

a）　与组织的宗旨相适应；

b）　包括对满足要求和持续改进质量管理体系有效性的承诺；

c）　提供制定和评审质量目标的框架；

d）　在组织内得到沟通和理解；

e）　在持续适宜性方面得到评审。

5.4　策划

5.4.1　质量目标

最高管理者应确保在组织的相关职能和层次上建立质量目标，质量目标包括满足产品要求所需的内容[见7.1a)]。质量目标应是可测量的，并与质量方针保持一致。

5.4.2　质量管理体系策划

最高管理者应确保：

a）　对质量管理体系进行策划，以满足质量目标以及4.1的要求；

b) 在对质量管理体系的变更进行策划和实施时,保持质量管理体系的完整性。

5.5 职责、权限与沟通

5.5.1 职责和权限

最高管理者应确保组织内的职责、权限得到规定和沟通。

5.5.2 管理者代表

最高管理者应在本组织管理层中指定一名成员,无论该成员在其他方面的职责如何,应使其具有以下方面的职责和权限:

a) 确保质量管理体系所需的过程得到建立、实施和保持;

b) 向最高管理者报告质量管理体系的绩效和任何改进的需求;

c) 确保在整个组织内提高满足顾客要求的意识。

注:管理者代表的职责可包括就质量管理体系有关事宜与外部方进行联络。

5.5.3 内部沟通

最高管理者应确保在组织内建立适当的沟通过程,并确保对质量管理体系的有效性进行沟通。

5.6 管理评审

5.6.1 总则

最高管理者应按策划的时间间隔评审质量管理体系,以确保其持续的适宜性、充分性和有效性。评审应包括评价改进的机会和质量管理体系变更的需求,包括质量方针和质量目标变更的需求。

应保持管理评审的记录(见 4.2.4)。

5.6.2 评审输入

管理评审的输入应包括以下方面的信息:

a) 审核结果;

b) 顾客反馈;

c) 过程的绩效和产品的符合性;

d) 预防措施和纠正措施的状况;

e) 以往管理评审的跟踪措施;

f) 可能影响质量管理体系的变更;

g) 改进的建议。

5.6.3 评审输出

管理评审的输出应包括与以下方面有关的任何决定和措施:

a) 质量管理体系有效性及其过程有效性的改进;

b) 与顾客要求有关的产品的改进;

c) 资源需求。

6.1 资源提供

组织应确定并提供以下方面所需的资源:

a) 实施、保持质量管理体系并持续改进其有效性;

b) 通过满足顾客要求,增强顾客满意。

8.1 总则

组织应策划并实施以下方面所需的监视、测量、分析和改进过程：

a) 证实产品要求的符合性；

b) 确保质量管理体系的符合性；

c) 持续改进质量管理体系的有效性。

这应包括对统计技术在内的适用方法及其应用程度的确定。

8.2 监视和测量

8.2.1 顾客满意

作为对质量管理体系绩效的一种测量，组织应监视顾客关于组织是否满足其要求的感受的相关信息，并确定获取和利用这种信息的方法。

注：监视顾客感受可以包括从诸如顾客满意度调查、来自顾客的关于交付产品质量方面数据、用户意见调查、流失业务分析、顾客赞扬、索赔和经销商报告之类的来源获得输入。

8.2.2 内部审核

组织应按策划的时间间隔进行内部审核，以确定质量管理体系是否：

a) 符合策划的安排(见 7.1)、本标准的要求以及组织所确定的质量管理体系的要求；

b) 得到有效实施与保持。

组织应策划审核方案，策划时应考虑拟审核的过程和区域的状况和重要性以及以往审核的结果。应规定审核的准则、范围、频次和方法。审核员的选择和审核的实施应确保审核过程的客观性和公正性。审核员不应审核自己的工作。

应编制形成文件的程序，以规定审核的策划、实施、形成记录以及报告结果的职责和要求。

应保持审核及其结果的记录(见 4.2.4)。

负责受审核区域的管理者应确保及时采取必要的纠正和纠正措施，以消除所发现的不合格及其原因。后续活动应包括对所采取措施的验证和验证结果的报告(见 8.5.2)。

注：作为指南，参见 GB/T 19011。

8.2.3 过程的监视和测量

组织应采用适宜的方法对质量管理体系过程进行监视，并在适用时进行测量。这些方法应证实过程实现所策划的结果的能力。当未能达到所策划的结果时，应采取适当的纠正和纠正措施。

注：当确定适宜的方法时，建议组织根据每个过程对产品要求的符合性和质量管理体系有效性的影响，考虑监视和测量的类型与程度。

8.4 数据分析

组织应确定、收集和分析适当的数据，以证实质量管理体系的适宜性和有效性，并评价在何处可以持续改进质量管理体系的有效性。这应包括来自监视和测量的结果以及其他有关来源的数据。

数据分析应提供有关以下方面的信息：

a) 顾客满意(见 8.2.1)；

b) 与产品要求的符合性(见 8.2.4)；

c) 过程和产品的特性及趋势，包括采取预防措施的机会(见 8.2.3 和 8.2.4)；

d） 供方（见7.4）。

8.5 **改进**

8.5.1 **持续改进**

组织应利用质量方针、质量目标、审核结果、数据分析、纠正措施和预防措施以及管理评审，持续改进质量管理体系的有效性。

8.5.2 **纠正措施**

组织应采取措施，以消除不合格的原因，防止不合格的再发生。纠正措施应与所遇到不合格的影响程度相适应。

应编制形成文件的程序，以规定以下方面的要求：

a） 评审不合格（包括顾客抱怨）；

b） 确定不合格的原因；

c） 评价确保不合格不再发生的措施的需求；

d） 确定和实施所需的措施；

e） 记录所采取措施的结果（见4.2.4）；

f） 评审所采取的纠正措施的有效性。

8.5.3 **预防措施**

组织应确定措施，以消除潜在不合格的原因，防止不合格的发生。预防措施应与潜在问题的影响程度相适应。

应编制形成文件的程序，以规定以下方面的要求：

a） 确定潜在不合格及其原因；

b） 评价防止不合格发生的措施的需求；

c） 确定并实施所需的措施；

d） 记录所采取措施的结果（见4.2.4）；

e） 评审所采取的预防措施的有效性。

三、相关的一般条款

最高管理者相关的一般条款主要有4.2.3、4.2.4、6.2、6.3、6.4、7。最高管理者应按上述条款和自身的职责，参考与此相关部门的质量管理体系要求实施上述条款，在相关部门主要条款要求和程序中，已经对此进行了详细说明。

四、工作流程、要求和程序

最高管理层质量管理体系工作流程包括最高管理层质量管理体系控制总工作流程及其包含的各个分工作流程。最高管理层质量管理体系分工作流程、要求和程序主要包括机电企业质量方针与质量目标控制工作流程、要求和程序，机电企业质量管理体系策划控制工作流程、要求和程序、机电企业质量管理体系文件编写控制工作流程、要求和程序，机电企业最高管理者的管理职责工作流程、要求和程序，机电企业资源提供工作流程、要求和程序及机电企业质量管理体系测量、分析和改进程序工作流程、要求和程序。

本章首先介绍最高管理层质量管理体系控制总工作流程，然后对总工作流程中的各个分流程及其要求和程序进行介绍。最高管理层质量管理体系控制总工作流程见图7-1。

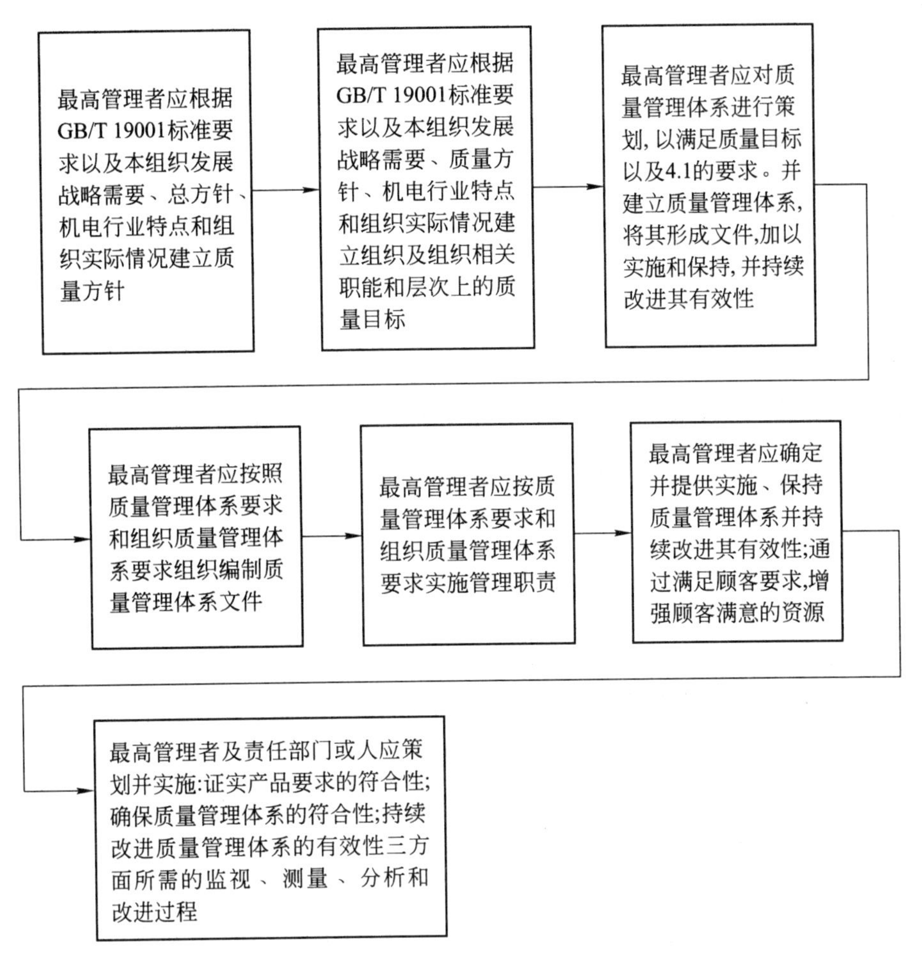

图7-1　最高管理者质量管理体系控制总工作流程

最高管理层质量管理体系控制总工作流程主要包括：①最高管理者应建立组织的质量方针，并建立组织及组织相关职能和层次上的质量目标；②最高管理者应对质量管理体系进行策划，并建立、实施、保持和持续改进质量管理体系；③最高管理者应组织编制质量管理体系文件；④最高管理者应实施管理职责；⑤最高管理者应确定并提供资源；⑥最高管理者及责任部门或人应策划并实施监视、测量、分析和改进。

第二节　机电企业质量方针与质量目标

一、定义

本节采用了GB/T 19000—2008标准规定的以下术语和定义。

质量方针(3.2.4)：由组织(3.3.1)最高管理者(3.2.7)正式发布的关于质量(3.1.1)方面的全部意图和方向。

注1：通常质量方针与组织的总方针相一致并为制定质量目标(3.2.5)提供框架。

注2：本标准中提出的质量管理原则可以作为制定质量方针的基础(见0.2)。

质量目标(3.2.5)：在质量(3.1.1)方面所追求的目的。

注1：质量目标通常依据组织的质量方针(3.2.4)制定。

注2：通常对组织(3.3.1)的相关职能和层次分别规定质量目标。

最高管理者(3.2.7)：在最高层指挥和控制组织(3.3.1)的一个人或一组人。

有效性(3.2.14)：完成策划的活动并得到策划结果的程度。

评审(3.8.7)：为确定主题事项达到规定目标的适宜性、充分性和有效性(3.2.14)所进行的活动。

注：评审也可包括确定效率(3.2.15)。

示例：管理评审、设计和开发评审、顾客要求评审和不合格评审。

二、质量方针和质量目标控制工作流程

根据与最高管理层质量管理体系要求相关的主要条款5.3和5.4.1，质量方针、质量目标控制工作流程见图7-2。

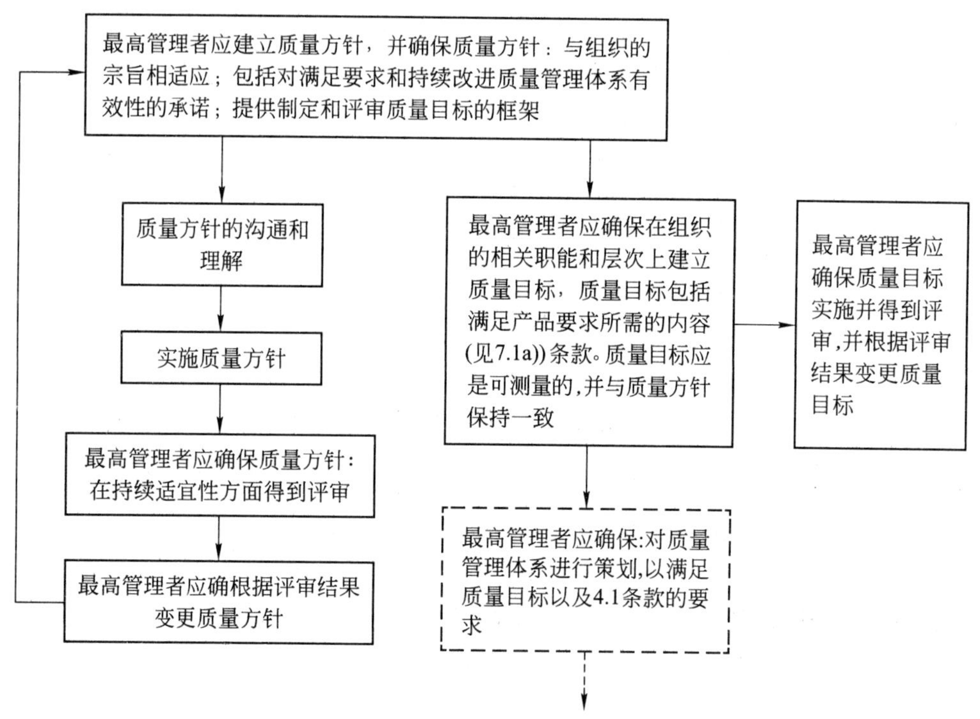

图7-2　质量方针、目标和质量管理体系策划控制工作流程

三、质量方针和质量目标控制要求和程序

质量方针、质量目标控制要求和程序如下：

（一）质量方针

质量方针是指由组织最高管理者正式发布的关于质量方面的全部意图和方向。最高管理者是指在最高层指挥和控制组织的一个人或一组人。最高管理者是通过质量方针的正式发布，确立组织在质量方面的宗旨及方向，履行其“领导作用”的职责。质量方针能为组织提

供关注的焦点，形成全体员工的凝聚力，显示组织对外的质量承诺，争取顾客的信任。最高管理者应根据 GB/T 19001 标准要求以及本组织发展战略需要、总方针、机电行业特点和组织实际情况建立质量方针。

1. 质量方针的制订和批准

为确保质量方针：与组织的宗旨相适应，包括对满足要求和持续改进质量管理体系有效性的承诺，提供制定和评审质量目标的框架，最高管理者应组织相关职能部门负责人员进行讨论、协调、修改与沟通，最后由最高管理者批准。

质量方针示例：

① 某点钞机公司质量方针为“科技创新　规范管理　满足客户　共同发展”。

② 释义：以顾客为关注焦点，坚持科技创新和内部规范管理的质量方针，逐步提升组织的技术开发水平和市场竞争能力，更快更好地满足客户，建立客户互利共赢的伙伴关系，与客户共同发展。

2. 质量方针的沟通和理解

1）质量方针的要求

(1) 与组织的宗旨相适应。组织总的宗旨和方针是关于经营管理、财务管理、质量管理、环境管理、职业健康安全管理和人力资源管理等方面的全部意图和方向。质量方针是组织总的宗旨和方针的组成部分，应与经营管理、财务管理、质量管理、环境管理、职业健康安全管理和人力资源管理等方面的追求相辅相成、协调一致。

(2) 对满足要求和持续改进质量管理体系有效性的承诺。质量方针一是要满足顾客要求、产品标准要求和适用法律法规要求，体现以顾客为关注焦点满足顾客要求的重要性。二是要持续改进质量管理体系有效性，以增强顾客满意。

(3) 为质量目标提供框架。质量方针追求的是质量方向，是一种质量管理理念的体现，要通过质量目标的实施来实现，是建立和评审质量目标的依据。组织需要制订并实施一定时间期限内的总体质量目标，质量目标应体现明确的预期目的，不能模糊不清。如某点钞机公司质量方针：“科技创新　规范管理　满足客户　共同发展”。可以通过具体量化的质量目标来落实：“常规产品一次检验合格率≥90%，以后每年递增 0.5%；出厂抽检合格率为 100%，出厂产品返工率≤1%；顾客满意率≥90%，顾客投诉处理满意率为 100%”等。

2）在组织内得到沟通和理解

最高管理者应通过各种方式和途径组织全体员工学习质量方针，正确理解其内涵，使全体员工了解和明确质量方针在质量管理体系中的作用以及自己的本职工作与组织质量方针的关联，知道如何做才能为实现质量方针作出贡献。传达的方法可以是在会议上宣讲，通过告示栏进行宣传，发放有关质量方针的小册子、内部刊物、标语等。

3. 质量方针的实施

在质量方针批准和发布后，最高管理者和组织各有关部门应认真实施质量方针。

4. 质量方针的评审和变更

质量方针应得到评审以确保其适宜性。“评审”是指为确定主题事项达到规定目标的适宜性、充分性和有效性所进行的活动。有效性是指完成策划的活动并得到策划结果的程度。由于组织的内、外部环境总是在不断变化，所以组织的质量管理体系也在不断变化，组织应根据变化或定期地进行评审,以使质量方针持续地符合组织的实际。对质量方针的定期评审,通常在管理评审时进行,也可以在适当的时候展开专门会议进行评审。

通过评审,如果质量方针需要变更,最高管理者应根据评审结果变更质量方针,批准后,再予以发布。

(二) 质量目标

“质量目标”是指在质量方面所追求的目的。质量目标是在质量方针的原则和框架下具体追求的目的,质量目标追求的结果应能实现质量方针的质量承诺。质量目标更加具体、有针对性。确保质量目标的建立和实现,是最高管理者的重要职责。

1. 质量目标的制订和批准

最高管理者应根据 GB/T 19001 标准要求以及本组织发展战略需要、质量方针、机电行业特点和组织实际情况建立组织及组织相关职能和层次上的质量目标。最高管理者应组织相关职能部门负责人员进行讨论、协调、修改与沟通,最后由最高管理者批准。相关职能部门应组织相关职能部门人员进行讨论、协调、修改与沟通,最后由最高管理者批准。

2. 质量目标的要求

1) 质量有关的职能和层次应建立质量目标

(1) 质量目标应在管理职责的不同层次上建立,也就是要在组织最高管理层、中层职能机构、中层机构的下设部门(科、室、车间/工段/班组等)、具体职能岗位等由高到低的不同层次上建立。组织内机构、部门、岗位只要承担了质量管理的职责,就应该建立相应的质量目标。

在组织管理的较高层次上,目标可能复杂些,在生产过程和服务提供的实施现场,质量目标可以简单些。

(2) 质量目标的建立应覆盖组织整个质量管理体系,即组织应在质量管理体系所有过程,包括管理过程和产品实现过程建立质量目标,通过策划并实施质量目标,最终实现管理的增值。

还需要注意的是,在制定各部门和岗位的质量目标时,不仅要直接分解组织总质量目标是不充分的,而且要考虑那些间接与总质量目标相关的过程,这些过程也应该建立目标。

2) 满足产品要求所需的内容

质量目标中应包括与满足产品要求有关的内容,要能表明在重要的产品特性上要达到的目的,质量目标是具体的和针对性的。

3) 质量目标应是可测量的

质量目标应是可测量的,测量后应获得量值。测量方法可以采用定量法,如电阻器电阻值的测量;也可以采用定性法,如考评、测评、评价等。测量的方法和内容要规范科学,包括测量的时机、样本的抽取和数量等,以保证质量目标测量结果的代表性。质量目标尽可能量化,定性的质量目标如果能够进行评价,也是符合要求的。

4) 与质量方针保持一致

见本章质量方针有关内容。

5) 质量目标应具有先进性和可实现性。质量目标是可追求的,可追求的就应该是先进的。但质量目标也应考虑组织现在的水平和同行业的情况,在此基础上考虑一定的提升空间,使质量目标既高于现实,又经过努力可以达到,真正达到持续改进质量管理体系的

作用。

6)“5.4.1 质量目标”的要求与 7.1a)条款“产品的质量目标和要求”具有关联，后者是前者在产品质量方面更具体的展开。

质量目标示例：

① 某点钞机公司质量总目标为“常规产品一次检验合格率≥90%，以后每年递增0.5%，出厂抽检合格率为 100%，出厂产品返工率≤1%，顾客满意率≥90%，顾客投诉处理满意率为 100%”。

释义：“常规产品一次检验合格率≥90%”指：公司正常生产和销售的点钞机在生产线上完成装配后，第一次检验时合格产品数量占第一次送检产品总量的比率；“以后每年递增0.5%”指：第一年为 90%，第二年为 90.5%，如此类推；“出厂抽检合格率为 100%”指：产品出厂前，为保证产品质量，在检验合格的产品中按规定要求抽样检验，抽样检验后，合格产品数量占所抽产品数量的比率；“出厂产品返工率≤1%”指：合格产品出厂后，产品由于质量问题，确实存在质量问题需要返工的产品占所有出厂产品的比率；“顾客满意率≥90%”指：对组织的顾客进行顾客满意调查，并收集相应顾客满意信息，将收集的顾客满意信息按规定评定准则进行分析评定，得出顾客满意率；“顾客投诉处理满意率为 100%”指：对顾客投诉的信息进行处理，顾客对处理结果的满意的次数占顾客投诉总数的比率。

② 总经理质量目标和生产部质量目标

A）总经理质量目标

及时制订、修改和批准质量方针、质量目标、职责和权限；

及时提供各种资源和进行资源管理；

有关总经理责任的顾客投诉年总数不超过 2 次，无有关总经理责任的重大顾客质量投诉；

公司内质量反馈处理时间不超过 6 天；

公司外质量反馈处理时间不超过 10 天。

B）生产部质量目标

月生产任务不及时完成次数不超过 1 次，年不及时完成次数不超过 5 次；

有关生产部责任的顾客投诉年总数不超过 2 次；

公司内质量反馈处理时间不超过 3 天；

公司外质量反馈处理时间不超过 5 天。

3. 质量目标的实施

最高管理者应确保质量目标得到实施，组织相关职能部门应实施确定的相关职能和层次上的质量目标。

最高管理者应组织各有关部门学习质量目标，以正确理解质量目标，最终达到准确实施质量目标。各有关部门应组织各有关部门人员学习质量目标，以正确理解质量目标，最终达到准确实施质量目标。

4. 质量目标的评审和变更

由于组织的经营等情况不断变化，已确定的质量部门有可能不适应当前的情况，所以，最高管理者应根据组织情况和质量目标实施情况等，组织相关职能部门负责人员定期或不定期（可以结合管理评审）评审质量目标持续适宜性。

通过评审，如果质量目标需要变更，最高管理者应根据评审结果变更质量目标，批准后，再予以发布。

5. 质量目标的输出

衔接第三节机电企业质量管理体系策划，最高管理者应根据 GB/T 19001 标准的要求、机电行业特点和组织实际情况对组织质量管理体系进行策划，应满足质量目标以及 4.1 的要求。

四、符合要求的相关证据

(1) 组织需提供形成文件的、内容满足要求的质量方针。

(2) 质量方针持续适宜性方面的评审记录及符合性。

(3) 质量方针的批准与控制及符合性证据。

(4) 质量目标评审记录和变更证据及符合性。

(5) 质量目标实施的证据及符合性。

第三节 机电企业质量管理体系策划

一、定义

本节采用了 GB/T 19000—2008 标准规定的以下术语和定义。

质量策划(3.2.9)：质量管理(3.2.8)的一部分，致力于制定质量目标(3.2.5)并制定必要的运行过程(3.4.1)和相关资源以实现质量目标。

注：编制质量计划(3.7.5)可以是质量策划的一部分。

质量控制(3.2.10)：质量管理(3.2.8)的一部分，致力于满足质量要求。

信息(3.7.1)：有意义的数据。

二、质量管理体系策划控制工作流程

根据与最高管理者质量管理体系要求相关的主要条款 4.1 和 5.4，质量管理体系策划控制工作流程见图 7-3。

三、质量管理体系策划控制要求和程序

质量管理体系策划控制要求和程序如下。

(一) 质量管理体系策划

最高管理者应根据 GB/T 19001 标准要求、机电行业特点和组织实际情况对组织质量管理体系进行策划。“质量策划”是质量管理的一部分，致力于制定质量目标并制定必要的运行过程和相关资源以实现质量目标。使组织质量管理体系满足质量目标以及 4.1 的要求。

(二) 质量管理体系建立

最高管理者及相关授权人或责任部门应按 GB/T 19001 标准要求、机电行业特点

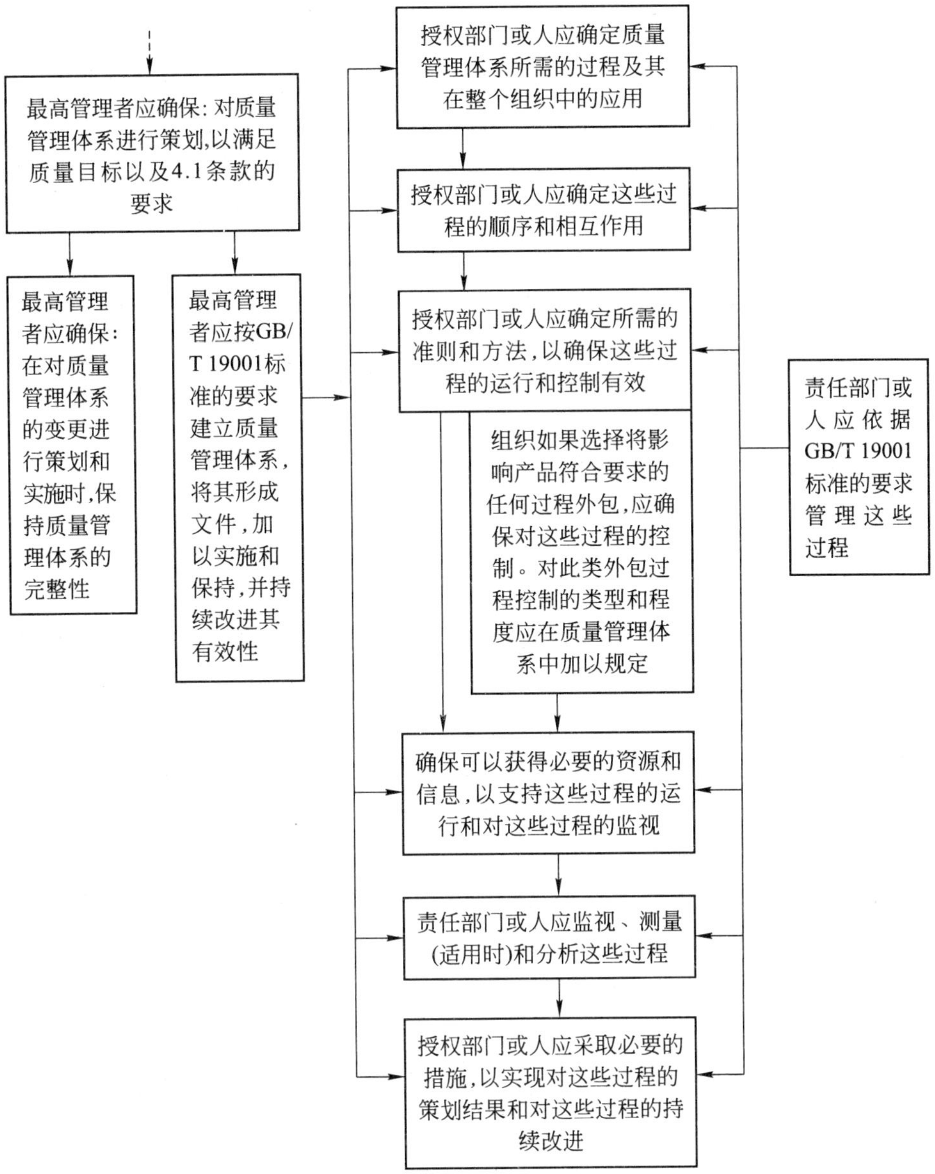

最高管理者应确保：对质量管理体系进行策划，以满足质量目标以及4.1条款的要求

最高管理者应确保：在对质量管理体系的变更进行策划和实施时，保持质量管理体系的完整性

最高管理者应按GB/T 19001标准的要求建立质量管理体系，将其形成文件，加以实施和保持，并持续改进其有效性

授权部门或人应确定质量管理体系所需的过程及其在整个组织中的应用

授权部门或人应确定这些过程的顺序和相互作用

授权部门或人应确定所需的准则和方法，以确保这些过程的运行和控制有效

组织如果选择将影响产品符合要求的任何过程外包，应确保对这些过程的控制。对此类外包过程控制的类型和程度应在质量管理体系中加以规定

确保可以获得必要的资源和信息，以支持这些过程的运行和对这些过程的监视

责任部门或人应监视、测量(适用时)和分析这些过程

授权部门或人应采取必要的措施，以实现对这些过程的策划结果和对这些过程的持续改进

责任部门或人应依据GB/T 19001标准的要求管理这些过程

图 7-3　质量管理体系策划控制工作流程

和组织实际情况建立质量管理体系，将其形成文件，加以实施和保持，并持续改进其有效性。

1. 确定组织质量管理体系所需的过程及其在整个组织中的应用

组织授权部门或人应确定组织质量管理体系所需的过程及其在整个组织中的应用。确定组织与质量管理体系有关的所有过程，包括文件控制、记录控制、管理职责、资源管理、产品实现和测量分析和与改进等过程及其子过程，其中既包括组织本身实施的过程，也包括外包的过程。组织如果存在影响产品符合要求的任何过程外包，予以识别和确定。

要明确所有过程的输入、输出和各种活动，明确过程的责任者、要求和目标。要确定符合 1.2 条款要求的可以删减的过程。

2. 确定过程的顺序和相互作用

授权部门或人应确定组织质量管理体系所需的过程的顺序和相互作用。在确定过程的基础上,应明确和确定各过程的顺序和互相作用,正确描述各过程顺序和相互作用。

确定各过程之间的顺序,就是要确定各过程之间输入、输出的流程关系。一个过程的输入通常是其他过程的输出,所以要明确和确定过程的输入来自何过程和过程的输出去往何过程;确定过程的相互作用就是要确定过程之间的接口关系,明确过程之间的互相关系和作用。

组织应考虑每个过程的顾客、每个过程的输入和输出、过程之间的相互作用、过程接口及特性、相互作用的过程的时间安排和顺序、过程顺序的有效性和效率等。不仅要"识别"、"了解"、"认识"组织现有的质量管理过程及相互关联现状,还应该"优化"、"理顺"、"改进"过程及相互关系。

产品设计和开发过程与采购过程的顺序和相互作用示例:

① 产品设计和开发过程是采购过程的前一过程,所以产品设计和开发过程的输出是采购过程的输入。

② 产品设计和开发输出中"给出采购、生产和服务提供的适当信息"的输出就是采购过程的输入"组织应确保采购的产品符合规定的采购要求",上述"采购的适当信息"即指"规定的采购要求",采购应按产品设计和开发输出的采购提供的适当信息实施采购,并应符合采购的适当信息(规定的采购要求)。

3. 确定组织质量管理体系所需的过程的运行和控制有效所需的准则和方法

为了确保过程能够有效运行和控制,授权部门或人应明确和确定组织质量管理体系所需的过程的运行和控制有效所需的准则和方法。可以通过各种类型的质量管理体系文件进行规定,也可根据实际确定某些非文件化的规定。过程准则,即过程应符合的要求或过程标准,它明确了过程预期应达到的结果;过程方法,即如何控制过程的规定或程序。这些过程的准则和方法确定的原则是要确保过程的策划和实施的有效。

应根据组织的现状(活动的类型、规模、产品、人员素质等)和过程及其相互作用的复杂性、过程的重要性、"过程所有者"的能力状况来确定哪些过程要形成文件。当需要把过程形成文件时,可使用产品图样、工艺规程、检验规程、流程图、可视媒介或电子的方法等。更详细的指南可参见 GB/T 19023—2003《质量管理体系文件指南》。

设计和开发过程的准则示例:

① 点钞机企业设计和开发的输出必须符合的准则:可以是顾客要求(如点钞机输入交流电压 110V)、法律法规(国内销售的产品必须通过生产许可证检查和 3C 认证)、人民币伪钞鉴别仪 GB 16999—2010 标准等。

② 产品设计和开发输出过程中使用的点钞机产品图样、工艺卡片、检验卡片、流程图等。

4. 确保可以获得必要的资源和信息,以支持质量管理体系所需的过程的运行和对这些过程的监视

资源使用部门或人应确保可以获得必要的资源和信息,以支持质量管理体系所需的过程的运行和对这些过程的监视。信息是指有意义的数据。资源和信息是过程有效运行和实现过程增值、达到预期结果的必要条件,必须确保资源使用部门或人应确保可以获得必要的资源和信息。资源和包括:人力资源、基础设施、工作环境、信息、各种材料等。

5. 监视、测量(适用时)和分析质量管理体系所需的过程

责任部门或人应按策划的安排实施监视、测量(适用时)和分析质量管理体系所需的过程,必要时,使用统计技术的方法。

责任部门或人应收集从监视、测量和分析中获得的数据,应将过程监视和测量的结果与过程要求比较,以确认过程是否符合要求并有效,过程是否需要改进。必要时,向最高管理者报告,或与组织内的其他相关部门或人进行沟通,确定是否采取纠正措施和预防措施。

监视、测量和分析点钞机电源变压器线圈进货质量示例:

① 按检验规程要求抽样和检验进货点钞机电源变压器线圈电阻值;

② 作直方图观察电阻值是否正态分布;

③ 作控制图、观察数据是否处于受控状态;

④ 与供方沟通,加强点钞机电源变压器线圈制造过程的质量控制,改进点钞机电源变压器线圈质量,确保电阻值符合检验规程要求。

6. 采取必要的措施,以实现对质量管理体系所需的过程的策划结果和对这些过程的持续改进

责任部门或人应采取必要的措施,使质量管理体系所需的过程具备实现策划的能力,以达到质量管理体系所需的过程的策划结果。

根据质量管理体系所需的过程监视、测量和过程分析的结果,应采取措施,以消除不合格的原因,防止不合格的再发生或确定措施,以消除潜在不合格的原因,防止不合格的发生。应利用质量方针、质量目标、审核结果、数据分析、纠正措施和预防措施以及管理评审,持续改进质量管理体系的有效性。

7. 过程外包及其控制

组织如果选择将影响产品符合要求的任何过程外包,应按 GB/T 19001 标准的 7.4 和相关条款,确保对这些过程的控制。“质量控制”是质量管理的一部分,致力于满足质量要求。应确定外包过程的运行和控制有效所需的准则和方法。

1) 组织将业务、活动以合同或协议方式分给其他组织承担,即是外包。“外包过程”是为了质量管理体系的需要,由组织选择,并由外部方实施的过程。外包过程是质量管理体系中的某些过程,它们与产品质量有关,由组织选择确定,可以由独立于组织的外部方来实施或提供,也可以由同一母公司的其他机构来实施;可以在组织内的办公场所或工作环境内提供,也可以在独立地点提供,或是以其他方式提供。

某点钞机公司和摩托车配件公司外包示例:

① 点钞机生产企业的点钞机程序控制设计,线路板焊接、喷漆、注塑等外协加工等。

② 某摩托车配件公司只负责摩托车易损件的销售和市场推广,生产加工委托给专业的生产厂,这就形成了摩托车易损件生产过程的外包。

2) 当组织没有能力独立实施某些过程,或者说组织能力和内部资源完全不具备,为了充分利用外部组织的资源,降低成本提高效率,获得经济效益等,组织选择某些过程为外包。但是需要注意过程外包中的法律法规要求。如某点钞机公司的某些型号的点钞机已经通过了生产许可证检查、3C 认证和 CE 认证,如果公司业务忙,它把其中部分点钞机交给其他不具备该资质的点钞机企业生产,这种情况,就不允许外包。过程外包时,组织应保证外包过程的供方能提供充分的控制。

当组织有能力实施某些过程，但出于商业或其他原因决定将该过程外包时，外包过程控制要求应事先明确，必要时这些要求应转化成针对外包过程供方的要求。

3）外包过程属于组织质量管理体系的一部分，它对外包产品质量产生影响，当然对最终产品产生影响，而最终产品是由组织向顾客作出承诺并提供给顾客的，所以过程外包不能免除组织满足顾客和法律法规要求应承担的责任。

4）组织必须对外包过程有足够的控制权，必须有能力控制外包过程，使外包过程的实施符合 GB/T 19001 标准的相关要求和组织质量管理体系的相关要求。外包过程会与组织质量管理体系中的其他过程发生相互作用，这些其他过程可以是组织自己实施的过程，也可以是其他外包过程。组织也应确保对上述过程间的接口和相互作用的管理，如组织相关部门或人与外包方之间以及不同外包方之间的信息沟通、文件传递等。

5）组织应对外包过程实施控制，控制的类型（即如何进行控制）和控制的程度（即控制的严格程度怎样）可综合考虑如下所述的因素。

（1）对外包过程控制的类型和程度应取决于外包过程对随后的产品实现及最终产品的影响。应考虑外包过程对组织提供合格产品的能力的潜在影响、外包过程在整个质量管理体系中的重要程度和外包方的能力。

如果外包过程对组织的质量管理体系实现预期结果的能力影响越大，外包过程的风险程度就比较大，外包过程在整个质量管理体系中的地位越重要，外包过程越重要，而外包方实施外包过程的能力较差，组织对这样的外包过程的控制就应该更加严格些。反之，则控制可以放宽些。

（2）应考虑组织和外包方各自在外包过程控制的分工情况。根据外包过程的合同规定，组织应采取与合同相适应的外包过程的控制的方式和程度；

（3）组织对外包方控制的类型和程度还应考虑组织质量管理体系以及自身对外包过程的控制能力。这种控制首先应该通过应用“7.4 采购”要求来实现，对某些外包过程，通过对外包方的评价和选择、对外包过程要求和相关信息的管理、对外包过程和结果的验证，就可以使组织具备充分的对这些外包过程的控制能力。有一些外包过程，组织不仅需要通过“7.4 采购”要求，而且需要通过质量管理体系其他要求才能够对外包过程实施控制。如点钞机公司点钞机程序设计的外包过程，除按“7.4 采购”要求控制时，还应按“7.3 设计和开发”等过程的要求对供方的外包过程进行控制。

外包方控制的类型和程度示例：

程序控制设计，线路板焊接、喷漆、注塑等外协加工中程序控制设计和线路板焊接质量较重要，喷漆和注塑质量相比稍不重要；所以对程序控制设计和线路板焊接供方控制较严格，而对喷漆和注塑供方控制相比较宽松。

6）组织应在质量管理体系中明确外包过程及对其的控制。要在质量管理体系文件中描述本组织存在哪些外包过程，明确每个外包过程用什么样的方法来进行管理和控制。

（三）管理质量管理体系所需的过程

责任部门或人应依据 GB/T 19001 标准与组织质量管理体系的要求管理质量管理体系所需的过程，确保质量管理体系适宜、充分、有效。

（四）质量管理体系变更的策划和实施

最高管理者在对质量管理体系的变更进行策划和实施时，应保持质量管理体系的完整性。通过质量方针和质量目标的实施与评价、管理评审、监视、测量和分析活动、内外部审核、内外部环境变化等都可能发现需要对质量管理体系进行变更，这时就需要对体系的变更进行策划并实施变更后的质量管理体系。组织对质量管理体系变更的策划和实施都要进行管理，以保证体系各过程的正常运行，保证质量管理体系作为一个有机整体的系统性和完整性，使质量管理体系在变更中和变更后能够持续有效。

变更后的质量管理体系仍然要符合 GB/T 19001 标准要求和机电行业特点和组织实际情况。

某点钞机公司组织质量管理体系组织结构变化示例：

某公司销售部变更为外销部和内销部，因此，该公司涉及组织结构、职责和权限、过程等内容的质量手册和相关质量管理体系文件都应进行变更。

四、符合要求的相关证据

(1) 质量管理体系策划所输出的结果（如质量手册、程序等），满足质量目标以及 4.1 的要求的证据。

(2) 外包过程的确定和控制证据及符合性。

(3) 质量管理体系的变更策划和实施时，保持质量管理体系的完整性证据。

第四节 机电企业质量管理体系文件策划

一、定义

本节采用了 GB/T 19000—2008 标准规定的以下术语和定义。

组织结构(3.3.2)：人员的职责、权限和相互关系的安排。

注 1：安排通常是有序的。

注 2：组织结构的正式表述通常在质量手册(3.7.4)或项目(3.4.3)的质量质量计划(3.7.5)中提供。

注 3：组织结构的范围可包括与外部组织(3.3.1)的有关接口。

质量手册(3.7.4)：规定组织(3.3.1)质量管理体系(3.2.3) 的文件(3.7.2)。

注：为了适应组织的规模和复杂程度，质量手册在其详略程度和编排格式方面可以不同。

记录(3.7.6)：阐明所取得的结果或提供所完成活动的证据的文件(3.7.2)。

注 1：记录可用于文件的可追溯性(3.5.4)活动，并为验证(3.8.4)、预防措施(3.6.4)和纠正措施(3.6.5)提供证据。

注 2：通常记录不需要控制版本。

二、质量管理体系文件策划控制工作流程

根据最高管理者质量管理体系要求相关的主要条款 4.2.1 和 4.2.2，质量管理体系文件策划控制工作流程见图 7-4。

三、质量管理体系文件策划控制要求和程序

质量管理体系文件编写控制要求和程序如下：

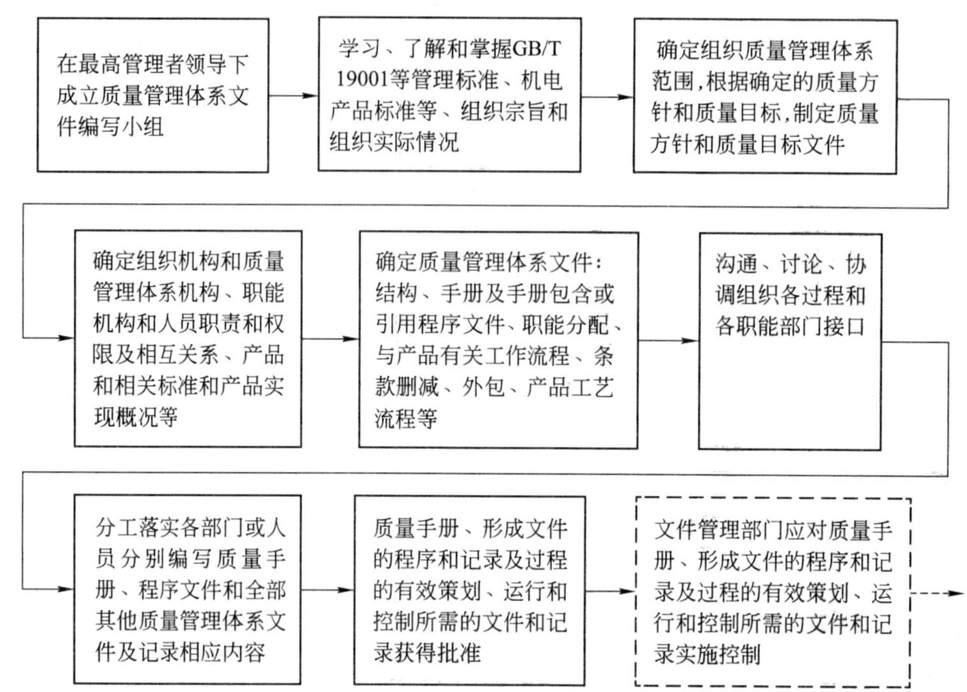

图 7-4 质量管理体系文件策划控制工作流程

（一）成立质量管理体系文件编写小组

在最高管理者领导下成立质量管理体系文件编写小组。

（二）学习、了解和掌握有关情况

学习、了解和掌握 GB/T 19001 等管理标准、机电产品标准等、组织宗旨和组织实际情况。

（三）确定组织质量管理体系范围

质量管理体系范围可以包括母公司，也可以仅包括母公司中的一个子公司；质量管理体系范围应该覆盖母公司或子公司的全部场所；质量管理体系范围可以包括组织生产或销售产品中的一部分或全部产品。

（四）确定组织与质量管理体系机构、人员、产品等

确定组织机构和质量管理体系机构、职能机构和人员职责和权限及相互关系、产品标准和相关标准及产品实现过程等。

（五）确定质量管理体系文件

根据质量管理体系范围，确定适合组织的四类质量管理体系文件：①形成文件的质量方针和质量目标；②质量手册；③本标准所要求的形成文件的程序和记录；④组织确定的为确保其过程的有效策划、运行和控制所需的文件，包括记录。

“质量手册”是指规定组织质量管理体系的文件。记录是指阐明所取得的结果或提供所完成活动的证据的文件。

（六）沟通、讨论、协调组织各过程和各职能部门接口

沟通、讨论、协调组织各过程，尤其是关键过程和主要过程，组织的全部过程可能涉及多个部门，通过沟通、讨论、协调达到不遗漏有关过程，同时使职能部门明白自己在相关过程中

的职责。沟通、讨论、协调各职能部门接口非常重要，职能部门明确与其他部门的接口，有利于接口管理的有效性，有利于不同过程的输入与输出衔接的有效性。

（七）编写质量管理体系文件

分工落实各部门或人员分别编写质量手册、程序文件和全部其他质量管理体系文件及记录相应内容。

1. 制订质量方针和质量目标文件

根据确定的质量方针和质量目标，制订质量方针和质量目标文件。

2. 编写质量手册

质量手册是组织内部实施质量管理体系的纲领性文件，表明组织在质量管理体系方面的承诺和责任。质量手册是向组织内部和组织外部提供关于质量管理体系符合性信息的文件。质量手册用于描述为实现质量方针和质量目标的管理职责的相关活动、资源管理、产品实现过程的控制、测量和分析活动、改进活动等诸方面的要求。

编写质量手册前，应确定质量手册框架，包括：结构、手册包含或引用程序文件、职能分配、与产品有关工作流程、条款删减、外包、产品工艺流程等。

质量手册的内容必须包括以下三个方面：①质量管理体系覆盖的产品、过程（活动）、部门（机构）和场所等范围的描述。如有删减，质量手册中应对已被删减的过程要求的具体情况及理由进行说明，删减理由应能表明符合标准 1.2 条款的要求。②形成文件的程序可以全部纳入质量手册，也可以在质量手册中引用，可根据组织规模的大小和过程的繁简程度确定。③明确质量管理体系各过程的流程关系及相互作用。可以用过程图、流程框图、图示、对照表等方式表示，也可以用文字描述。表明质量管理体系诸过程的输入、输出、活动及诸过程的相互关系和接口。

质量手册还可以包括以下内容：组织概况描述（组织经营活动、组织结构、组织质量管理体系结构等）、职能分配表、质量管理体系的主要特点、质量管理体系文件分发、使用、程序文件的引用等。“组织结构”是指人员的职责、权限和相互关系的安排。

质量手册对质量管理体系的描述应充分而适宜。质量手册的内容不仅包含标准 4.2.2 条款的要求，也可以包含质量管理体系实现质量方针和质量目标的描述；质量手册不应拘泥于形式，编写的方式、详略程度要结合机电行业特点和组织实际情况，体现组织机电产品实现和过程的特点，体现组织为满足标准要求采取的方法、措施和途径。

3. 编写程序文件

根据标准的“4.2.3 文件控制”、“4.2.4 记录控制”、“8.2.2 内部审核”、“8.3 不合格品控制”、“8.5.2 纠正措施”和“8.5.3 预防措施”六个条款要求，组织必须编写相应的六个程序文件，包括：文件控制程序、记录控制程序、内部审核控制程序、不合格控制程序、纠正控制程序和预防控制程序。但是由于组织实际的不同，质量管理体系的过程存在较大差别，标准则对形成文件的程序不作强制性的规定，以保证标准对各类组织的适宜性。所以组织可以根据自己实际情况，编写多于上述六个程序文件的各种程序文件。

形成文件的程序可合并也可分解，有些组织可能会认为把几种活动的程序联合成一种形成文件的程序更为方便些；另外一些组织可能会选择对单一活动制定多个形成文件的程序，这两种做法都是可以接受的。如“8.5.2 纠正措施”和“8.5.3 预防措施”两个条款要求的形成文件的程序可以合并编制成一个《纠正和预防措施控制程序》；“8.2.2 内部审核”等条款要求的形成文件的程序可以分开编制成《内部审核策划控制程序》、《内部审核实施控制程序》和《内部审核后活动控制程序》三个程序文件。

4. 编写为确保其过程的有效策划、运行和控制所需的文件

编写为确保其过程的有效策划、运行和控制所需的文件，包括记录。过程的策划、运行和控制所需的文件可以形成文件，也可以不形成文件，是否编制文件取决于是否能够确保这些过程的有效。这类文件的类型和层次是多种多样的，可由组织根据实际情况自行确定，应该以过程的运作有效为准。

（1）文件的类型包括规范（产品标准与相关标准、工艺规程、检验规程等）、指南、质量计划、形成文件的程序、作业指导书和图样等。GB/T 19000 标准 2.7.2 条款中对这些文件的类型进行了说明：阐述要求的文件称为规范；阐明推荐的方法或建议的文件称为指南；表述质量管理体系如何应用于特定产品、项目或合同的文件称为质量计划；提供使过程能始终如一完成的信息的文件，这类文件包括形成文件的程序、作业指导书和图样。实际过程中还有一些文件也应属于这类文件，如组织结构图、职能分配表、设计说明书、产品说明书、产品设计文件、含有内部通讯信息的文件、生产进度表、供方清单、测试和检查计划等。

（2）根据标准相应条款要求，记录必须包括如下 20 处的记录要求：管理评审的记录，教育、培训、技能和经验的适当的记录，为实现过程及所形成产品满足要求提供证据所需的记录，产品有关要求评审结果及评审所引起的措施的记录，与产品要求有关的输入记录，设计和开发评审结果和任何必要措施的记录，设计和开发验证结果和任何必要措施的记录，设计和开发确认结果和任何必要措施的记录，设计和开发更改的评审结果和任何必要措施的记录，供方评价结果及评价所引起的任何必要措施的记录，过程确认的有关记录，产品的唯一性标识记录，顾客财产发生丢失、损坏或发现不适用的记录，测量设备校准或检定（验证）记录，当发现设备不符合要求时，测量设备校准和验证检定（验证）结果的记录，内部审核及其结果的记录，符合接收准则的证据的记录，不合格的性质的记录以及随后所采取的任何措施的记录、包括所批准的让步的记录，采取纠正措施的结果的记录，采取预防措施的结果的记录。除此外，还可能包括其他记录。

（八）质量管理体系文件批准

质量手册、形成文件的程序和记录及过程的有效策划、运行和控制所需的文件和记录获得最高管理者或授权人员批准。

（九）衔接

衔接第八章文件控制与记录控制要求，文件管理部门应对质量手册、形成文件的程序和记录及过程的有效策划、运行和控制所需的文件和记录实施控制。

四、符合要求的相关证据

（1）组织具备 GB/T 19001 标准所要求的五种类型的质量管理体系文件的证据及符合性。

（2）质量管理体系文件的内容和范围符合 GB/T 19001 标准规定的证据。

（3）质量管理体系文件数量和详略程度适宜性的证据。

（4）质量手册范围和内容符合 GB/T 19001 标准要求的证据。

（5）质量手册批准及控制的证据及符合性。

第五节　最高管理者的管理职责

一、最高管理者管理职责控制工作流程

根据最高管理者质量管理体系要求相关的主要条款为第 5 章，最高管理者管理职责控制工作流程见图 7-5，管理评审控制工作流程见图 7-6。

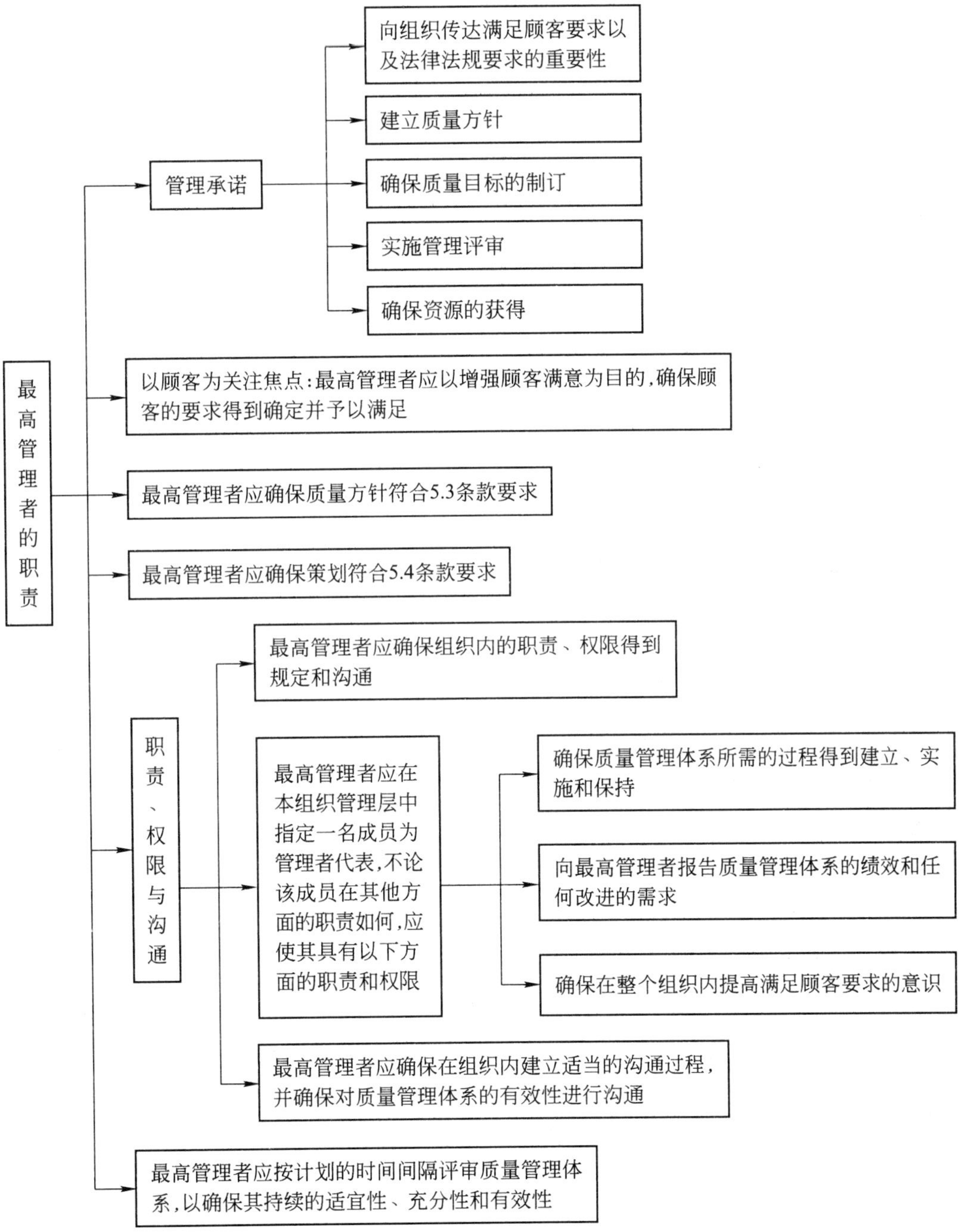

- 最高管理者的职责
  - 管理承诺
    - 向组织传达满足顾客要求以及法律法规要求的重要性
    - 建立质量方针
    - 确保质量目标的制订
    - 实施管理评审
    - 确保资源的获得
  - 以顾客为关注焦点：最高管理者应以增强顾客满意为目的，确保顾客的要求得到确定并予以满足
  - 最高管理者应确保质量方针符合5.3条款要求
  - 最高管理者应确保策划符合5.4条款要求
  - 职责、权限与沟通
    - 最高管理者应确保组织内的职责、权限得到规定和沟通
    - 最高管理者应在本组织管理层中指定一名成员为管理者代表，不论该成员在其他方面的职责如何，应使其具有以下方面的职责和权限
      - 确保质量管理体系所需的过程得到建立、实施和保持
      - 向最高管理者报告质量管理体系的绩效和任何改进的需求
      - 确保在整个组织内提高满足顾客要求的意识
    - 最高管理者应确保在组织内建立适当的沟通过程，并确保对质量管理体系的有效性进行沟通
  - 最高管理者应按计划的时间间隔评审质量管理体系，以确保其持续的适宜性、充分性和有效性

图 7-5　最高管理者管理职责控制工作流程

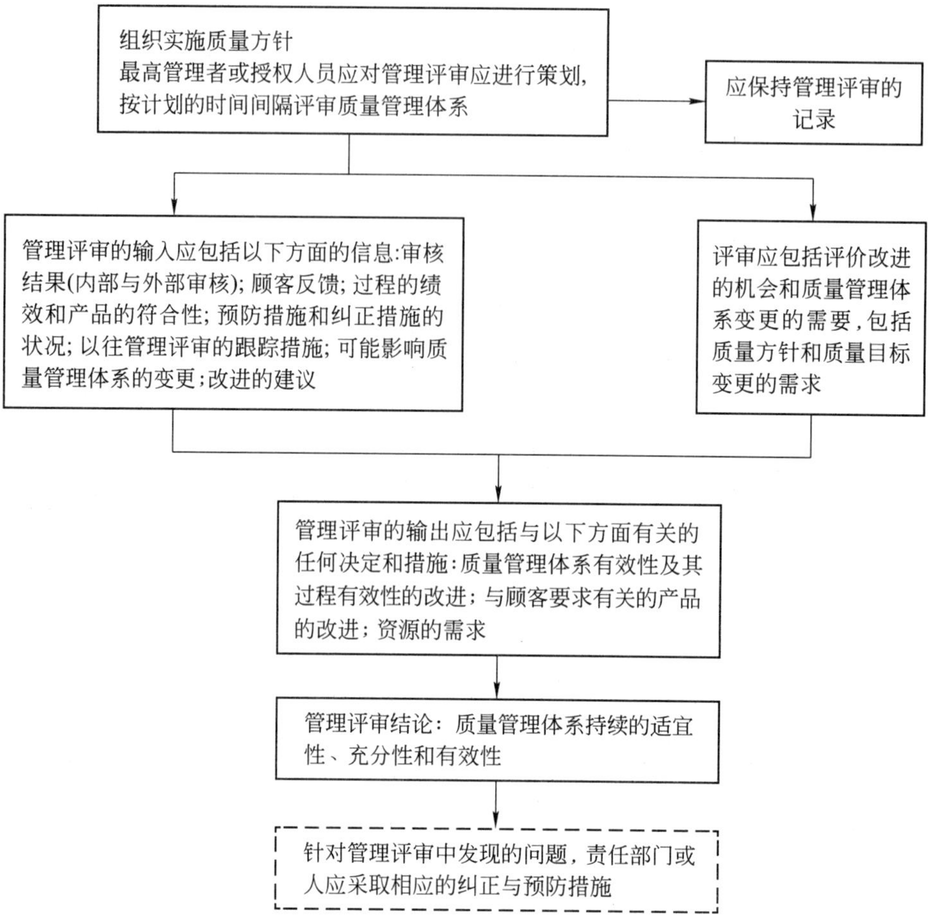

组织实施质量方针
最高管理者或授权人员应对管理评审应进行策划,按计划的时间间隔评审质量管理体系

应保持管理评审的记录

管理评审的输入应包括以下方面的信息:审核结果(内部与外部审核);顾客反馈;过程的绩效和产品的符合性;预防措施和纠正措施的状况;以往管理评审的跟踪措施;可能影响质量管理体系的变更;改进的建议

评审应包括评价改进的机会和质量管理体系变更的需要,包括质量方针和质量目标变更的需求

管理评审的输出应包括与以下方面有关的任何决定和措施:质量管理体系有效性及其过程有效性的改进;与顾客要求有关的产品的改进;资源的需求

管理评审结论:质量管理体系持续的适宜性、充分性和有效性

针对管理评审中发现的问题,责任部门或人应采取相应的纠正与预防措施

图 7-6 管理评审控制工作流程

二、最高管理者管理职责控制要求和程序

最高管理者应按 GB/T 19001 标准第 5 章要求实施其管理职责。确保领导作用的充分发挥,是“领导作用”的管理原则和“最高管理者在质量管理体系中的作用”的质量管理体系基础的具体体现。

最高管理者的五大管理职责包括管理承诺、以顾客为关注焦点、质量方针、策划、职责、权限和沟通和管理评审六方面。

(一)管理承诺控制要求和程序

5.1 条款表明了组织的最高管理者应作出的管理承诺,以保证质量管理体系的建立、实施和持续改进。条款规定和明确了最高管理者管理承诺所必需的五项活动和职责。特别强调采用质量管理体系是组织的一项战略性决策,涉及组织中与质量管理体系所覆盖产品相关的各个部门、全体人员、所有过程,是一项关系组织长远发展、关系组织全局的决策,需要组织最高管理层强有力的领导和推动。组织的最高管理者应充分理解,高度重视,真正参与其中,认真履行职责。不能授权管理者代表或质量管理主管部门代替自身的责任。

标准的5.3、5.4.1、5.6条款和第6章的要求分别是5.1b)、c)、d)、e)条款的扩充和具体要求的展开；标准的7.2.1和8.2.1条款的要求是5.2条款的扩充和具体要求的展开。

管理承诺和以顾客为关注焦点控制要求和程序如下：

1. 以顾客为关注焦点，向组织传达满足顾客要求以及法律法规要求的重要性

1）最高管理者应以顾客为关注焦点，以增强顾客满意为目的，确保顾客的要求得到确定并予以满足

（1）5.2条款阐明了GB/T 19000标准中"以顾客为关注焦点"质量管理原则的理念，也是"质量管理体系的理论说明"基础的体现。

（2）组织依存于顾客，顾客的存在是组织的根基。只有顾客需要，组织才能生存和发展。最高管理者应以满足顾客要求、增强顾客满意作为最终目的，最高管理者是为达到此目的所实施的全部过程的责任者。最高管理者应完整、准确地识别和确定本组织的顾客群体（包括最终顾客）。

（3）组织的最高管理者关注、识别并理解顾客（群体）的要求、需求和期望，综合顾客的要求、需求与期望制定质量方针和质量目标，并建立和实施旨在实现质量方针和质量目标的管理活动、资源管理、产品实现过程的控制、监视和测量活动、分析和改进活动，最终实现并提供满足顾客要求的产品，不断增强顾客满意。

组织的最高管理者要在经营、决策、管理等活动中从顾客的需求出发，带领全体员工努力实现顾客愿望，从而使组织自身得以生存、发展。

最高管理者还应采取措施提高组织人员的顾客意识和质量意识。

（4）为实现组织的成功，组织可采取与顾客沟通、市场/顾客调查、获取行业报告、确定市场行情等方式，尽可能与顾客就顾客的要求达成一致。

（5）组织为了增强顾客满意度，可进一步完善能使顾客满意的行为规范，参见ISO 10001:2007《质量管理　顾客满意　组织行为规范指南》。

2）向组织传达满足顾客要求以及法律法规要求的重要性

最高管理者有责任向组织内部的全体员工传达满足顾客要求和适用法律法规要求的重要性，提高全员的质量意识，创造一个使员工充分参与质量管理体系的各项活动，从而实现组织质量目标的环境。

在提供证据方面，最高管理者不仅要保证整个组织的员工都要具有相应的质量意识，了解其质量职责，并且还要留有适当的记录以表明最高管理者是怎样履行管理承诺的。各种管理性会议的报告可以作为这样的一种证据。

3）条款关联

5.1a)条款、5.2条款、5.5.2c)条款和6.2.2d)条款有关联，是标准对不同过程中满足顾客要求提出相互关联而又有所不同含义的要求，是"以顾客为关注焦点"管理原则和法制意识的体现。

2. 制订质量方针

最高管理者应建立质量方针，确保质量方针符合GB/T 19001标准5.3要求和组织发展战略需要、总方针、机电行业特点和组织实际情况。

标准的5.3条款的要求是5.1b)条款的扩充和具体要求的展开。有关质量方针的控制要求和程序见本章第二节。

3. 确保质量目标的制订

最高管理者确保质量目标的制订。标准的 5.4.1 条款的要求是 5.1c)条款的扩充和具体要求的展开。有关质量目标的控制要求和程序见本章第二节。

4. 实施管理评审

最高管理者实施管理评审。有关管理评审的控制要求和程序见本节。

5. 确保资源的获得

最高管理者确保人力资源、基础设施和工作环境的获得。有关资源提供的控制要求和程序见本章第六节。

（二）策划控制要求和程序

策划控制要求和程序如下：

1. 质量目标的策划

最高管理者应确保质量目标策划符合 5.4.1 条款要求。有关质量目标的策划见本章第二节。

2. 质量管理体系的策划

最高管理者应确保质量管理体系策划符合 5.4.2 条款要求。有关质量管理体系的策划的控制要求和程序见本章第三节。

（三）职责、权限和沟通控制要求和程序

最高管理者应确保组织内从事影响产品要求符合性的人员和部门的职责、权限得到规定和沟通。职责、权限的规定和沟通是质量管理体系的组织保证，是促进“全员参与”管理原则实现的必要条件。

职责、权限和沟通控制要求和程序如下：

1. 职责和权限

1）职责和权限的确定

最高管理者应确保组织内部的机构、岗位及人员的安排得到确定，并规定相应的质量职责和权限，职责和权限的规定是质量管理体系文件中的重要内容，如质量手册中对组织机构的说明或图示，程序文件中对过程职责的描述，岗位设置及职责权限方面的特定文件等。职责、权限的描述要清晰、准确，要让每个人都知道他们的责任和权力终止于何处，其他人的责任和权力开始于何处，以避免职责不清。

在规定职责、权限时，应特别注意不同部门、不同岗位之间的职责、权限的接口关系，要清晰、顺畅、协调、统一。

2）职责和权限的沟通

最高管理者应确保规定的职责和权限向相关人员传达沟通，一方面让员工都知道并理解自己的质量职责和权限，以便主动、自觉地严格执行规定，履行职责；另一方面，让员工知道与他存在接口关系的其他岗位的职责和权限，以便各岗位能交流通畅、互相配合，使质量管理体系各过程协调、有序、高效地运行。使组织中的每一个员工都知道他们要做的事情（责任）和他们可以做的事情（权力），并使他们明白这些责任和权力之间的相互关系。

2. 管理者代表

最高管理者应在本组织管理层中指定一名成员为管理者代表，不论该成员在其他方面

的职责如何，应具有以下方面的职责和权限：a)确保质量管理体系所需的过程得到建立、实施和保持；b)向最高管理者报告质量管理体系的绩效和任何改进的需求；c)确保在整个组织内提高满足顾客要求的意识。

管理者代表是质量管理体系中非常关键的一项职责，是质量管理体系活动的管理者。

1）管理者代表选择

管理者代表应是本组织管理层中的一名成员，管理者代表由最高管理者指定一名本组织的管理者担任。管理者代表可以是最高管理层成员，也可以是其他层次的管理者。不能是非管理层中的一名成员，更不能是非本组织中的一名成员。对于拥有一个以上场所的组织来说，可以在每一处现场委派一个人作该场所的管理者代表，但组织质量管理体系应有一个总的管理者代表，只能由总的管理者代表对组织全权负责。

管理者代表要真正承担起质量管理体系的管理和协调的责任，要有足够的管理权限去推动涉及各相关职能的整个质量管理体系的工作。但是管理者代表不能替代最高管理者行使组织质量管理体系对最高管理者规定的职责。

2）管理者代表职责和权限

管理者代表可以承担其他方面的职责，但在质量管理体系方面应具有以下方面的职责和权限：

（1）确保质量管理体系所需的过程得到建立、实施和保持，是组织在质量管理体系过程管理方面的管理者，负责处理与质量管理体系过程有关的各种问题。

（2）向最高管理者报告质量管理体系的绩效和任何改进的需求。管理者代表通过负责质量管理体系建立、实施和保持，掌握了组织质量管理体系的绩效现状和改进的需求，应该通过各种途径和方法向最高管理者报告质量管理体系的绩效情况，并提出质量管理体系的改进建议。

（3）确保在整个组织内提高满足顾客要求的意识。通过策划、组织各类相关活动，如会议、培训、内部刊物交流等，促进组织内员工不断提高满足顾客要求的质量意识，确保组织内员工都清楚顾客的需求，从而为达到顾客满意奠定基础。5.5.2c)条款与5.1a)和6.2.2c)条款要求有关联。

（4）可以作为组织代表与质量管理体系有关事宜与外部进行联络。如与国家质量监督管理部门、质量管理体系认证机构和有关培训机构和人员等。

3. 内部沟通

沟通就是信息的交换、传递，质量管理体系建立和运行中的信息的交换、传递，可以达到组织内统一持续改进质量管理体系有效性认识，统一持续改进质量管理体系有效性的要求，准确理解持续改进质量管理体系有效性的必要性，取得持续改进质量管理体系有效性和增强满足顾客的共识，协调持续改进质量管理体系有效性和增强满足顾客的活动。

1）建立适当的沟通过程

最高管理者应该在组织内部建立沟通制度，包括确定需沟通的部门和人员，确定部门和人员沟通的职责，确定部门之间、部门与相关人员之间、人员之间沟通什么？如何沟通？确定需要沟通信息的处理，确定实现沟通的手段和方法，确定沟通有效性的监视方法，确定保存必要的关于沟通方面的证据，对沟通过程持续改进的考虑等。

沟通的方法多种多样，可以通过最高管理者和部门负责人召开的销售、生产、质量等各种会议，最高管理者与部门负责人的有关质量对话活动，最高管理者与相关人员的有关质量对话活动，部门负责人之间的有关质量对话活动，部门负责人与相关人员的有关质量对话活动等；可以通过文件、记录、简报、通知、公告、内部刊物（通讯）、电子邮件、局域网和网站传递信息，沟通的形式应确保可行和有效，接口可靠，传递要顺畅和协调。

2）有效沟通

最高管理者应确保对质量管理体系的有效性进行沟通。

（1）组织各部门和人员应快速及时传递和接收信息，应特别注意传递顾客满意和过程绩效等重要信息，有关责任各部门和人员应根据该信息迅速采取有效措施，并通过沟通持续改进质量管理体系过程的有效性。

（2）内部沟通的内容重点是涉及质量管理体系的有效性的沟通，应将顾客满意信息、内部审核结果的信息、质量管理体系过程监视和测量信息、产品的监视和测量信息、不合格品控制信息以及其他有关来源的信息及时告知相关责任部门或人员。

（四）管理评审控制要求和程序

管理评审是对质量管理体系评价的重要方式，是质量管理体系改进循环中最高层次、非常重要的活动。

评审是指为确定主题事项达到规定目标的适宜性、充分性和有效性所进行的活动。所以说，管理评审应是为确定质量管理体系达到质量方针和质量目标的适宜性、充分性和有效性所进行的活动。

管理评审应由最高管理者实施和主持，并作出评审结论。参与者包括组织高层领导、部门负责人、管理者代表、内部审核员等。

管理评审控制要求和程序如下：

1. 管理评审进行策划

最高管理者或授权人员应对管理评审进行策划，按计划的时间间隔评审质量管理体系，策划包括：评审时间、参加人员、评审目的、评审范围、评审输入内容等。

可以定期集中进行管理评审，也可以是分阶段进行管理评审。特殊情况下应随时策划管理评审活动，特殊情况包括：内、外部环境出现重大变化时，出现重大质量事故或出现重大顾客投诉时，质量管理体系的重大更改时等。

2. 管理评审的输入

通过质量管理体系的实施、监视和测量，各部门或相关人员会发现质量管理体系改进的需求，应在评审前收集、整理、分析，确定改进建议等管理评审输入资料，做好评审的准备。每次管理评审，管理评审的输入可涉及以下的一种或几种信息，管理评审的输入应包括如下全部信息。

1）审核结果

审核的结果是管理评审输入的一部分，第一方（内部审核）、第二方、第三方审核的结果。

2）顾客反馈

顾客有关组织是否已满足其要求的感受的信息和组织的各种顾客的关于产品和过程的相关质量信息：包括顾客的需求、期望和改进的建议，也包括顾客对组织的意见和抱怨。但需要注意的是，管理评审要评审是否会再一次出现类似的问题，采取的措施是否有效，顾客是否满意。

3）过程绩效和产品的符合性

过程绩效和产品的符合性是指：过程的结果符合过程准则的情况；产品符合与产品要求的情况；过程的绩效和产品与组织以往水平或同行业比较的情况。

4）预防措施和纠正措施的状况

以往针对重要的问题采取相应预防措施和纠正措施后质量管理体系改进情况的输入信息。

5）以往管理评审的跟踪措施

针对以前管理评审发现的问题采取改进决定和措施的有效性信息进行评审和跟踪验证，以便发现是否可以提出继续改进的决定和措施。

6）可能影响质量管理体系的变更

由于组织质量管理体系的内外部环境是不断变化的，这些变化是否影响到了质量管理体系的适宜性、充分性和有效性，质量管理体系是否需要实施相应变更？通过管理评审，以确定质量管理体系需要作出的变更，从而实现体系的改进。

7）改进的建议

在管理评审输入的时候就应该提出改进的建议，以便通过评审，作出最终改进的决定。

3. 管理评审的内容

管理评审的目的是为了确保质量管理体系有持续的适宜性、充分性和有效性。评审应包括评价改进的机会和质量管理体系变更的需要，包括质量方针和质量目标变更的需求。所以管理评审应围绕与上述目的有关的内容展开。

质量管理体系的适宜性、充分性和有效性的理解如下：

（1）适宜性是指组织的质量管理体系是否既符合标准要求又符合组织的实际状况。适宜性的评审应考虑：组织的质量方针、质量目标及质量管理体系的过程及文件要求是否符合组织当前的现状？特别是在组织的内、外部环境变化时是否仍能符合组织的实际？

适宜性的评审和改进，有助于组织提高对变化的适应能力，保持质量管理体系的正常运行，以达到预期结果。

（2）充分性是指组织质量管理体系是否全面和系统。充分性的评审应考虑：组织是否在质量管理体系建立时识别了与质量有关的全部过程？随组织内、外部环境的变化，组织的质量管理体系是否随之变更，并保持质量管理体系的完整性？是否仍然符合标准4.1条款要求？

充分的评审和改进，能保证质量管理体系完整的过程能力，最终达到顾客满意。

（3）有效性是指质量管理体系过程的结果。有效性是指完成策划的活动并得到策划结果的程度。有效性的评审可以以监视和测量结果为依据，评价质量方针和质量目标的实现情况、顾客满意情况、内部审核的结果、过程及产品的质量情况、各种改进措施的效果情况等。

4. 管理评审的形式

1）管理评审活动方式

管理评审活动应适合组织的实际，形式多种多样，可以是专门的管理评审会议，也可以与其他活动结合的会议。与其他各种重要活动结合的会议，可以是最高管理者主持的各种类型的重要会议，可以是由最高管理者主持并进行讨论的专题活动，可以是最高管理者主持的年度或季度工作研讨活动，可以是最高管理者主持的组织经营战略决策或研究经营发展的活动。

2）管理评审方法

管理评审的方法可以是：正式的面对面的会议，电话会议或互联网会议，组织范围内各种不同层次的评审，并将评审结果向最高管理者汇报，由最高管理者负责对报告进行评审等。

5．管理评审的输出

应在对管理评审输入信息的充分研究和分析的基础上，提出改进的建议。需要注意到是，不应该在管理评审输出的时候还停留在改进建议上，评审输出的是决定和措施以及改进要求。

管理评审的输出是质量管理体系持续的适宜性、充分性和有效性的改进决策，是组织全体员工在质量管理改进方面的行动指南。

管理评审的输出应包括与以下方面有关的任何决定和措施：

（1）质量管理体系有效性及其过程有效性的改进。如质量方针和质量目标更改需求、顾客满意程度改进需求、质量管理体系变更需求、内部审核有效性改进、过程及产品的质量改进需求、各种改进措施的效果改进需求等。

（2）对与顾客要求有关的产品的改进。如根据顾客要求的新产品的设计和开发，老产品的设计和开发更改等。

（3）资源的需求。通过管理评审发现质量管理体系运行和改进中资源的需求，如对人力资源、加工设备、监视和测量设备、生产场所、工作环境等方面的提供和改进。

6．管理评审的结论

管理评审的输出应对质量管理体系是否持续的适宜性、充分性和有效性作出基本的评价。

7．管理评审中发现的问题的处理

针对管理评审中发现的问题，责任部门或人应采取相应的纠正与预防措施。

8．管理评审的记录

责任部门或人应保持管理评审的记录。

管理评审的记录通常包括评审活动策划的记录、评审活动实施的记录和评审结果的记录。评审活动策划的记录，如评审计划、评审通知等；评审活动实施的记录，如会议签到记录、会议记录、会议纪要等；管理评审结果的记录，如管理评审纪要或报告、管理评审的改进措施及验证记录等。

三、符合要求的相关证据

（1）向组织传达满足顾客要求以及法律法规要求重要性的证据；

（2）建立的质量方针及符合性；

（3）制订的质量目标及符合性；

（4）资源获得的证据及符合性；

（5）确保顾客的要求得到确定并予以满足的相应证据；

（6）组织需提供形成文件的、内容满足要求的质量方针；

（7）质量方针持续适宜性方面的评审记录及符合性；

（8）质量方针的批准与控制及符合性证据；

（9）形成文件的组织总的质量目标及符合性；

（10）形成文件的相关职能和层次上，内容符合要求的组织总的质量目标和职能和层次（各部门及人员等）的质量目标及符合性；

（11）质量管理体系策划所输出的结果（如质量手册、程序等）及符合性；

（12）质量目标或过程结果实施及符合性的记录或证据；

（13）如有质量管理体系的更改，确保其完整性的变更规定及相应及符合性记录；

（14）组织内职责和权限的规定及符合性；

（15）各职能和层次间有关职责方面的沟通情况及符合性；

（16）在管理层中指定一名管理者代表及符合性的证据；

（17）管理者代表职责和权限规定及符合性的证据；

（18）管理者代表实施职责和权限及符合性的证据；

（19）建立沟通过程的证据及沟通过程的适宜性及符合性；

（20）确保质量管理体系有效性沟通及符合性的证据；

（21）按计划实施管理评审的时间间隔的证据；

（22）符合标准要求的七方面输入所要求的信息的相应证据；

（23）评审包括评价改进的机会和质量管理体系变更的需要及符合性，包括质量方针和质量目标变更的需求及符合性的证据；

（24）符合管理评审输出的证据，包括针对评审发现问题的纠正措施和评审结论以及评价改进的机会和质量管理体系变更的需要，质量方针和质量目标变更的需求的证据。

第六节　机电企业资源提供

一、资源提供控制工作流程

根据最高管理者质量管理体系要求相关的主要条款6.1，资源提供控制工作流程见图7-7。

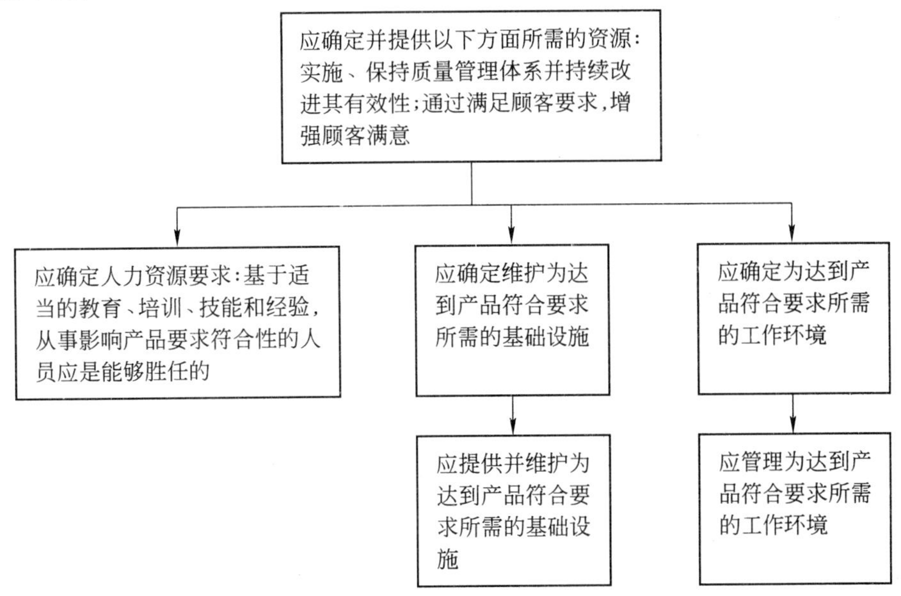

图7-7　资源提供控制工作流程

二、资源提供控制要求和程序

组织应确定并提供实施、保持质量管理体系并持续改进其有效性与通过满足顾客要求，增强顾客满意所需的资源。

质量管理活动必须投入资源，资源的确定并提供是质量管理体系实现增值、实现预期结果的必要条件。资源主要包括：人力资源、基础设施和工作环境。

资源提供控制要求和程序如下：

1. 确定并提供人力资源所需的资源

组织有关责任部门或人应确定并提供人力资源：基于适当的教育、培训、技能和经验，从事影响产品要求符合性的人员应是能够胜任的。

2. 确定并提供所需的基础设施

有关责任部门或人确定、提供并维护为达到产品符合要求所需的基础设施，适用时，基础设施包括：①建筑物、工作场所和相关的设施；②过程设备（硬件和软件）；③支持性服务（如运输、通讯或信息系统）。

3. 确定并提供所需的工作环境

有关责任部门或人应确定并管理为达到产品符合要求所需的工作环境：工作环境是指工作时所处的条件，包括物理的、环境的和其他因素，如噪声、温度、湿度、照明或天气等。

三、符合要求的相关证据

(1) 确定资源需求及符合性的证据；

(2) 组织现有资源以及满足要求的证据。

第七节　机电企业质量管理体系测量、分析和改进

一、定义

本节应用的术语应用了 GB/T 19000—2008 标准规定的术语定义。

能力(3.1.5)：组织(3.3.1)、体系(3.2.1)或过程(3.4.1)实现产品(3.4.2)并使其满足要求(3.1.2)的本领。

注：GB/T 3358 中确定了统计领域中过程能力术语。

审核(3.9.1)：为获得审核证据(3.9.4)并对其进行客观的评价，以确定满足审核准则(3.9.3)的程度所进行的系统的、独立的并形成文件的过程(3.4.1)。

注 1：内部审核有时称第一方审核，由组织(3.3.1)自己或以组织的名义进行，用于管理评审和其他内部目的，可作为组织自我合格(3.6.1)声明的基础。在许多情况下，尤其在小型组织内，可以由与正在被审核的活动无责任关系的人员进行，以证实独立性。

注 2：外部审核包括通常所说的“第二方审核”和“第三方审核”。第二方审核由组织的相关方，如顾客(3.3.5)或由其他人员以相关方的名义进行。第三方审核由外部独立的审核组织进行，如：

提供符合 GB/T 19001 或 GB/T 24001 要求认证的机构。

注 3：当两个或两个以上的管理体系(3.2.2)被一起审核时，称为“多体系审核”。

注 4：当两个或两个以上审核组织(3.3.1)合作，共同审核同一个受审核方(3.9.8)时，这种情况称为

“联合审核”。

预防措施(3.6.4)：为消除潜在不合格(3.6.2)或其他潜在不期望情况的原因所采取的措施。

注1：一个潜在不合格可以有若干个原因。

注2：采取预防措施是为了防止发生，而采取纠正措施(3.6.5)是为了防止再发生。

纠正措施(3.6.5)：为消除已发现的不合格(3.6.2)或其他不期望情况的原因所采取的措施。

注1：一个不合格可以有若干个原因。

注2：采取纠正措施是为了防止再发生，而采取预防措施(3.6.4)是为了防止发生。

注3：纠正(3.6.6)和纠正措施是有区别的。

纠正(3.6.6)：为消除已发现的不合格(3.6.2)所采取的措施。

注1：纠正可以同纠正措施(3.6.5)一起实施。

注2：返工(3.6.7)或降级(3.6.8)可作为纠正示例。

审核方案(3.9.2)：针对特定时间段所策划并具有特定目的的一组(一次或多次)审核(3.9.1)。

注：审核方案包括策划、组织和实施审核(3.9.1)的所有必要的活动。

审核准则(3.9.3)：一组方针、程序(3.4.5)或要求(3.1.2)。

注：审核准则是用于与审核证据(3.9.4)进行比较的依据。

审核证据(3.9.4)：与审核准则(3.9.3)有关并能够证实的记录(3.7.6)、事实陈述或其他信息(3.7.1)。

注：审核证据可以是定性的或是定量的。

审核发现(3.9.5)：将收集的审核证据(3.9.4)对照审核准则(3.9.3)进行评价的结果。

注：审核发现能表明符合(3.6.1)或不符合(3.6.2)审核准则，或指出改进的机会。

审核结论(3.9.6)：审核组(3.9.10)考虑了审核目的和所有审核发现(3.9.5)后得出的最终审核(3.9.1)结果。

审核员(3.9.9)：经证实具有实施审核(3.9.1)的个人素质和能力(3.1.6和3.9.14)的人员。

注：GB/T 19011中描述了与审核员相关的个人素质。

审核组(3.9.10)：实施审核(3.9.1)的一名或多名审核员(3.9.9)，需要时，由技术专家(3.9.11)提供支持。

注1：审核组中的一名审核员被指定作为审核组长。

注2：审核组也可包括实习审核员。

审核计划(3.9.12)：对审核(3.9.1)活动和安排的描述。

审核范围(3.9.13)：审核(3.9.1)的内容和界限。

注：审核范围通常包括对受审核组织的实际位置、组织单元、活动和过程(3.4.1)，以及审核所覆盖的时期的描述。

二、机电企业质量管理体系测量、分析和改进

(一) 测量、分析和改进控制工作流程

根据最高管理者质量管理体系要求相关的主要条款8.1、8.2.1、8.2.2、8.2.3、8.4、8.5，测量、分析和改进控制工作流程见图7-8。

(二) 测量、分析和改进控制要求和程序

测量、分析和改进控制要求和程序如下：

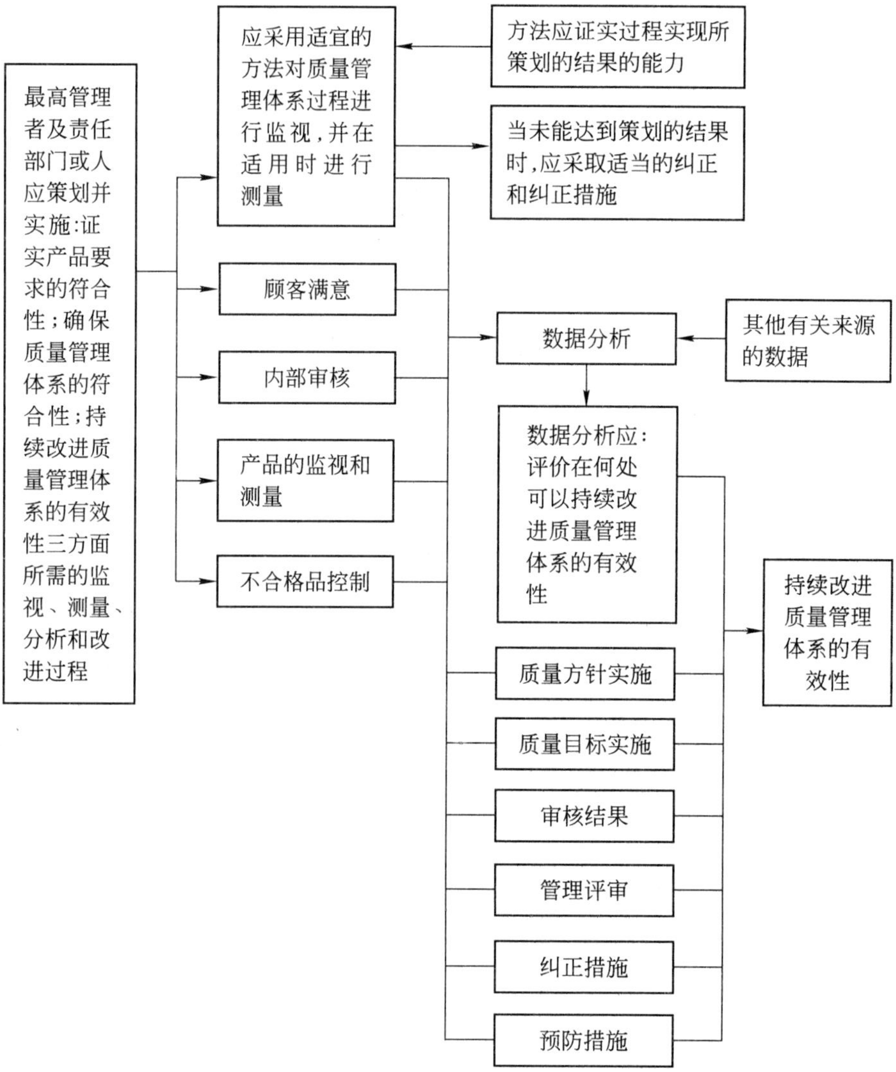

最高管理者及责任部门或人应策划并实施：证实产品要求的符合性；确保质量管理体系的符合性；持续改进质量管理体系的有效性三方面所需的监视、测量、分析和改进过程

应采用适宜的方法对质量管理体系过程进行监视，并在适用时进行测量

方法应证实过程实现所策划的结果的能力

当未能达到策划的结果时，应采取适当的纠正和纠正措施

顾客满意

内部审核

产品的监视和测量

不合格品控制

数据分析

其他有关来源的数据

数据分析应：评价在何处可以持续改进质量管理体系的有效性

质量方针实施

质量目标实施

审核结果

管理评审

纠正措施

预防措施

持续改进质量管理体系的有效性

图 7-8　测量、分析和改进控制工作流程

1. 策划监视和测量过程

组织责任部门或人应策划：证实产品要求的符合性；确保质量管理体系的符合性；持续改进质量管理体系的有效性三方面所需的监视和测量过程。

2. 实施监视和测量，并收集数据

相关责任部门或人应按策划要求，在如下几方面实施监视和测量，并且确定和收集适当的数据：

(1) 应采用适宜的方法对质量管理体系过程进行监视，并在适用时进行测量。这些方法应证实过程实现所策划结果的能力。当未能达到策划结果的能力，应采取适当的纠正和纠正措施。这里的“能力”是指组织、体系或过程实现产品并使其满足要求的本领。

(2) 收集数据：顾客满意、内部审核、产品的监视和测量和不合格品控制。

3. 应分析监视和测量的结果和有关来源的数据

相关责任部门或人应分析上述监视和测量的结果以及其他有关来源的数据。

4. 持续改进质量管理体系的有效性

“质量改进”是质量管理的一部分，致力于增强满足质量要求的能力。持续改进是增强满足要求的能力的循环活动。不间断地致力于增强满足质量要求的能力就形成增强满足质量要求的能力的循环活动。

三、顾客满意

相关责任部门或人应利用质量方针、质量目标、审核结果、数据分析、纠正措施和预防措施以及管理评审，持续改进质量管理体系的有效性。

以顾客为关注焦点包括对顾客满意的控制，最高管理者当然关注顾客对于组织是否已满足其要求的感受的信息，监视、测量、分析和利用顾客满意信息，持续改进质量管理体系和满足顾客要求。

有关顾客满意流程、要求、程序和符合要求的相关证据见第十章第四节。

四、机电企业质量管理体系内部审核

（一）内部审核控制工作流程

根据最高管理者质量管理体系要求相关的主要条款 8.2.2，内部审核控制工作流程见图 7-9。

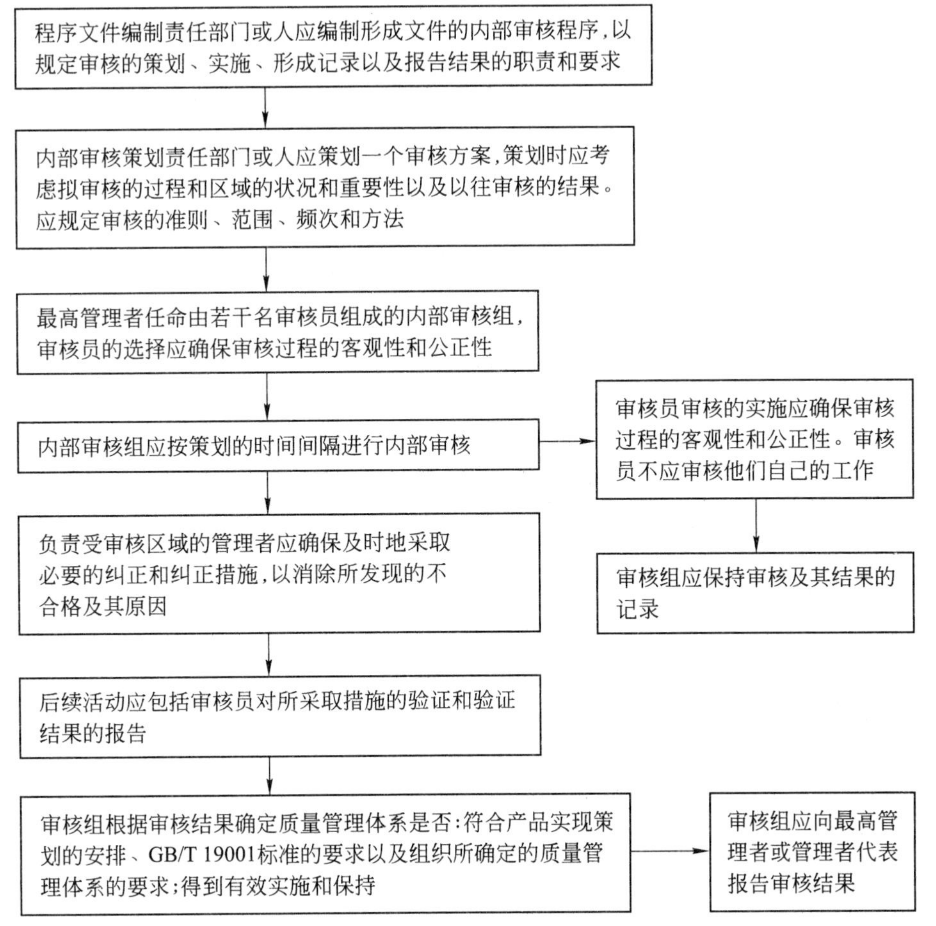

图 7-9　内部审核控制工作流程

（二）内部审核控制要求和程序

8.2.2 条款明确了对组织实施内部审核的要求，其目的是检查质量管理体系的实施效果是否达到了 GB/T 19001 标准的要求，以及发现质量管理体系的薄弱环节和潜在的改进机会，并采取纠正措施持续改进质量管理体系的有效性。

审核是指为获得审核证据并对其进行客观的评价，以确定满足审核准则的程度所进行的系统的、独立的并形成文件的过程。

质量管理体系内部审核控制要求和程序如下。

1. 编制形成文件的内部审核程序

程序文件编制责任部门或人应编制形成文件的质量管理体系内部审核程序，程序应规定审核的策划、实施、形成记录以及报告结果的职责和要求。

2. 策划内部审核方案

内部审核策划责任部门或人应策划内部一个审核方案，策划时应考虑拟审核的过程和区域的状况和重要性以及以往第一、二、三方审核的结果。内部审核方案应规定审核的准则、范围、频次和方法，还应考虑内部审核的时机。

"审核方案"是指针对特定时间段所策划并具有特定目的的一组(一次或多次)审核。审核方案要求：

(1) 审核的准则按 GB/T 19001 的要求以及组织所确定的质量管理体系的要求。"审核准则"是指一组方针、程序或要求。

(2) 审核的范围、频次、方法和特定时间段可以理解在一定的时间段内(如 12 个月或 6 个月等)或 12 个月进行一次，也可以 12 个月进行多次滚动式的内部审核，但是审核范围必须覆盖 GB/T 19001 标准的所有内容和组织质量管理体系覆盖的所有场所和部门。"审核范围"是指审核的内容和界限。

(3) 考虑拟审核的过程和区域的状况和重要性可以理解审核方案应优先考虑产生缺陷或问题的风险较大、对质量管理体系的符合性和有效性影响大的过程和区域，以及以往审核中发现的容易出现问题或不合格的过程和区域，加大对这些区域的关注程度和审核力度，以帮助组织及时发现问题，及时采取措施解决问题，从而确保质量管理体系的符合性，持续改进质量管理体系的有效性。

(4) 考虑以往第一、二、三方审核的结果。第一方审核指组织内部审核，第二方审核指顾客等的审核，第三方审核指具备资格的质量管理体系认证机构等的审核。要考虑第一、二、三方审核结果的不合格报告的相应审核安排。

(5) 审核方案可能包含有一个文件或几个文件，如关于内部审核年度计划、内部审核关键过程和重要薄弱环节等。

3. 任命审核组

"审核组"是指实施审核的一名或多名审核员，需要时，由技术专家提供支持。审核员是指经证实具有实施审核的个人素质和能力的人员。

最高管理者任命由若干名审核员组成的内部审核组，审核员的选择应确保审核过程的客观性和公正性。组成内部审核组的人员必须经过授权机构培训并考核合格后取得 GB/T 19001 标准内部审核员证书。

4. 内部审核实施

内部审核组应按策划的时间间隔进行内部审核，应按要求制订内部审核计划，审核计划应包括：审核的准则、范围、审核始末时间及审核过程时间安排、过程和区域（部门）的审核安排、以往第一、二、三方审核的结果、审核员等。审核计划是对审核活动和安排的描述。

审核员的审核的实施应确保审核过程的客观性和公正性。审核员不应审核他们自己的工作。

内部审核员应选择具有审核能力并与被审核的活动或过程无直接关系的人员，审核人员在实施审核时不能审核自己承担的工作，应独立于审核的工作或过程。但是这并不意味着，他们一定来自于不同的部门，对一些小型组织，部门少，人员少，很多情况下会一人身兼多职，实施审核时难免会审核自己所在的部门，只要不是审核自己的工作就可以。实施审核的人员也可以是组织外聘的人员。

5. 不合格处理

当内部审核显示有不符合审核准则的情况时，审核组通常会开具不符合报告，负责受审核区域（部门）的管理者应确保及时地采取必要的纠正和纠正措施，以消除所发现的不合格及其原因。"纠正"是指为消除已发现的不合格所采取的措施。

通常情况下责任部门管理者针对内部审核发现的问题可能既要采取纠正又要采取纠正措施，如一个进货检验员第一次上岗，第一次检验批量二极管时，未按质量检验规程要求进行抽样，这时应责令检验员立即按规程要求抽样，然后分析原因，确定采取相应的纠正措施；但有些情况下也可能会有例外，有些不符合发生后已经无法纠正或者不宜先纠正，组织要做的可能应该是先分析原因，采取纠正措施，如上述例子中的检验员经常性不按规程要求抽样，这时已无法对过去的检验批进行纠正，所以，只能采取相应的纠正措施。

审核员还要对采取措施的时间期限应作出规定，以敦促责任部门及时采取措施，确保纠正或纠正措施能及时付诸实施，以避免问题再次发生或使其发生的可能性降到最小。

责任部门管理者及审核组应对所采取措施进行验证，确保纠正措施有效实施且达到防止同类不合格再发生的效果，并且出具验证结果的报告。

6. 审核结论

"审核结论"是指审核组考虑了审核目的和所有审核发现后得出的最终审核结果。"审核发现"是指将收集的审核证据对照审核准则进行评价的结果。"审核证据"是指与审核准则有关并能够证实的记录、事实陈述或其他信息。

审核组根据审核结果确定质量管理体系是否：①符合产品实现策划的安排、GB/T 19001标准的要求以及组织所确定的质量管理体系的要求；②得到有效实施和保持。

在实施内部审核时，应以客观、真实的审核证据为基础，以确定的审核准则为准绳，作出准确的评价和判断，审核结论应客观地体现质量管理体系的实施运行情况和效果。

7. 审核结果报告

审核活动结束后，审核组通常应出具一份审核报告，并向最高管理者或管理者代表报告审核结果。

8. 审核记录

审核组及审核员应保持审核及其结果的记录，一般应包括：审核计划、审核组准备会议记录、首末次会议记录、审核记录、不合格报告、纠正措施、预防措施及验证记录、审核报告等。

（三）其他说明

1. 下一次内部审核

审核组在下一次进行内部审核时，应考虑本次审核结果。

2. 审核方案与审核计划区别

审核方案与审核实施计划不同。“审核方案”是特定时间段所策划并具有特定目的的一组（一次或多次）审核。审核计划是指对审核活动和安排的描述。审核计划是对一次具体的审核活动进行策划后形成的结果之一，通常应形成文件；可见两者工作内容、对象、责任人不同。

五、机电企业过程的监视和测量

（一）过程的监视和测量控制工作流程

根据最高管理者质量管理体系要求相关的主要条款 8.2.3，过程的监视和测量控制工作流程见图 7-10。

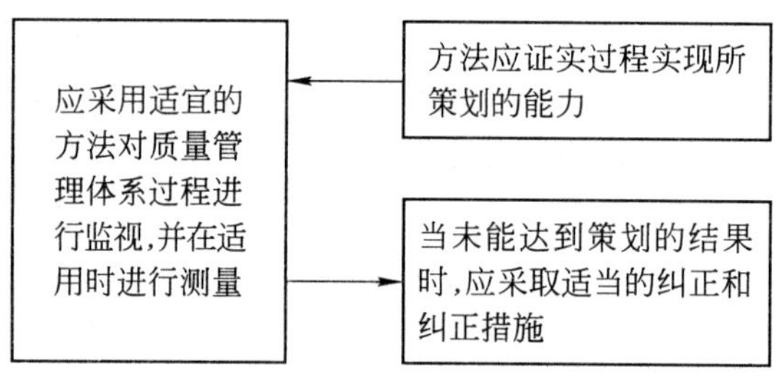

图 7-10 过程的监视和测量控制工作流程

（二）过程的监视和测量控制要求和程序

1. 监视的理解

管理过程和产品实现过程都需要进行监视。过程不同，监视的方法也不同，调查、绩效考评、监督、评审、检查等都是常用的监视方法。如责任部门或人对组织各部门或人员质量目标实施情况的检查，文件管理部门对文件使用部门的文件使用、清晰等情况的检查，检验部门对产品符合性的检查，焊接责任人对点钞机线路板焊接过程（如焊接清洗剂的配比、焊接温度、焊接时间、焊接设备等）监视等。

2. 测量的理解

在质量管理体系运行过程中，也有很多过程是需要测量的，通过测量活动，通常可以获得具体的数值或量值。如对点钞机外观、鉴别性能、错检率等特性的检验，对点钞机电源变压器电阻的测量，获得数据，作控制图获得电阻控制情况并进行过程能力分析。

3. 过程的监视和测量控制要求和程序

过程的监视和测量控制要求和程序如下：

1）确定过程监视和测量的对象

过程监视和测量的对象是质量管理体系的所有过程，包括质量目标的实施、文件控制、

记录控制、管理职责、资源提供、产品实现和测量、分析、改进有关的过程等。

2）采用适宜的方法监视和测量

应采用适宜的方法对质量管理体系过程进行监视，并在适用时进行测量。

不同组织的过程不同，不同过程要达到的过程能力及其预期的结果也不尽相同，所以，组织在确定监视和测量的方法时要进行风险分析，要根据每一过程对最终产品的影响程度及对质量管理体系有效性的影响程度，充分考虑适用于每个过程的监视和测量的方法、类型和程度，并评价过程的能力。

一般来说，可以对所有的质量管理体系过程进行监视，但并非质量管理体系的所有过程都是可测量的。

对监视和测量方法的规定形式可以是书面的或口头的；也可以是程序文件、作业指导书、图表、规范。

3）证实过程实现所策划的能力

规定的方法应能证实过程实现所策划的能力。过程监视和测量的目的就是要证实这些过程是否具有实现预期结果的能力，通过过程监视和测量达到持续改进过程的能力。过程能力与过程相关的人、机、料、法、环、测等因素。

在进行质量管理体系各个过程的策划时（见 5.4 条款和 7.1 条款），都明确了输入、输出、活动及相关资源，也规定相应的过程目标，可以通过对过程输出的结果达到目标的程度的监视和测量来评价过程的能力。例如，监视和测量质量目标的实施情况，评价实现预定的质量目标过程的能力，证实其组织的相关职能和层次上的部门和人员实施质量目标的能力。

4）未能达到策划的结果时的处置

如果在对过程进行监视和（或）测量的过程中，发现过程能力明显不足，影响其达到所策划的结果，组织应采取适当的纠正和纠正措施，改进和提高过程能力。

5）有关监视和测量条款的区别

（1）监视和测量的有关条款对象和范围。7.5.1e）、8.2.3 和 8.2.4 等条款都是对不同对象的监视和测量的要求，存在关联，但又有所不同。8.2.3 条款是对质量管理体系全过程的监视和测量；7.5.1e）条款是对生产和服务提供过程的监视和测量；8.2.4 条款是对产品特性的监视和测量。8.2.3 条款的范围比 7.5.1e）和 8.2.4 条款条款的范围要广。

（2）监视和测量的有关条款的目的。7.5.1e）条款的目的是及时识别生产和服务过程出现的不符合过程要求的状况，以便及时采取措施保证过程处于受控状态，确保获得合格产品；而 8.2.3 条款要求的监视和测量则是评价这些过程的能力（包括生产和服务提供过程），如过程能力不符合要求，则必须采取措施以提高、保持和改进过程的能力；8.2.4 条款的目的是判定产品合格与否，以确定产品是否可以被接受或放行。

六、产品的监视和测量

应对产品的特性进行监视和测量，以验证产品要求已得到满足，对产品要求是否得到满足的信息予以分析和利用，持续改进质量管理体系和满足顾客要求。

有关产品的监视和测量流程、要求、程序和符合要求的相关证据见第十三章第四节和第十四章第二节。

七、不合格品的控制

应对不符合产品要求的产品得到识别和控制，以防止其非预期使用或交付，对不合格品的控制的信息予以分析和利用，持续改进质量管理体系和满足顾客要求。

有关不合格品的控制流程、要求、程序和符合要求的相关证据见第十二章第五节和第十三章第三节。

八、机电企业质量管理体系数据分析

（一）数据分析控制工作流程

根据最高管理者质量管理体系要求相关的主要条款 8.4，数据分析控制工作流程见图 7-11。

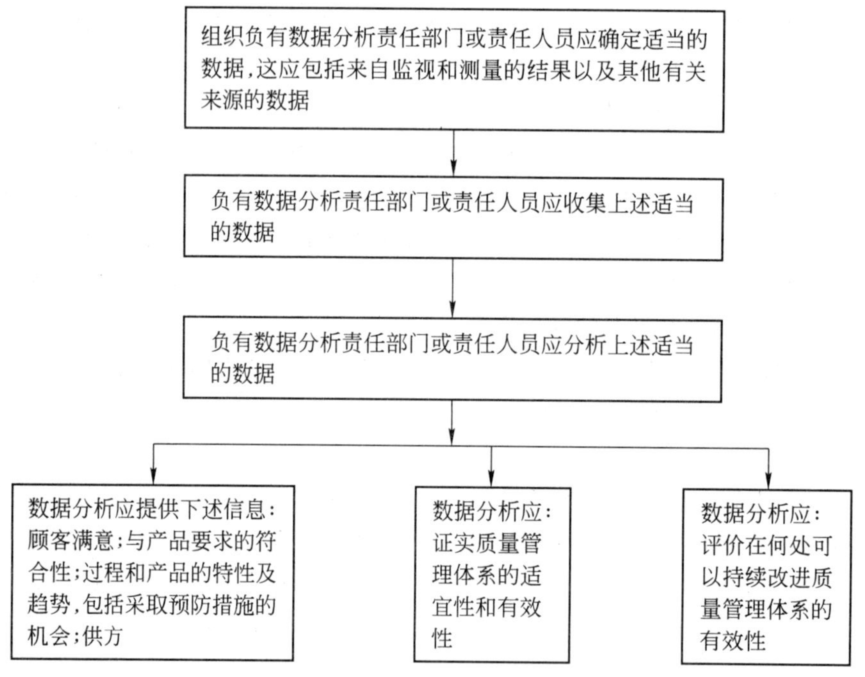

图 7-11 数据分析控制工作流程

（二）数据分析控制要求和程序

数据分析控制要求和程序如下：

1. 应确定适当的数据

组织数据分析责任部门或责任人员应确定适当的数据，这应包括来自监视和测量的结果以及其他有关来源的数据。应确定质量管理体系各个过程和职能部门运行的数据，如：

（1）质量方针实施和评审信息；

（2）质量目标实施和评审信息；

（3）文件和记录控制信息；

(4) 顾客满意和顾客投诉信息；

(5) 资源满足信息：人力资源、基础设施、工作环境满足持续改进质量管理体系和顾客要求信息；

(6) 产品设计及更改、产品采购、产品销售、产品制造、产品监视和测量等信息；

(7) 产品质量有关的数据，如产品进货合格率、零部件合格率、产成品合格率等数据；

(8) 过程监视和测量数据；

(9) 内部审核结果的数据；

(10) 管理评审结果的数据；

(11) 质量管理体系改进信息；

(12) 供方信息。

2. 应收集适当的数据

数据分析责任部门或责任人员应收集上述适当的数据。

3. 分析适当的数据

数据分析责任部门或责任人员应分析上述适当的数据，可以发现质量管理体系存在问题和需要改进的地方。

1) 数据分析的输出应提供的信息

(1) 顾客满意

即顾客对组织提供的产品或服务的满意程度及不满意问题所在，以便针对顾客要求，采取措施，以消除不合格的原因，防止不合格的再发生。

(2) 与产品要求的符合性

即组织提供的产品与所确定的产品要求的符合情况，针对不符合情况，采取措施，以消除不合格的原因，防止不合格的再发生。

(3) 过程和产品的特性和趋势，包括采取预防措施的机会

即质量管理体系过程和产品的特性方面的实际状况及其变化趋势情况。这种变化趋势方面的数据，可以帮助组织识别过程和产品特性中的潜在不合格，为组织提供采取预防措施的机会，从而避免不良趋势的进一步发展。

(4) 供方

“供方”是指提供产品的组织或个人。与供方业绩有关的信息(可以包括供方提供的产品质量的信息、外包过程质量的信息、供方保持其按要求提供产品的能力的信息等)可作为组织调整、改进、增进与供方互利合作关系的依据，并帮助组织对供方实施更有效的控制和供方提供更好的产品。

2) 数据分析的作用

(1) 数据分析应：证实组织质量管理体系的适宜性和有效性。

(2) 数据分析应评价在何处可以持续改进组织质量管理体系的有效性。

针对质量管理体系存在适宜性和有效性的问题，可以采取相应措施持续改进质量管理体系的有效性。

见本章第三节点钞机电源变压器线圈进货质量示例：通过数据分析，与供方沟通，提高了点钞机电源变压器线圈质量，最终确保了点钞机产品质量，令顾客满意。

九、质量管理体系纠正措施

（一）纠正措施控制工作流程

根据最高管理者质量管理体系要求相关的主要条款 8.5.2，纠正措施控制工作流程见图 7-12。

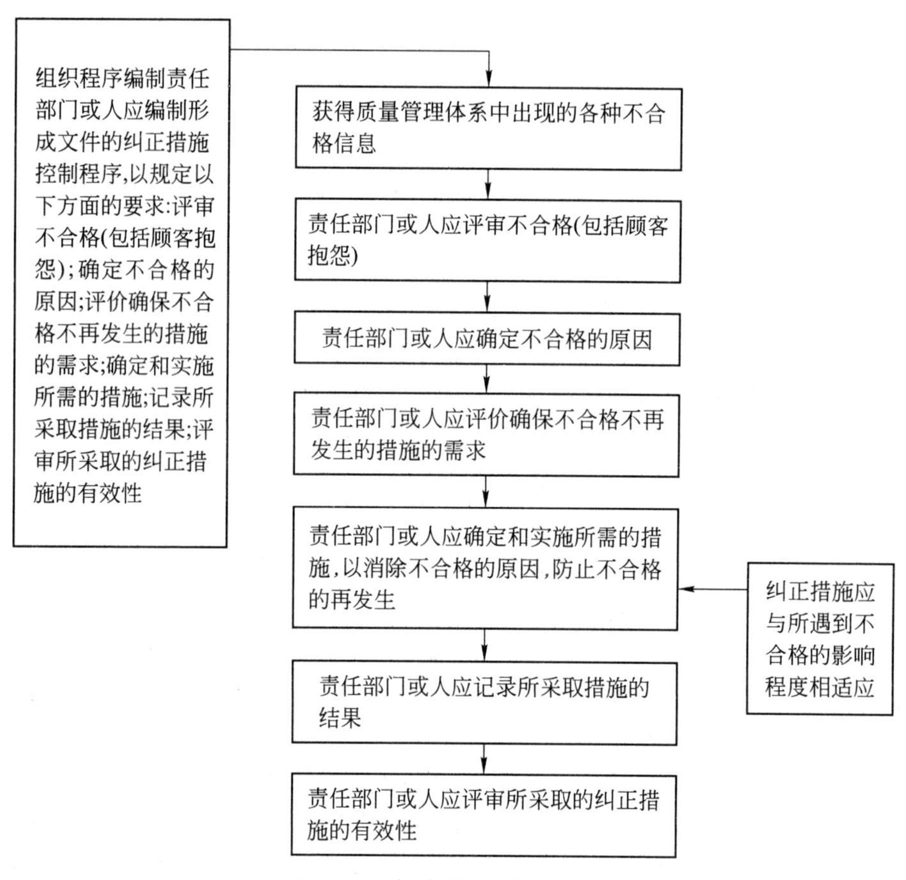

图 7-12　纠正措施控制工作流程

（二）纠正措施控制要求和程序

“纠正措施”是指为消除已发现的不合格或其他不期望情况的原因所采取的措施。纠正措施则是为消除导致不合格的原因所采取的措施，通过纠正措施的实施，可以达到防止同类不合格再次发生。

纠正措施是一项重要的改进活动，采取纠正措施的对象包括不合格品和不合格项，包括内部不合格（产品、服务、过程或质量管理体系的问题）或外部问题（顾客投诉或与供方之间的问题等）。

纠正措施控制要求和程序如下：

1. 编制形成文件的控制程序

程序编制责任部门或人应编制形成文件的纠正措施控制程序，程序包括以下方面的要求：①评审不合格（包括顾客抱怨）；②确定不合格的原因；③评价确保不合格不再发生的措施的需求；④确定和实施所需的措施；⑤记录所采取措施的结果；⑥评审所采取的纠正措施

的有效性。

2. 实施纠正措施控制程序

1）获得质量管理体系中出现的各种不合格信息

不合格责任部门或人获得质量管理体系中出现的各种不合格信息，按纠正措施控制程序控制。

2）评审不合格

不合格责任部门或人应评审不合格（包括顾客抱怨）。应针对已发生的不合格（包括体系、过程和产品质量方面的不合格，特别应关注由不合格所引发的顾客抱怨）进行评审，以判断不合格的性质及其影响。

3）确定不合格的原因

不合格责任部门或人应确定不合格的原因。针对不合格进行调查分析，以确定产生不合格的原因，不合格的产生可能是多方面原因造成的，如机制问题、资源问题、技术原因、过程能力或者是文件规定的充分性和适宜性等。只有正确地分析出产生的原因，才能对症下药，寻找有效的解决办法。

4）不合格不再发生的措施的需求

不合格责任部门或人应评价确保不合格不再发生的措施的需求。对于发现或识别出的不合格，只要不合格影响质量管理体系过程的有效性，都应在分析不合格的原因、防止不合格再发生的基础上，找出不合格不再发生的措施的需求。消除不合格的原因可能有多种措施，应评价确保不合格不再发生的措施，然后选择采取相应的措施进行处置/纠正，但是并不一定需要对所有不合格都采取纠正措施。纠正措施一般是针对那些带有普遍性、规律性、重复性或造成重大影响和后果的不合格采取的措施；而对于偶然的、个别的、影响小的不合格，只要采取纠正即可；而对于偶然的、个别的、影响大的或需要投入很大成本才能消除原因的不合格，组织应综合评价这些不合格对组织的影响程度后，再做出是否需要采取纠正措施的决定。

示例：

（1）点钞机成品出厂检验时发现一台点钞机紧固件不符合要求，只要更换合格紧固件即可。

（2）批量点钞机出厂后，顾客反馈50%的点钞机鉴别性能达不到要求，则组织的生产等部门应采取纠正措施，这时，只采取纠正，对上述点钞机返工是不够的；另外应分析造成50%的点钞机鉴别性能达不到要求的原因，是鉴别控制程序问题？是线路板制造问题？是工人装配质量问题等？

5）确定和实施所需的措施

不合格责任部门或人应确定和实施所需的措施，以消除不合格的原因，防止不合格的再发生。经过上述评价，考虑不合格造成的影响程度的基础上，选择相应的纠正措施，纠正措施应与所遇到不合格的影响程度相适应，确定需要采取的纠正措施，然后实施需要采取的纠正措施。实施纠正措施应规定一个完成期限。

示例：

（1）对上述示例2)的原因分析后，确定是线路板制造问题，则对线路板焊接设备进行检查和调整，对线路板焊接工艺及其控制进行分析，对线路板制造人员进行技术和责任心培训等。

（2）上述示例2)中批量点钞机出厂后，顾客反馈50%的点钞机鉴别性能达不到要求，则组织采取纠正措施应该根据顾客要求，可以返工后重新交付给顾客，也可以予以调换。

6）记录所采取措施的结果

不合格责任部门或人应记录所采取措施的结果。应将实施纠正措施后的结果进行记录，以作为采取了纠正措施的证据。

7）评审所采取的纠正措施的有效性

不合格责任部门或人及不合格控制部门或人应评审所采取的纠正措施的有效性。应对所采取的纠正措施的有效性进行评价，以验证所采取的纠正措施是否已消除不合格的原因，能防止同类不合格的再发生。如纠正措施是无效，应考虑重新上述程序，实施更为有效的纠正措施直至纠正措施有效为止。

8）纠正措施和纠正的区别

纠正措施是指为消除已发现的不合格或其他不期望情况的原因所采取的措施。纠正是指为消除已发现的不合格所采取的措施。由此可见纠正措施不同于纠正，纠正是针对不合格本身所采取的处置措施（如对不合格品的返工等），但该类不合格今后可能还会再发生。而纠正措施则是为消除导致不合格的原因所采取的措施，通过纠正措施的实施，可以达到防止同类不合格再次发生的效果。两种措施最本质的区别在于"原因"，消除原因的措施是纠正措施，未涉及原因的措施只是纠正。

十、质量管理体系预防措施

（一）预防措施控制工作流程

根据最高管理者质量管理体系要求相关的主要条款 8.5.3，预防措施控制工作流程见图 7-13。

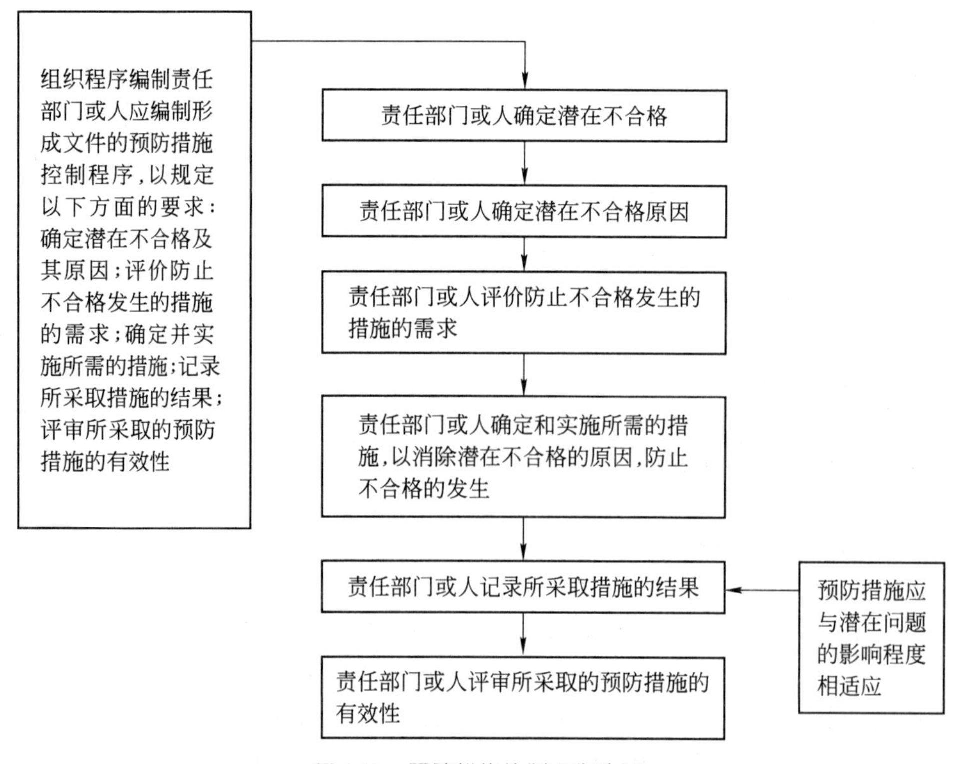

图 7-13　预防措施控制工作流程

（二）预防措施控制要求和程序

“预防措施”是指为消除潜在不合格或其他潜在不期望情况的原因所采取的措施。预防措施与纠正措施不同，预防措施是针对潜在不合格的原因所采取的措施，这时不合格还没有发生，但存在发生不合格的可能性。采取预防措施的目的是消除潜在不合格的原因，防止不合格的发生。

预防措施是一项重要的改进活动，其目的是预防潜在问题的发生，一旦这些问题变成现实，会对组织的绩效、产品、过程、质量管理体系或顾客满意造成更严重的负面影响，因此组织对预防措施的信息及其实施应充分重视。

预防措施控制要求和程序如下：

1. 编制形成文件的控制程序

程序编制责任部门或人应编制形成文件的预防措施控制程序，程序包括以下方面的要求：①确定潜在不合格及其原因；②评价防止不合格发生的措施的需求；③确定和实施所需的措施；④记录所采取措施的结果；⑤评审所采取的预防措施的有效性。

2. 实施预防措施控制程序

1）确定潜在不合格

不合格责任部门或人应确定潜在不合格。潜在的不合格通常不容易被识别，潜在的不合格可以通过顾客反馈、内部审核、管理评审、过程的监视和测量、产品的监视和测量、数据分析、供方信息以及质量管理体系运行中发现，另外，还可以根据同行业的其他组织中出现的一些质量风险事故对比组织实际情况识别和确定是否存在类似的潜在风险。

2）确定潜在不合格原因

不合格责任部门或人应确定潜在不合格原因。应分析产生潜在不合格的原因，然后确定产生潜在不合格的原因。

3）评价防止不合格发生的措施的需求

不合格责任部门或人应评价防止不合格发生的措施的需求。消除潜在不合格的原因的措施可能有多种措施，应根据潜在不合格的性质及其影响程度，来评价是否需要采取预防措施以及采取何种预防措施。不要求对所有的潜在不合格都采取预防措施，但是，如果潜在不合格可能影响质量管理体系过程的有效性，则必须采取预防措施。

4）确定和实施所需的措施

不合格责任部门或人应确定和实施所需的措施。评价时应考虑潜在不合格可能造成的影响程度，通过评价防止不合格发生的措施的需求，确定所需采取的预防措施，并实施所确定的预防措施。采取的预防措施应消除潜在不合格的原因，防止不合格的发生。预防措施应与潜在问题的影响程度相适应。实施预防措施应规定一个完成期限。

5）记录所采取措施的结果

不合格责任部门或人应记录所采取措施的结果。应将实施预防措施后的结果进行记录，以作为采取了预防措施的证据。

6）评审所采取的预防措施的有效性

不合格责任部门或人及不合格控制部门或人应评审所采取的预防措施的有效性。应对所采取的预防措施的有效性进行评价，以验证所采取的预防措施是否消除了潜在不合格的原因，能够防止不合格的发生。如果采取预防措施无效，应考虑重新上述程序，实施更为有效的预防措施直至预防措施有效为止。

7）注意两个问题

第一，采取有效的预防措施可能涉及质量管理体系和质量管理体系文件的更改以及质量管理体系过程控制的更改。

第二，针对不合格，分析原因后可能采取的措施同时包括纠正、纠正措施和预防措施，有时候很难区分两者，同样的措施在不同的场合和时期，其性质可能是不一样的。例如，批量点钞机出厂后，顾客反馈50%的点钞机鉴别性能达不到要求，原因分析后，确定是线路板制造问题，确定采取的纠正、纠正措施和预防措施是：根据顾客要求，返工后重新交付给顾客，对线路板焊接设备进行检查和调整，对线路板焊接工艺及其控制进行分析，对线路板制造人员进行技术和责任心培训等。其中根据顾客要求，返工后重新交付给顾客是纠正；对线路板焊接工艺及其控制进行分析，根据分析结果采取相应的措施既可能是纠正措施，又是预防措施；对线路板焊接设备进行检查和调整和对线路板制造人员进行技术和责任心培训既是纠正措施，又是预防措施。

十一、符合要求的相关证据

(1) 策划证实产品要求的符合性、确保质量管理体系的符合性、持续改进质量管理体系的有效性所需的监视、测量、分析和改进过程的证据；

(2)实施证实产品要求的符合性、确保质量管理体系的符合性、持续改进质量管理体系的有效性所需的监视、测量、分析和改进过程的证据；

(3) 是否已满足顾客要求的感受的信息进行监视的证据及符合性；

(4) 获取顾客满意和(或)不满意信息的方法及相应结果及符合性；

(5) 利用顾客满意和(或)不满意信息的方法及相应结果及符合性；

(6) 内部审核的形成文件的程序并符合要求；

(7) 审核方案的策划并符合要求；

(8) 审核及其结果的记录：审核时间间隔、审核计划及符合性、审核思路及其现场审核记录及符合性；

(9) 对审核中发现的不合格及其采取的纠正措施、纠正措施验证和验证结果的记录及符合性；

(10) 其他记录：内部审核员培训合格证据、审核员选择、能力、客观性和公正性证据；

(11) 过程监视和测量方法的规定和实施；

(12) 过程实现所策划结果的能力的证据(包括过程运行情况、过程输出和过程能力等)；

(13) 未能达到策划结果的能力时，采取适当的纠正和纠正措施的证据及符合性；

(14) 产品的监视和测量的记录和证据；

(15) 不合格品控制的记录和证据；

(16) 确定适当的证实质量管理体系的适宜性和有效性和评价在何处可以持续改进质量管理体系的有效性以及监视和测量的结果和其他有关来源的数据的范围和类型及符合性；

(17) 相应收集适当的证实质量管理体系的适宜性和有效性和评价在何处可以持续改进质量管理体系的有效性以及监视和测量的结果和其他有关来源数据及符合性；

（18）相应分析适当的证实质量管理体系的适宜性和有效性和评价在何处可以持续改进质量管理体系的有效性以及监视和测量的结果和其他有关来源数据及符合性；

（19）数据分析应提供顾客满意、与产品要求符合性、过程和产品的特性与趋势（包括采取预防措施的机会）、供方、的信息及符合性；

（20）利用质量方针持续改进质量管理体系有效性的证据；

（21）利用质量目标持续改进质量管理体系有效性的证据；

（22）利用审核结果持续改进质量管理体系有效性的证据；

（23）利用数据分析持续改进质量管理体系有效性的证据；

（24）利用纠正和预防措施持续改进质量管理体系有效性的证据；

（25）利用管理评审，持续改进质量管理体系有效性的证据；

（26）纠正措施的形成文件的程序并符合要求；

（27）评审不合格（包括顾客抱怨）、确定不合格的原因、评价确保不合格不再发生的措施的需求、实施所需的措施、记录所采取措施的结果、评审所采取的纠正措施的有效性的证据；

（28）形成文件的预防措施程序并符合要求；

（29）确定潜在不合格及其原因、评价防止不合格发生的预防措施的需求、实施所需的预防措施、记录所采取预防措施的结果、评审所采取的预防措施的有效性的证据。

思考题七

7-1 标准所要求的五种类型的文件有哪些？哪些文件要形成文件的程序？

7-2 质量管理体系文件数量和详略程度与哪些因素有关？

7-3 质量手册的主要内容有何要求？

7-4 对标准的要求进行删减的规定包括哪些？

7-5 质量手册是否可以引用程序文件或其他相关文件？

7-6 管理承诺包括哪些内容？

7-7 最高管理者以何种方式体现满足顾客和法律法规要求的重要性？

7-8 部门设置、职责规定、业务或工作流程的规定等能否反映“以顾客为关注焦点”的原则？

7-9 组织如何不断地关注顾客的需求，并将其转化为组织明确的要求或规范？

7-10 最高管理者如何关注顾客的满意并使其实现？

7-11 质量方针的内容提出哪些要求？

7-12 质量方针与质量目标有何关系？

7-13 组织如何沟通和理解质量方针？

7-14 质量方针内容的持续适宜性怎样评审和保证？

7-15 组织怎样决定其质量目标？与质量方针的框架关系如何体现？

7-16 组织总质量目标如何在相关的职能（部门）展开？

7-17 每一部门的质量目标如何落实到部门和人员?

7-18 质量目标的内容在总体有何要求?

7-19 如何针对实现质量目标及4.1所确定的过程结果而进行策划的?

7-20 在有质量管理体系更改的情况时,对策划有何要求?如何在实施时保持质量管理体系的完整性?

7-21 组织内各职能部门、各层次人员的职责和如何规定?

7-22 职责的沟通是有何要求?

7-23 担任管理者代表有何要求?有何职责?

7-24 组织内的什么事项(或活动)需要沟通?沟通过程是如何建立的?方式是什么?这种沟通是否涉及确保质量管理体系的有效性?

7-25 管理评审的时间间隔和评审的内容有何要求?适宜性、充分性和有效性是如何评价的?

7-26 组织如何发现质量管理体系改进的机会和质量管理体系变更的需求?包括发现质量方针和质量目标变更的需求?

7-27 管理评审的记录有哪些?

7-28 管理评审的输入信息有哪些?

7-29 管理评审输出的结果中包括了哪些决定和措施?

7-30 组织应确定和提供哪些所需资源?

7-31 组织应如何对监视、测量、分析和改进进行策划的?如何按策划实施?

7-32 组织如何识别所需的统计技术?

7-33 组织如何获取和利用顾客关于组织是否满足其要求的感受方面的信息?

7-34 组织如何策划内部审核?

7-35 内部审核员的资格有何要求?内部审核员的能力有何要求?审核中对内部审核员有何要求?

7-36 如何实施内部审核?

7-37 审核中发现的不合格报告如何采取纠正和纠正措施?如何验证?

7-38 组织应对质量管理体系哪些过程应进行监视和测量?监视和测量对象是什么?达到什么目的?

7-39 组织对质量管理体系哪些过程应进行测量,方法及效果如何?

7-40 如何利用产品的监视和测量的结果?

7-41 组织如何确定、收集和分析适当的数据?数据的范围是什么?目的是什么?数据分析应提供哪些信息?

7-42 组织应利用哪些信息持续改进的有效性?

7-43 形成文件的纠正措施控制程序包括哪些内容?

7-44 哪些不合格需要采取纠正措施?如何采取纠正措施?要达到什么效果?

7-45 形成文件的预防措施控制程序包括哪些内容?

7-46 哪些潜在不合格需要采取预防措施?如何采取预防措施?要达到什么效果?

第八章

机电企业文件管理部门质量管理体系要求

第一节　文件管理部门相关质量管理体系条款和流程

一、与文件管理部门质量管理体系相关的条款

与文件管理部门质量管理体系相关的主要条款有4.2.3、4.2.4;相关的一般条款主要有5.3、5.4.1、5.5.3、6.2、6.3、6.4、8.2.2、8.2.3、8.4、8.5。

二、相关的主要条款

4.2.3　文件控制

质量管理体系所要求的文件应予以控制。记录是一种特殊类型的文件,应依据4.2.4的要求进行控制。

应编制形成文件的程序,以规定以下方面所需的控制:

a) 为使文件是充分与适宜的,文件发布前得到批准;

b) 必要时对文件进行评审与更新,并再次批准;

c) 确保文件的更改和现行修订状态得到识别;

d) 确保在使用处可获得适用文件的有关版本;

e) 确保文件保持清晰、易于识别;

f) 确保组织所确定的策划和运行质量管理体系所需的外来文件得到识别,并控制其分发;

g) 防止作废文件的非预期使用,如果出于某种目的而保留作废文件,对这些文件进行适当的标识。

4.2.4　记录控制

为提供符合要求及质量管理体系有效运行的证据而建立的记录,应得到控制。

组织应编制形成文件的程序,以规定记录的标识、贮存、保护、检索、保留和处置所需的控制。

记录应保持清晰、易于识别和检索。

三、相关的一般条款

文件管理部门相关的一般条款主要有5.3、5.4.1、5.5.3、6.2、6.3、6.4、8.2.2、8.2.3、8.4、8.5。文件管理部门应按上述步骤条款和自身的职责,参考与此相关部门的质量管理体系要求实施上述条款,在相关部门主要条款要求和程序中,已经对此进行了详细说明。

四、工作流程、要求和程序

文件管理部门质量管理体系工作流程、要求和程序主要包括文件控制工作流程、要求和

程序和记录控制工作流程、要求和程序。

第二节　文件管理部门的文件控制

文件控制与组织所有部门有关，由于组织分工的不同，文件控制主要与设计和开发部门有关，根据不同组织有关职责和权限的规定，文件管理部门主要对除产品技术性文件以外的质量管理体系文件实施控制；而设计和开发部门主要对技术性文件实施控制。

一、定义

本节采用了 GB/T 19000—2008 标准规定的以下术语和定义。

文件(3.7.2)：信息(3.7.1)及其承载媒介。

示例：记录(3.7.6)、规范(3.7.3)、程序文件、图样、报告、标准。

注 1：媒介可以是纸张，磁性的、电子的、光学的计算机盘片、照片或标准样品，或它们的组合。

注 2：一组文件，如若干个规定和记录、英文中通常被称为"documentation"。

注 3：某些要求(3.1.2)(如易读的要求)与所有类型的文件有关，然而对规范(如修订受控的要求)和记录(如可检索的要求)可以有不同的要求。

规范(3.7.3)：阐明要求(3.1.2)的文件(3.7.2)。

注：规范可能与活动有关(如：程序文件、工艺规范和试验说明书)或与产品(3.4.2)有关(如：产品规范、性能规范和图样)。

二、文件控制工作流程

根据与文件管理部门质量管理体系相关的主要条款 4.2.3，文件控制工作流程见图 8-1。

三、文件控制要求和程序

4.2.3 条款明确了对文件(记录是一种特殊类型的文件，记录控制按编制的 4.2.4 条款控制)的控制要求，以确保文件中信息的准确性，使文件真正起到沟通意图、统一行动的作用。

文件控制要求和程序如下：

(一) 编制形成文件的程序

程序编制责任部门或人应编制文件控制程序，并按其要求对质量管理体系所要求的文件予以控制。文件控制程序规定的内容应符合 GB/T 19001 标准要求。

(二) 批准和发布

各责任部门或人编写分配的质量管理体系文件，并要得到授权人员批准，然后发布，以保证文件的充分性和适宜性，达到沟通信息和统一行动的目的。

(三) 分发

文件管理部门或有关部门责任人根据质量管理体系实施的需要分发，组织有关部门和人员都应获得需要的质量管理体系文件，为此可以编制一份质量管理体系文件分发清单。

(四) 使用处文件

在使用处有关版本文件适用、有效、无作废文件，文件清晰、易于识别。凡是需要用文件

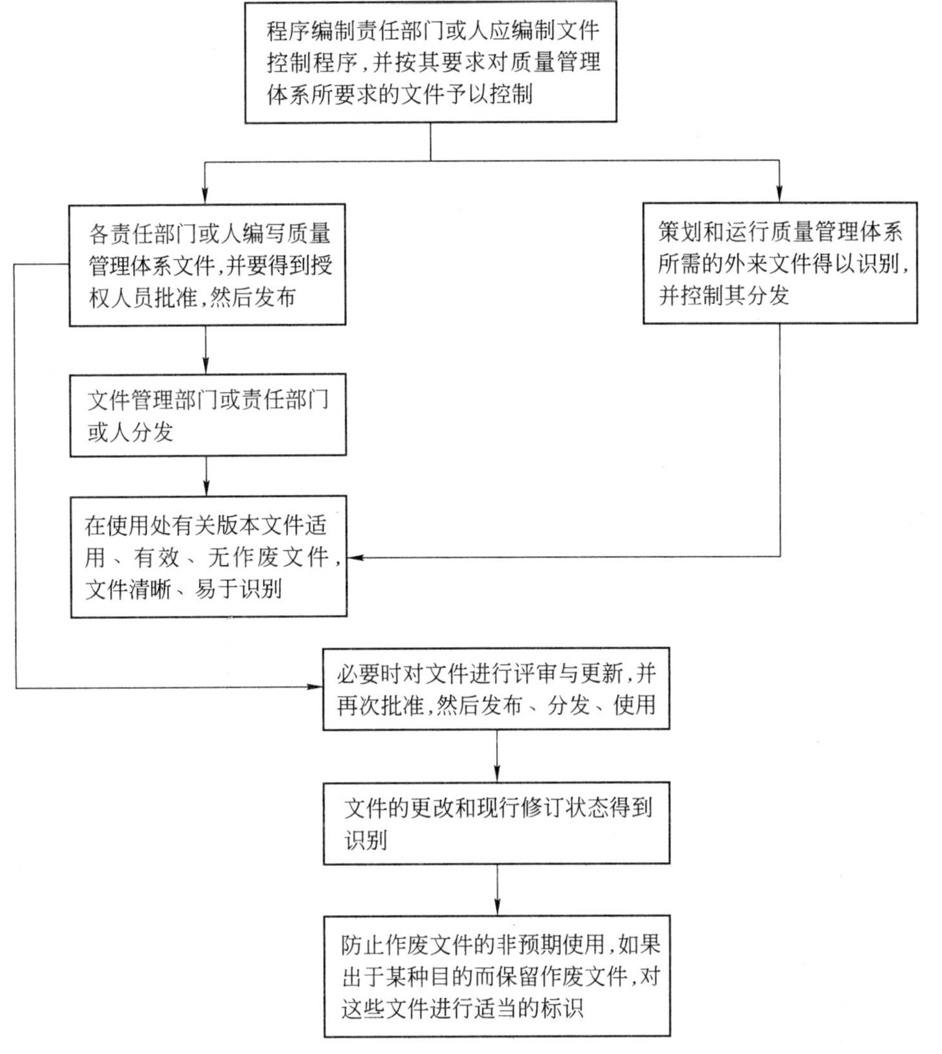

图 8-1 文件控制工作流程

指导对过程进行控制的场所都应得到适用的有关文件，可以是纸质文件或电子版文件，文件适用的范围要根据岗位需要确定。一般情况下，适用的有关文件应是最新版本。

文件在使用中应妥善保护，保持清晰。应能根据文件名和文件编号等准确地辨识不同的文件。如“HLDZ/QMM—2010 质量手册”中“HLDZ”指企业代号，“QMM”指质量手册，“2010”指年代。

（五）文件评审和更新

必要时，文件控制部门或责任部门或人对文件进行评审与更新，授权人员再次批准，然后由文件控制部门或责任部门或人发布和分发，使用者使用。

一般来说文件评审与更新的时机有：

(1) 当质量管理体系的内外部环境出现重大变化时，内部环境变化如组织机构的变化、最高管理者的变化、重大的产品和(或)设备和产品工艺的变化等，外部环境变化如顾客需求的变化、市场的变化和法律法规的变化等；

(2) 当出现重大质量事故、重大顾客投诉和采取需要更改文件的纠正措施和预防措施时；

(3) 定期进行文件评审，以确保文件持续符合组织实际情况，持续改进质量管理体系的有效性。

（六）修订状态

文件控制部门或责任部门或人应使文件的更改和现行修订状态得以识别。通常的方法有编制并发布表明文件名称、编号及现行修订状态的控制清单；在文件上作出状态标识，如年代号(HLDZ/QMM—2010 质量手册、HLDZ/QMM—2011 质量手册……中的 2010 和 2011)、版本号(HLDZ/QMM—2010 质量手册 A 版、B 版、C 版、……)、修订号(HLDZ/QMM—2010 质量手册。某页修改顺序号 0、1、2、……)等。

（七）作废文件

文件控制部门或责任部门或人及使用者应防止作废文件的非预期使用，如果出于某种目的而保留作废文件，文件控制部门或责任部门或人及使用者应进行适当标识。文件停止使用或更新后会产生作废文件，应对作废文件进行有效管理。如原先分发的文件变为作废文件后的全部回收。出于某种目的需要保留的作废文件，应有明确标识加以区别，如在一份或若干份文件上加盖“作废保留”印章等，其余作废文件应及时妥善处置，如销毁等，防止误用。

（八）外来文件

文件控制部门或责任部门或人应使策划和运行质量管理体系所需的外来文件得以识别，并控制其分发。外来文件是来自组织外部的文件，如与产品有关的国家的法律法规、机电行业规定、规章制度、管理和技术标准、有关规范等，顾客提供的标准、图样、有关规范、样品等与策划和运行质量管理体系有关的文件。外来文件控制要求如下：

1. 得到识别

识别包括：编制外来文件清单(目录)，明确和确保外来文件的获取、收集、查询。要区别外来文件与组织的文件，确保外来文件的管理。

2. 控制分发

对于外来文件的发放也应按组织的文件规定进行分发控制。

3. 外来文件范围

外来文件对组织适宜性的“确定”，可按 GB/T 19001 标准的 4.2.1d)、7.1b)、7.2.1c)等条款要求的需要确定。如《中华人民共和国产品质量法》、《中华人民共和国消费者权益保护法》。

4. 使用处文件

在使用处有关版本外来文件适用、有效、无作废文件，文件清晰、易于识别。

四、符合要求的相关证据

(1) 文件控制的形成文件的程序并符合要求；

(2) 质量管理体系要求有关的文件批准、文件进行评审与更新，并再次批准及符合性的证据；

(3) 文件的更改和现行修订状态得以识别的证据；

(4) 文件保持清晰、易于识别的证据；

(5) 外来文件得以识别,并控制其分发的证据及符合性;

(6) 作废文件控制及符合性的证据,标识及符合性的证据。

第三节　文件管理部门的记录控制

记录控制与组织所有部门有关,根据不同组织有关职责和权限的规定,其他部门也应参与记录控制。

一、记录控制工作流程

与文件管理部门质量管理体系相关的主要相关条款4.2.4,记录控制工作流程见图8-2。

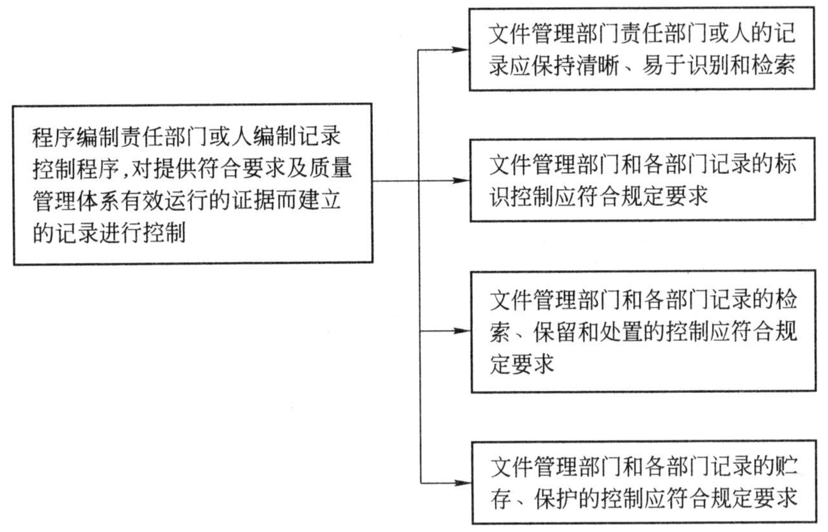

图8-2　记录控制工作流程

二、记录控制要求和程序

4.2.4条款规定了记录的控制要求,记录提供质量管理体系的所取得的结果或提供所完成活动的证据。

记录控制要求和程序如下:

(一) 编制形成文件的程序

程序编制责任部门或人编制记录控制程序,对提供符合要求及质量管理体系有效运行的证据而建立的记录进行控制。控制程序包括标识、贮存、保护、检索、保留和处置活动要求。

标准中20处提到了对记录的要求(见第七章第四节),组织还应该根据自身产品及过程的实际情况确定和保持其他必要的记录。如可能的记录有:各种会议记录、各过程策划结果的记录、质量目标实施结果的记录、各种资源申请报告、顾客清单、各种物资汇总表、机电行业要求的市场调研报告、计算书、型式试验报告、采购订单、合格供方清单、校准报告、收货和发货清单、仓库盘货报告等。

（二）记录要求

文件管理部门责任部门或人的记录应保持清晰、易于识别和检索。记录应清晰反映相关信息，确保信息的客观准确；应易于识别和检索，能够方便查阅和追溯。

（三）标识控制

文件管理部门和各部门记录的标识控制应符合规定要求。记录标识可以采用编号、用不同颜色标注等方式。如“HLDZ 4201—03 文件更改单”中“HLDZ 4201—03”是标识。

（四）检索、保留和处置的控制

文件管理部门和各部门记录的检索、保留和处置的控制应符合规定要求。应易于进行记录的检索和查找，包括明确编目、归档和查阅的要求。电子存储备份的记录也是记录管理的一部分。将记录保留一定的期限，以使记录在需要时发挥证实和追溯的作用。在记录超过保留期限的时候予以处置，应明确记录最终销毁的要求。

记录的保留期限应考虑产品和过程的需要、法律或条例的要求、行业要求、顾客的要求、产品可靠性要求、财务要求等。如组织质量管理体系 20 处记录的保留期限以三年为宜，因为认证有效期一般是三年；考虑加工设备的折旧，加工设备有关记录保留期限应是十年以上。

（五）贮存、保护的控制

文件管理部门和各部门记录的贮存、保护的控制应符合规定要求。记录的贮存应安排适宜的环境（防火、防盗、干燥等），防止记录的损坏或丢失，存储方式要适合于介质。应做好记录的保护（专人管理、专门库房），包括明确对记录的防护、保管和借阅的要求。

三、文件与记录的区别

（一）用途

记录一是为产品符合要求和过程有效提供证据；二是在有需要的时候实现可追溯性；三是记录中承载的大量以往事实的信息和数据是持续改进的依据。“4.2.3 文件控制”所要求的文件主要用于指导过程运行，实现信息交流，统一组织行动。

（二）更改

记录具有不可更改性，而“4.2.3 文件控制”所述的文件是可以修订或更改的。

（三）形成

对某一特定过程而言，记录是随着这个过程开始实施逐渐形成的，是活动及结果的记载和实施的证明；而这个过程如果有指导性文件，一定是先于这个过程的实施产生的。如产品的监视和测量过程中，验证产品是否满足要求的依据是“产品的接收准则”，“产品的接收准则”是在产品实现策划过程中形成的文件，而监视和测量证据（记录）则是在监视和测量活动中形成的。

（四）批准、评审与更新

“4.2.3 文件控制”的文件有批准、评审与更新、再次批准的要求，而记录无此要求。

记录表格是规定如何记载和证实质量管理体系活动及结果信息的文件，应该按照4.2.3

条款的要求控制。当在表格中填写了信息和数据，表格就成为了记录。

四、符合要求的相关证据

(1) 记录控制的形成文件的程序并符合要求；

(2) 记录的标识、贮存、保护、检索、保留和处置的控制及符合性的证据；

(3) 记录应保持清晰、易于识别的证据。

思考题八

8-1 对质量管理体系所要求的全部文件(包括4.2.1确定的五个方面的文件、适用于产品的法律法规所需的其他外部文件等)的控制符合哪些要求?

8-2 组织质量管理体系文件发布前有什么要求?

8-3 组织质量管理体系文件什么时候评审?评审后有何要求?

8-4 记录控制的形成文件的程序有哪些要求?

8-5 记录控制的范围是什么?

第九章

机电企业人力资源管理部门质量管理体系要求

第一节 人力资源部门相关质量管理体系条款和流程

一、与人力资源部门质量管理体系相关的条款

与人力资源部门质量管理体系相关的主要条款有6.2；相关的一般条款主要有4.2.3、4.2.4、5.3、5.4.1、5.5.3、6.3、6.4、8.2.2、8.2.3、8.4、8.5。

二、相关的主要条款

6.2 人力资源

6.2.1 总则

基于适当的教育、培训、技能和经验，从事影响产品要求符合性工作的人员应是能够胜任的。

注：在质量管理体系中承担任何任务的人员都可能直接或间接地影响产品要求符合性。

6.2.2 能力、培训和意识

组织应：

a）确定从事影响产品要求符合性工作的人员所需的能力；

b）适用时，提供培训或采取其他措施以获得所需的能力；

c）评价所采取措施的有效性；

d）确保组织的人员认识到所从事活动的相关性和重要性，以及如何为实现质量目标作出贡献；

e）保持教育、培训、技能和经验的适当记录（见4.2.4）。

三、相关的一般条款

人力资源管理部门相关的一般条款主要有4.2.3、4.2.4、5.3、5.4.1、5.5.3、6.3、6.4、8.2.2、8.2.3、8.4、8.5。人力资源管理部门应按上述步骤条款和自身的职责，参考与此相关部门的质量管理体系要求实施上述条款，在相关部门主要条款要求和程序中，已经对此进行了详细说明。

四、工作流程、要求和程序

人力资源管理部门质量管理体系工作流程、要求和程序主要包括人力资源控制工作流程、要求和程序。

第二节 人力资源部门的人力资源控制

人力资源控制与组织所有部门有关，根据不同组织有关职责和权限的规定，组织有关部门应参与人力资源控制。

一、定义

本节应用的术语应用了 GB/T 19000—2008 标准规定的术语定义。

能力(3.1.6)：经证实的应用知识和技能的本领。

注 1：在本标准中、所定义的能力的概念是通用的。在 ISO 其他的文件中，本词汇的使用可能更加具体。

注 2：在 GB/T 19000 族标准中，术语能力(capability)(3.1.5)特指组织，体系或过程的“能力”，而能力(competence)(3.1.6)则特指人员的“能力”。

二、人力资源控制工作流程

根据与人力资源部门质量管理体系要求相关的主要条款 6.2，人力资源控制工作流程见图 9-1。

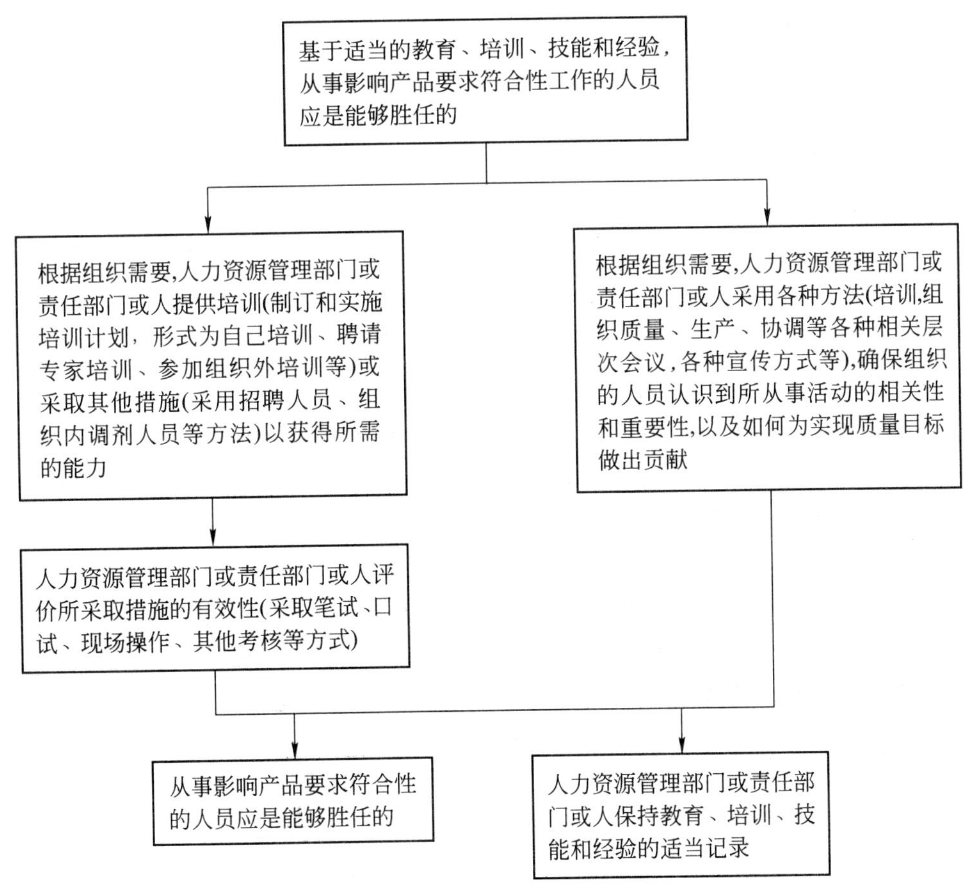

图 9-1 人力资源控制工作流程

三、人力资源控制要求和程序

人力资源是质量管理的最重要的资源，从事影响产品要求符合性的人员应是能够胜任的。

“全员参与”的管理原则已经明确了各级人员都是组织之本，只有他们的充分参与，才能使他们的才干为组织带来收益。6.2条款正是这一原则的具体体现。

“能力”是指经证实的应用知识和技能的本领。在质量管理体系中人员的能力通常从教育、培训、技能和经验四个方面获得和进行评价。

标准通过注释，特别明调了质量管理体系中承担任何工作的人员都直接或间接地影响产品要求的符合性，都应该纳入6.2条款规定的人力资源的管理。

机电行业直接从事影响产品要求符合性的人员有金加工工、注塑工、线路板焊接工、产品装配工、产品的设计开发人员、采购员等。

间接从事影响产品要求符合性的人员有产品质量检验员、仓库管理员、售后服务员、设备管理员、内部审核员、文件管理员、销售员、人力资源管理员等。

人力资源控制要求和程序如下：

（一）确定从事影响产品要求符合性工作的人员所需的能力

基于适当的教育、培训、技能和经验，人力资源管理部门确定从事影响产品要求符合性工作的人员所需的能力。人员能力可以通过教育、培训、技能、经验四个方面获得，人员的教育、培训、技能、经验是获取能力和证实能力的途径，人力资源管理部门可以根据上述四个方面及组织工作岗位要求和职责、活动所需要的技能和资格等确定从事影响产品要求符合性的人员的任职能力要求。但是，国家或行业有特殊规定的某些工作岗位，如内部审核员、焊接或无损检测工、计量员、电工、起重机械作业工、锅炉工、压力容器行业质量工程师等按有关规定。

（二）提供培训或采取其他措施以获得所需的能力

根据组织需要，人力资源管理部门或责任部门或人提供培训（制订和实施培训计划，形式为自己培训、聘请专家培训、参加组织外培训等）或采取其他措施（采用招聘人员、组织内调剂人员等方法）以获得所需的能力。实施培训，首先应分析培训需求。可以根据组织质量管理体系及其过程有效实施的需求，根据工作岗位需求，以及人力资源要求、管理评审、纠正措施、预防措施和内部审核等活动的结果确定是否应该进行培训。根据培训需求，应对培训进行策划，制定培训计划，对培训的方式、内容、步骤、时间、地点、接受培训人员、教师、教材、设施、经费和考核等进行安排。培训可以安排组织的有能力的人员担任教师，也可以聘请外部的人员担任教师之职；在本组织不具备培训某些内容的培训时，可以把员工送出去，参加外部组织开展的培训，培训的方式可以多种多样，培训应按计划实施。

除培训措施外，也可以采用招聘、任免、调岗、轮岗等其他措施的人力资源管理活动满足岗位能力要求。标准条文的“适用时”可以理解为：满足所需能力的方法可以是培训，也可以是其他措施或这些方法的组合，如某点钞机公司在公司内部网络上新采用了一套产品采购物资管理数据信息处理系统，需要增加一名网络管理工程师的岗位。公司内部无能胜任该工作岗位的人员所以公司招聘了一名网络管理工程师。特别要注意标准条文的“适用时”含义，还意指应根据组织和人员的实际情况来决定，进行培训或采取其他措施不一定是必需的。如果某人经评价已经具备了岗位要求所必要的能力，则不强制性要求对他进行培训或采取其他措施。

（三）评价所采取措施的有效性

人力资源管理部门或责任部门或人评价上述所采取措施的有效性（采取笔试、口试、现场操作、其他考核等方式）。仅提供（和记录）培训是不够的，对培训还应通过适当的方式评价其效果。培训效果的评价方式可以多种多样，包括考试（笔试、面试、口试）、测验（在生产线上：教师示范、学生试做、教师评定相结合等）、抽查考试或测验等，还可以在培训后在实际工作中考察员工对其岗位职责的胜任情况，作出培训有效性的评价方式，如内审员取得资格后，通过参加组织的质量管理体系内部审核后，责任人对其内部审核能力进行评价。

应建立对人员的考核和评价制度，责任人定期和不定期对组织员工目前的经验、技能和能力状况与岗位任职要求进行比较，通过比较进行能力差距分析，从而识别需求。

（四）确保组织的人员认识到所从事活动的相关性和重要性，以及如何为实现质量目标做出贡献

根据组织需要，人力资源管理部门或责任部门或人采用各种方法（培训，组织质量、生产、协调等各种相关层次会议，各种宣传方式等），确保组织的人员认识到所从事活动的相关性和重要性，以及如何为实现质量目标做出贡献。

如某点钞机公司给每一位新员工（包括临时工和兼职员工）分发一本员工手册（包括公司概况、主要规章制度等）并且进行了以员工手册为核心的培训和教育；给公司部门主管级重要岗位人员发放了质量手册和程序文件等，结合近年来顾客反馈情况，进行了 GB/T 19001 标准和组织质量管理体系知识和重要性的培训和教育。从而提高了全职员工的质量意识，能增强广大员工的责任感和工作自觉性。认识到自己从事的工作与质量管理体系的关系和在质量管理体系中的重要性，使广大员工为实现质量目标而努力。

（五）活动目标

通过上述活动，确保了从事影响产品要求符合性的人员应是能够胜任的。

（六）教育、培训、技能和经验的适当的记录

人力资源管理部门或责任部门或人保持教育、培训、技能和经验的适当的记录。可根据需要对培训项目的实施、人员能力的表现进行简单或复杂的记录。教育、培训、技能和经验的含义：①教育，即与岗位职责相应的教育背景，如学历等；②培训，即在专业工作中接受过的专门培训；③技能，即从事岗位工作必要的技术、方法、技巧等；④经验，可通过相似工作的经历获得。

教育、培训、技能和经验往往包含在就业合同或协议、月度考核、季度考核、年度考核、有关培训及评价记录、奖励证据、正式发表的论文、资格证书等中。

四、符合要求的相关证据

（1）从事影响产品要求符合性的工作人员能够胜任及符合性的证据；

（2）相应教育、培训、技能和经验及符合性的证据；

（3）各岗位人员所需的能力要求及符合性的证据；

(4) 培训或采取其他措施以获得所需的能力的证据；

(5) 评价所采取措施的有效性的证据；

(6) 组织的人员意识到了自身工作的重要性的的证据；

(7) 教育、培训、技能和经验及符合性的证据。

思考题九

9-1　如何证明组织中从事影响产品要求符合性的人员是能够胜任的？其能力是如何评价的？

9-2　组织如何确定各工作岗位的能力需求？

9-3　各工作岗位人员获得所需的能力的证据如何？

9-4　培训的效果和为满足岗位的能力需求所采取措施的效果如何评价？

9-5　如何确保组织各岗位的人员认识到本岗位工作的重要性和与本岗位有关的质量目标的实现情况？

9-6　组织员工有关的教育、培训、技能和经验的适当的记录包括哪些？

第十章

机电企业销售部门质量管理体系要求

第一节　销售部门相关质量管理体系条款和流程

一、与销售部门质量管理体系相关的条款

与销售部门质量管理体系相关的主要条款有7.2、7.5.1f)、7.5.4、8.2.1；相关的一般条款主要有4.2.3、4.2.4、5.3、5.4.1、5.5.3、6.2、6.3、6.4、7.3、7.4、8.2.2、8.2.3、8.4、8.5。

二、相关的主要条款

7.2　与顾客有关的过程

7.2.1　与产品有关的要求的确定

组织应确定：

a）顾客规定的要求，包括对交付及交付后活动的要求；

b）顾客虽然没有明示，但规定用途或已知的预期用途所必需的要求；

c）适用于产品的法律法规要求；

d）组织认为必要的任何附加要求。

注：交付后活动包括诸如保证条款规定的措施、合同义务（例如，维护服务）、附加服务（例如，回收或最终处置）等。

7.2.2　与产品有关的要求的评审

组织应评审与产品有关的要求。评审应在组织向顾客作出提供产品的承诺（如：提交标书、接受合同或订单及接收合同或订单的更改）之前进行，并应确保：

a）产品要求已得到规定；

b）与以前表述不一致的合同或订单的要求已得到解决；

c）组织有能力满足规定的要求。

评审结果及评审所引起的措施的记录应予保持（见4.2.4）。

若顾客没有提供形成文件的要求，组织在接受顾客要求前应对顾客要求进行确认。

若产品要求发生变更，组织应确保相关文件得到修改，并确保相关人员知道已变更的要求。

注：在某些情况中，如网上销售，对每一个订单进行正式的评审可能是不实际的，作为替代方法，可对有关的产品信息，如产品目录、产品广告内容等进行评审。

7.2.3　顾客沟通

组织应对以下有关方面确定并实施与顾客沟通的有效安排：

a）产品信息；

b）问询、合同或订单的处理，包括对其修改；

c）顾客反馈，包括顾客抱怨。

7.5.1　生产和服务提供的控制

组织应策划并在受控条件下进行生产和服务提供。适用时，受控条件应包括：

f) 实施产品放行、交付和交付后的活动。

7.5.4　顾客财产

组织应爱护在组织控制下或组织使用的顾客财产。组织应识别、验证、保护和维护供其使用或构成产品一部分的顾客财产。若顾客财产发生丢失、损坏或发现不适用的情况，组织应向顾客报告，并保持记录(见 4.2.4)。

注：顾客的财产可包括知识产权和个人信息。

8.2.1　顾客满意

见第七章。

三、相关的一般条款

销售部门相关的一般条款主要有 4.2.3、4.2.4、5.3、5.4.1、5.5.3、6.2、6.3、6.4、7.3、7.4、8.2.2、8.2.3、8.4、8.5。销售部门应按上述步骤条款和自身的职责，参考与此相关部门的质量管理体系要求实施上述条款，在相关部门主要条款要求和程序中，已经对此进行了详细说明。

四、工作流程、要求和程序

销售部门质量管理体系工作流程、要求和程序主要包括与顾客有关过程和产品交付和交付后的活动的控制工作流程、要求和程序，顾客财产控制工作流程、要求和程序和顾客满意控制工作流程、要求和程序。

第二节　销售部门与顾客有关过程的控制

与顾客有关过程的控制可能与最高管理者、设计和开发部门、采购部门、生产部门、质量检验部门等有关，根据不同组织有关职责和权限的规定，最高管理者、设计和开发部门、采购部门、生产部门、质量检验部门等可能参与与顾客有关过程的控制。

一、定义

本节应用的术语应用了 GB/T 19000—2008 标准规定的术语定义。

合同 (3.3.8)：有约束力的协议。

注：在本标准所定义的合同的概念是通用的。在 ISO 的其他文件中，本词汇的使用可能更加具体。

二、与顾客有关过程和产品交付和交付后的活动控制工作流程

根据与销售部门质量管理体系要求相关的主要条款 7.2、7.5.1 f)，与顾客有关过程和产品交付和交付后的活动控制工作流程见图 10-1。

三、与顾客有关过程和产品交付和交付后的活动控制的要求和程序

7.2 条款的主要意图是：组织要通过适当的沟通，确保对顾客的要求已经充分理解，在充分理解顾客要求的基础上，确定恰当的产品要求，同时还要确定组织是否具有提供满足顾

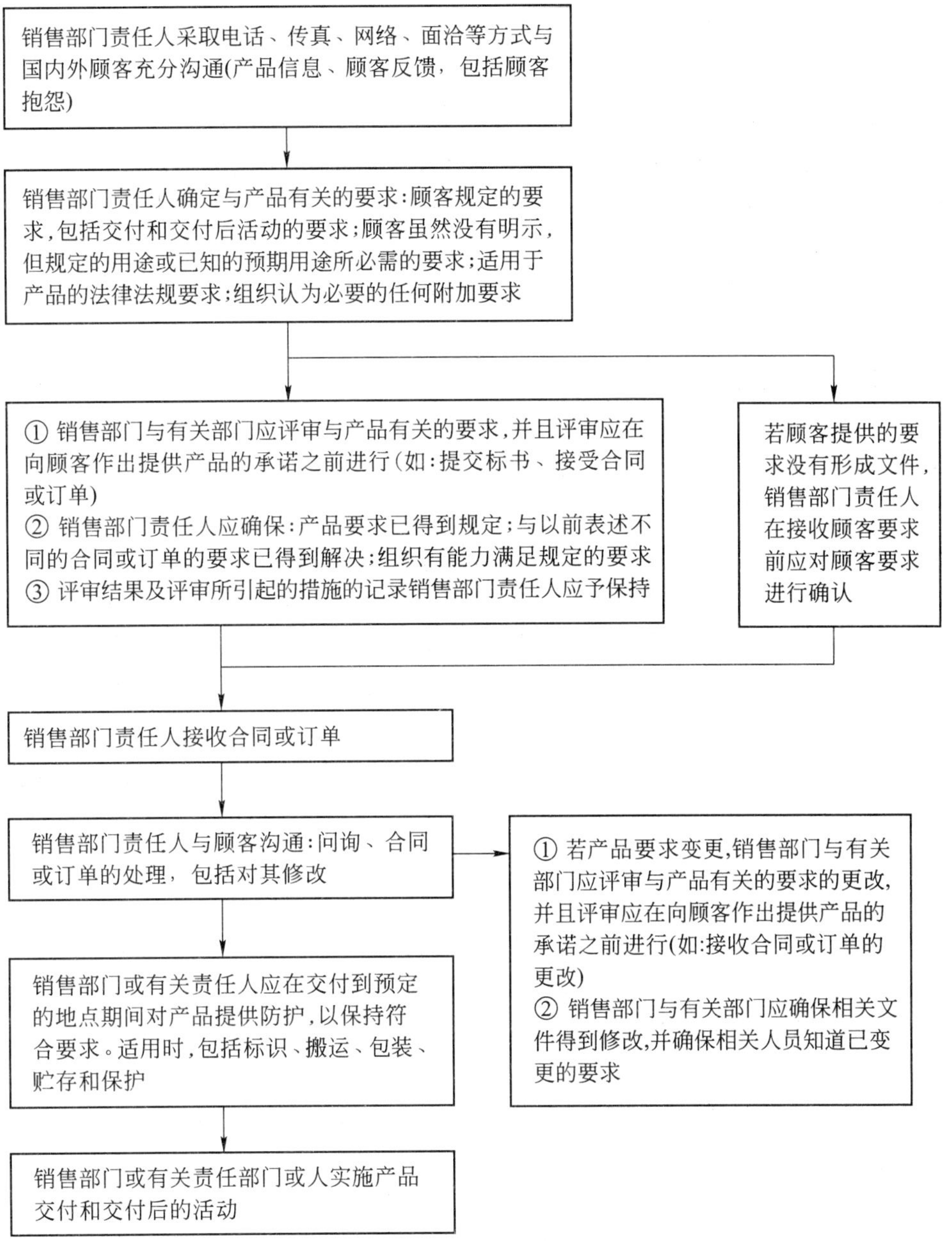

销售部门责任人采取电话、传真、网络、面洽等方式与国内外顾客充分沟通(产品信息、顾客反馈，包括顾客抱怨)

↓

销售部门责任人确定与产品有关的要求:顾客规定的要求,包括交付和交付后活动的要求;顾客虽然没有明示,但规定的用途或已知的预期用途所必需的要求;适用于产品的法律法规要求;组织认为必要的任何附加要求

↓

① 销售部门与有关部门应评审与产品有关的要求,并且评审应在向顾客作出提供产品的承诺之前进行(如:提交标书、接受合同或订单)
② 销售部门责任人应确保:产品要求已得到规定;与以前表述不同的合同或订单的要求已得到解决;组织有能力满足规定的要求
③ 评审结果及评审所引起的措施的记录销售部门责任人应予保持

若顾客提供的要求没有形成文件,销售部门责任人在接收顾客要求前应对顾客要求进行确认

↓

销售部门责任人接收合同或订单

↓

销售部门责任人与顾客沟通:问询、合同或订单的处理，包括对其修改

→ ① 若产品要求变更,销售部门与有关部门应评审与产品有关的要求的更改,并且评审应在向顾客作出提供产品的承诺之前进行(如:接收合同或订单的更改)
② 销售部门与有关部门应确保相关文件得到修改,并确保相关人员知道已变更的要求

↓

销售部门或有关责任人应在交付到预定的地点期间对产品提供防护,以保持符合要求。适用时,包括标识、搬运、包装、贮存和保护

↓

销售部门或有关责任部门或人实施产品交付和交付后的活动

图 10-1 与顾客有关过程和产品交付和交付后的活动控制工作流程

客要求产品的能力。

通常这个过程的输出结果构成产品实现过程中产品特性输入的重要内容,这时确定的产品要求往往是设计和开发输入的主要内容,其准确性、合理性和可实现性将直接影响后续的最终产品。组织只有充分了解和准确地确定了与产品有关的要求,特别是顾客的要求和相关的法律法规要求,并通过组织的运行过程去实现这些要求,才能确保满足顾客要求并使顾客满意。

与顾客有关过程和产品交付和交付后的活动控制的要求和程序如下:

(一) 顾客沟通

销售部门责任人采取电话、传真、网络、面洽等方式与国内外顾客充分沟通(产品信息;

顾客反馈，包括顾客抱怨）。

（二）确定与产品有关的要求

销售部门责任人确定与产品有关的要求：顾客规定的要求，包括交付和交付后活动的要求；顾客虽然没有明示，但规定的用途或已知预期用途所必需的要求；适用于产品的法律法规要求；组织认为必要的任何附加要求。

1. 顾客规定的要求

可以是顾客通过合同、订单或口头提出的对产品及产品相关的要求，有时还包括产品的交付和交付后活动的要求（如交货方式、结算方式、售后服务的"三包"、维护与保养等服务）。应对顾客以任何方式提出的要求进行全面的了解，确保对顾客要求的全面理解。在对顾客要求全面理解的基础上，对组织自身所具备的人力、物力、技术能力等条件进行审查，确定是否具备可以满足顾客要求的能力，以便采取措施满足顾客的要求。

2. 顾客隐含的要求

即顾客虽然没有明确提出，但产品的规定用途和已知的预期用途所必需的要求。这些要求往往是产品的固有特性（或预期的使用功能）决定的，是不言而喻的。如点钞机生产和销售组织，顾客对点钞机的鉴别币种和价格等会提出明确要求，而对于点钞机的点钞论是否会飞出伤人等可能并未明示要求，但这些往往是点钞机固有特性决定的，是不言而喻的。

另外某些隐含的、涉及产品正常使用或用途的安全性方面的要求，在现有法律法规还未充分规定的情况下，组织也应当充分识别，这样才能防止可能对顾客造成的伤害，满足顾客要求，不断增强顾客满意。如点钞机生产和销售组织，顾客点钞机的鉴别币种和价格等会提出明确要求，而对于点钞机控制程序的鉴别性能范围等可能并未明示要求，但这些往往是决定点钞机质量满意与否的重要因素，但是顾客使用后才有感受。由于伪钞等伪造水平不断提高，点钞机的鉴别性能可能跟不上市场伪钞的变化，因此，顾客某时段购买的点钞机只能适用于该时段伪钞的鉴别。当然，点钞机组织应根据市场伪钞的变化，不断进行设计更改，设计出相应的点钞机控制程序，以提高点钞机鉴别性能。

3. 适用于产品的法律法规要求

2008 版标准尤其强调了"适用于"产品的法律法规。为此，组织在确定产品要求时，应充分关注与组织生产的产品适用的法律法规的识别与确定。如点钞机的工业产品生产许可证和安全认证规定、家电产品的安全认证规定、汽车产品的安全认证等。国家、有关行业管理部门、地方政府制定并发布的保障人体健康、人身财产安全的强制性标准，法律、行政法规规定强制执行的标准也属于此范畴。

4. 组织认为必要的任何附加要求

组织从自身能力、开拓市场和增强顾客满意出发，对产品所提出的更多或更高的要求。如某点钞机公司实施了内控标准，给顾客介绍，组织生产的点钞机的无故障时间已从 2 000 小时（标准要求）提高到 2 500 小时，延长了无故障工作时间。

（三）与产品有关的要求的评审和确认

1. 与产品有关的要求的评审

上述确定的与产品有关的要求，往往构成了"7.2.2 与产品有关的要求的评审"活动的输入。

1）与产品有关的要求的评审

（1）销售部门与有关部门应评审与产品有关的要求，并且评审应在向顾客作出提供产品的承诺之前进行（如：提交标书、接受合同或订单）。这里的承诺，对于不同的行业所体现的形式不尽相同，制造行业往往是合同、订单、口头承诺等形式。评审的时机要求在向顾客作出提供产品承诺"之前"，不管何种承诺，都需要实施评审。

（2）评审要求。评审的内容包括 7.2.1 条款中规定的内容，销售部门责任人应确保以下三方面：

① 产品要求已得到规定。

② 与以前表述不一致的合同或订单的要求已经解决。即组织与顾客双方对产品或服务有关的要求不存在不一致的、矛盾的、含糊的理解，双方的责任、权利及义务都是清楚的。如在签订通过招投标所确定的项目的合同或订单之前，要对以往投标书上发生了变化的内容进行及时评审与调整。

③ 组织有能力满足规定的要求。组织如果没有能力实现这些与产品或服务有关的要求，就不应该勉强签订合同或订单。"组织有能力"对于不同的行业或产品其含义是有区别的。对于提供硬件产品的组织，通常是指在产品质量、数量、交货期、技术、人员、设备、环境和过程控制各方面的能力及可能的交付后的活动等方面有足够的能力满足顾客的要求。

2）评审的方式

评审的方式可以由组织根据具体情况确定。

（1）常规产品。批量较小的常规产品可以授权销售人员和销售部门主管进行评审；批量较大的常规产品可以授权销售人员进行评审，必要时应组织相关责任部门人员参加评审，如常规产品库存数量不能满足要求，则需组织采购部门、生产部门和检验等部门责任人进行评审。

（2）非常规产品。非常规产品包括客户有特殊要求的产品，组织就需要根据客户的特殊要求，组织相关部门责任人参加评审，必要时最高管理者也要参加评审。如顾客对点钞机的鉴别性能提出超过标准要求的要求，则要组织最高管理者和设计和开发部门、采购部门、生产部门、质量检验等部门责任人可能参加评审。

（3）招投标活动中对产品要求的评审。在招投标活动中对产品要求的评审，要包括对招标书和投标书的评审，还要对中标后所签订的合同或订单草案进行评审。对招标书的评审主要是组织针对产品要求的评审；对投标书的评审主要是对组织是否具有满足要求能力的评审；中标后对双方签订的合同或订单草案的评审，主要是明确双方的权利、义务，并解决双方在招投标过程中可能存在的不同意见以及标书与合同或订单可能发生变化的情况的评审。

3）评审结果及评审所引起的措施的记录

评审活动可能存在两种结果，一是通过了评审，作出提供产品或服务的承诺，可以签订合同或订单，评审结果可能要采取必要措施或无须采取措施；另一种情况是评审后不能签订合同或订单。上述评审结果及评审所引起的措施的记录销售部门责任人应予保持。

评审的记录视评审情况而定，可能简单，也可能复杂。如对一些顾客要求简单且容易满足顾客要求的合同或订单，可以在合同或订单上作上注释，授权评审人的签名和注明评审日期就可以了。对较为复杂的合同或订单，组织可以自己制定专门的评审记录单，应交详细说明评审意见，参加评审的人员都应签名并注明评审日期。

4）网上销售

标准的“注”说明“网上销售”这种特殊情况下对与产品有关的要求评审的理解和做法。机电产品网络销售情况也比较常见。在网络上发布机电产品信息时，组织应对有关的产品信息进行评审。

2. 顾客要求的确认

若顾客提供的要求没有形成文件，销售部门责任人在接收顾客要求前应对顾客要求进行确认。组织对所有与产品有关的要求都要进行评审，包括没有形成文件（合同或订单）的口头订单或要求，这种情况的评审应是在正式接受顾客口头订单或要求之前对要求进行确认。如组织在接受电话订单时，经过评审，复述客户要求、最后予以确认，并做好记录。需注意：此处的“确认”不同于 GB/T 19000 标准术语和定义中的“确认”。

（四）接收合同或订单

上述评审或确认通过后，销售部门责任人接收合同或订单。

（五）售前、售中、售后的顾客沟通

销售部门责任人在产品售前、售中、售后期间应与顾客沟通：问询、合同或订单的处理，包括对其修改。

1. 售前期间与顾客沟通

主要是为了推销产品，如介绍组织的概况、产品的性能、产品的使用情况、其他顾客使用组织产品后的满意情况等。沟通方式有展销会沟通、去顾客现场沟通、网络沟通、电话沟通、来人沟通等。

2. 售中期间与顾客沟通

主要是与顾客沟通合同或订单变更情况的沟通、产品实现情况、何时交货、如何交货、顾客接收产品时如何检验和何时检验、交付沟通等。

3. 售后期间与顾客沟通

主要是产品收货沟通、产品使用质量沟通、产品质量问题处理的沟通、顾客满意情况（包括顾客抱怨、投诉等）的沟通等。顾客的反馈是组织质量管理体系绩效改进的重要依据。

（六）产品要求的变更

1. 产品要求变更评审

顾客和组织都有可能提出变更产品要求，若产品要求变更，变更的内容可能涉及 7.2.1 条款各方面，销售部门与有关部门应评审与产品有关的要求的更改，并且评审应在向顾客作出提供产品的承诺之前进行（如：接收合同或订单的更改）。有关部门可能涉及最高管理者、设计和开发部门、采购部门、生产部门、质量检验部门等。根据需要，有关部门应参加评审。

2. 变更后的处置

变更一旦经过供需双方认可确定，销售部门与有关部门应确保相关文件得到修改，并确保相关人员知道已变更的要求。有关部门可能涉及最高管理者、设计和开发部门、采购部门、生产部门、质量检验部门等应根据需要，有关部门应及时修改有关文件。如销售部门应及时通知生产部门，生产部门对该合同或订单作出相应的产品生产变更的安排，及时修改并分发生产通知单给下属相关生产部门。

（七）交付和交付后的活动

销售部门或有关责任人实施产品交付和交付后的活动。“交付”是指组织与顾客交接产品的有关活动，如出口产品要与顾客协调产品从何口岸出口？由谁办理出口手续？由谁把产品运往口岸等。

“交付后的活动”包括售后服务等。如对一些大型产品（成套设备），组织如何对产品进行安装、调试，验收、交接等，顾客接收后组织应如何维护产品？如有些合同或订单规定的售后服务的“三包”。

有关部门可能涉及最高管理者、设计和开发部门、采购部门、生产部门、质量检验部门、仓储部门、运输部门和维修部门等还可能与产品交付和交付后的活动有关。

四、符合要求的相关证据

（1）顾客规定的明示要求；

（2）顾客虽然没有明示，但规定的用途或已知预期用途所必需的要求；

（3）与组织产品有关的法律法规要求及符合性；

（4）组织认为必要的任何附加要求；

（5）产品要求评审符合性（组织有能力满足规定的要求，评审结果及评审所引起的措施的记录应予保持等三项）的证据；

（6）产品要求评审在组织向顾客作出提供产品的承诺（包括订单及接收合同或订单的更改）之前进行的证据；

（7）顾客提供的要求没有形成文件，组织在接收顾客要求前应对顾客要求进行确认的证据；

（8）产品要求变更，确保相关文件得到修改，并确保相关人员知道已变更的要求的证据；

（9）与顾客沟通方面的规定及相应证据及符合性；

（10）交付和交付后活动的规定及相应的实施证据及符合性。

第三节　销售部门的顾客财产控制

由于顾客财产类型繁多，顾客财产可能由不同部门或人员接收、验证和使用，所以，销售部门或有关责任部门或人分别对各自负责的顾客财产识别、接收、验证、使用、爱护、保护和维护。顾客财产控制可能涉及销售部门、设计和开发部门、采购部门、生产部门、质检部门和仓储等部门及其责任人员。

一、顾客财产控制工作流程

根据与销售部门质量管理体系要求相关的主要条款 7.5.4，顾客财产控制工作流程见图 10-2。

二、顾客财产控制要求和程序

“顾客财产”是指那些属于顾客所有，但是由于组织需要使用（如样品或样机、图样、规范

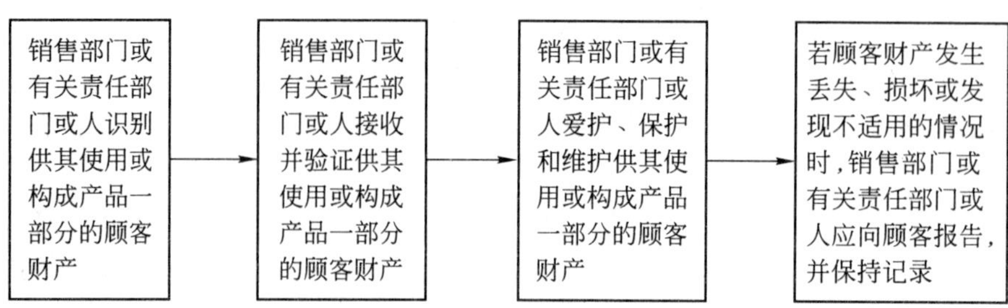

图10-2 顾客财产控制工作流程

等)、是构成组织提供产品的一部分等原因而提供给组织。顾客财产包括顾客提供的知识产权及个人信息。

顾客财产控制要求和程序如下：

(一) 顾客财产的识别

销售部门或有关责任部门或人识别供其使用或构成产品一部分的顾客财产。例如：

(1) 顾客提供的构成产品的零部件和构成成套设备的产品，如构成点钞机中的大小电机等。

(2) 顾客提供的通过产品的原材料，如点钞机某些塑料零部件的所需的工程塑料。

(3) 顾客提供的用于试制样机或样品的产品，如具有先进性能的点钞机。

(4) 顾客直接提供的包装材料，如包装箱。

(5) 顾客的知识产权，如顾客提供的产品图样、产品标准、样品或样机、专利信息等。

(6) 其他。

(二) 顾客财产的接收和验证

销售部门或有关责任部门或人接收并验证供其使用或构成产品一部分的顾客财产。组织对顾客提供的财产接收和验证可能由不同的部门或人员接收和验证。例如：

(1) 零部件和构成成套设备的产品可能由销售部门或质检等部门验证(检测或测量)，合格后，由仓储部门接收入库。

(2) 产品的原材料，可能由销售部门、采购部门、质检等部门验证，合格后，由仓储部门接收。

(3) 用于试制样机或样品的产品，可能由销售部门、设计和开发部门、质检等部门验证，合格后，由仓储部门接收。

(4) 包装材料，可能由销售部门、采购部门、质检等部门验证，合格后，由仓储部门或生产部门接收。

(5) 顾客的知识产权，可能由销售部门、设计和开发部门验证，合格后，由技术等部门接收。

验证应按合同或订单规定实施，可能涉及顾客财产的标准、规范、图样等。

(三) 顾客财产的爱护、保护和维护

销售部门或有关责任部门或人爱护、保护和维护供其使用或构成产品一部分的顾客财产。可以按产品防护(7.5.5 条款)和基础设施(6.3 条款)实施管理。

（四）顾客财产丢失、损坏或发现不适用时的处理

若顾客财产发生丢失、损坏或发现不适用的情况时，销售部门或有关责任部门或人应向顾客报告，并保持丢失、损坏或发现不适用详细记录（如名称、数量、原因等）。

三、符合要求的相关证据

（1）顾客财产识别的证据及符合性；

（2）顾客财产验证的证据及符合性；

（3）顾客财产保护和维护的证据及符合性；

（4）发生丢失、损坏或不适用时，向顾客报告和记录的相关证据及符合性。

第四节　销售部门的顾客满意控制

一、顾客满意控制工作流程

根据与销售部门质量管理体系要求相关的主要条款 8.2.1，顾客满意控制工作流程见图 10-3。

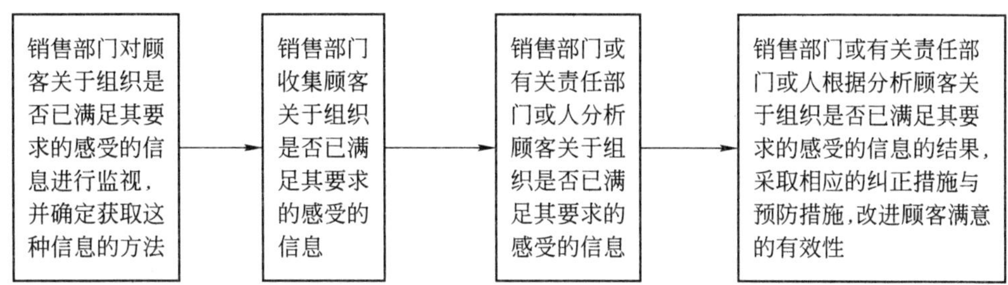

图 10-3　顾客满意控制工作流程

二、顾客满意控制要求和程序

8.2.1 条款要求组织应监视顾客满意的信息，了解顾客满意状况如何。这是非常重要的一个条款，组织建立、实施和持续改进质量管理体系的一个重要目标就是增强顾客满意，顾客满意的信息是评价组织质量管理体系绩效的一个重要方面。

“顾客满意”是指顾客对其要求已被满足程度的感受。可见“顾客满意”是顾客的亲身体验和感受的一种程度，组织不能去推测和估计。顾客满意的程度基于顾客对组织提供的产品的要求和期望，其要求被满足的程度越高，则顾客的感受会越好，满意程度也就越高。然而，组织的顾客往往有多种类型，不同的顾客，其要求和期望是不同的，因此对产品和服务，特别是对服务的感受也会因人而异，组织有可能满足了一个顾客群体的需要，而没有满足另一个群体。如人们使用的手机，一般来说老年人或低收入人群对手机主要定位于通话等功能且价格便宜，而年轻人或高收入的人群对手机主要除定位于通话等功能外，还需要具有网络等功能，如 iphone 手机，这就形成不同人群对不同手机的满意程度的差异。

需要理解的是，顾客没有抱怨或者投诉并不代表顾客满意，有时即使产品质量很好，顾客也不一定满意，顾客可能对产品满意，但对送货服务不满意。如果组织希望持续地改进质量管理体系的有效性，就需要持续地监视各类顾客对组织提供产品和服务的满意程度，研究如何满足各类顾客的需求，以不断增强顾客满意。

对组织的顾客来说，重要的是质量管理体系输出的结果。如果一个组织声称符合GB/T 19001标准，则对顾客意味着这个组织应当具有能够持续稳定地提供符合顾客要求和适用的法律法规要求的产品的能力，因此，顾客满意是测量质量管理体系绩效的重要指标之一，是体现组织所建立的质量管理体系有效性的重要方面，也是管理评审的一个重要输入。

顾客满意控制要求和程序如下：

（一）确定获取对顾客关于组织是否已满足其要求的感受的信息的方法并进行监视

销售部门对顾客关于组织是否已满足其要求的感受的信息进行监视，并确定获取这种信息的方法。

1. 确定获取顾客满意信息的方法

1）组织的外部

如：①直接顾客反馈的信息；②间接顾客反馈的信息；③同行业调查统计反馈的信息；④社会监督部门调查统计反馈的信息；⑤行业或专业机构的顾客满意调查统计信息；⑥其他。

2）组织的内部

如：①组织内售后服务部门反馈的信息；②销售业绩变化的信息；③顾客群变化的信息；④其他。

2. 进行监视

组织应应用上述方法对顾客关于组织是否已满足其要求的感受的信息进行监视。组织应根据重要和主要顾客及顾客的业务量、顾客的区域、与顾客满意有重要关系的过程、往年顾客满意的薄弱环节、现有顾客满意情况等进行顾客满意策划，然后予以实施。监视可以采用抽样的方法，但是应保证监视及监视后获得信息的代表性。

（二）收集顾客关于组织是否已满足其要求的感受的信息

销售部门收集上述顾客关于组织是否已满足其要求的感受的信息。收集信息的方法可以是书面的，也可以是口头的，如：①对与顾客有接触的内部人员进行调查；②顾客反馈及处理信息；③销售业绩的分析；④通过顾客来人、访问顾客、展销会、网络、电话等方式直接与顾客对话；⑤发放书面顾客满意度调查表、用户意见调查表等；⑥其他。

（三）分析上述顾客关于组织是否已满足其要求的感受的信息

获取顾客满意的信息不是最终目的，这些信息只有被利用了才是有意义的，因此，组织应确定、选择适宜的方法对收集到的顾客满意信息进行分析，在分析的基础上找出与顾客要求之间的差距，作为改进质量管理体系的依据，并在相关的活动和过程中采取适宜的改进措施，以提高满足顾客要求的程度，从而不断增强顾客的满意度。因此，销售部门应首先分析上述顾客关于组织是否已满足其要求的感受的信息，根据分析结果，把涉及有关部门的分析结果反馈给有关责任部门或人。然后，销售部门把上述顾客关于组织是否已满足其要求的感受的信息反馈给有关责任部门或人，有关责任部门或人分析上述顾客关于组织是否已满足其要求的感受的信息。

顾客满意的信息可以涉及如下内容：①组织提供给顾客的产品特性方面的信息，如外观、包装、功能、性能等，使用的效果、可靠性和可维修性等；②顾客对组织质量管理体系有关过程及改进方面的看法、意见和建议；③有关售后服务方面的信息，如交付的及时性，上门安装、维修和维护的质量，处理反馈的及时性和有效性等；④组织的有关人员素质、态度、专业技术水平等方面的信息。

（四）采取相应的纠正措施与预防措施，改进顾客满意的有效性

销售部门或有关责任部门或人根据上述分析顾客关于组织是否已满足其要求的感受的信息的结果，采取相应的纠正措施与预防措施，改进顾客满意的有效性。纠正措施与预防措施的控制应按8.5.2条款和8.5.3条款要求实施。

三、符合要求的相关证据

（1）是否已满足顾客要求的感受的信息进行监视的证据及符合性；

（2）获取顾客满意和（或）不满意信息的方法及相应结果及符合性；

（3）利用顾客满意和（或）不满意信息的方法及相应结果及符合性。

思考题十

10-1　组织应确定哪些与产品有关的要求？

10-2　试举例一种机电产品，并说明该产品有关的法律法规。

10-3　组织应如何管理受其控制或使用的顾客财产？

10-4　举例一个机电企业，并说明它可能存在的顾客财产。

10-5　8.2.1条款（顾客满意）提出哪些要求？

第十一章

机电企业设计和开发部门质量管理体系要求

第一节　设计和开发部门相关质量管理体系条款和流程

一、与设计和开发部门质量管理体系相关的条款

与设计和开发部门质量管理体系相关的主要条款有4.2.3、7.1、7.3；相关的一般条款主要有4.2.3、4.2.4、5.3、5.4.1、5.5.3、6.2、6.3、6.4、7.4、7.5.4、8.2.2、8.2.3、8.4、8.5。

二、相关的主要条款

4.2.3　文件控制

见第八章。

7.1　产品实现的策划

组织应策划和开发产品实现所需的过程。产品实现的策划应与质量管理体系其他过程的要求相一致（见4.1）。

在对产品实现进行策划时，组织应确定以下方面的适当内容：

a）产品的质量目标和要求；

b）针对产品确定过程、文件和资源的需求；

c）产品所要求的验证、确认、监视、测量、检验和试验活动，以及产品接收准则；

d）为实现过程及其产品满足要求提供证据所需的记录（见4.2.4）。

策划的输出形式应适合于组织的运作方式。

注1：对应用于特定产品、项目或合同的质量管理体系的过程（包括产品实现过程）和资源做出规定的文件可称之为质量计划。

注2：组织也可将7.3的要求应用于产品实现过程的开发。

7.3　设计和开发

7.3.1　设计和开发策划

组织应对产品的设计和开发进行策划和控制。

在进行设计和开发策划时，组织应确定：

a）设计和开发的阶段；

b）适合于每个设计和开发阶段的评审、验证和确认活动；

c）设计和开发的职责与权限。

组织应对参与设计和开发的不同小组之间的接口进行管理，以确保沟通有效，并明确职

责分工。

随着设计和开发的进展，在适当时，策划的输出应予更新。

注：设计和开发的评审、验证和确认具有不同的目的，根据产品和组织的具体情况，可单独或以任意组合的方式进行并记录。

7.3.2　设计和开发输入

应确定与产品要求有关的输入，并保持记录（见4.2.4）。这些输入应包括：

a）功能要求和性能要求；

b）适用的法律法规要求；

c）适用时，来源于以前类似设计的信息；

d）设计和开发所必需的其他要求。

应对这些输入的充分性和适宜性进行评审。要求应完整、清楚，并且不能自相矛盾。

7.3.3　设计和开发输出

设计和开发输出的方式应适合于对照设计和开发的输入进行验证，并应在放行前得到批准。

设计和开发的输出应：

a）满足设计和开发输入的要求；

b）给出采购、生产和服务提供的适当信息；

c）包含或引用产品接收准则；

d）规定对产品的安全和正常使用所必需的产品特性。

注：生产和服务提供的信息可能包括产品防护的细节。

7.3.4　设计和开发评审

应依据所策划的安排（见7.3.1），在适宜的阶段对设计和开发进行系统的评审，以便：

a）评价设计和开发的结果满足要求的能力；

b）识别任何问题并提出必要的措施。

评审的参加者应包括与所评审的设计和开发阶段有关的职能的代表。评审结果及任何必要措施的记录应予保持（见4.2.4）。

7.3.5　设计和开发验证

为确保设计和开发输出满足输入的要求，应依据所策划的安排（见7.3.1）对设计和开发进行验证。验证结果及任何必要措施的记录应予保持（见4.2.4）。

7.3.6　设计和开发确认

为确保产品能够满足规定的使用要求或已知的预期用途的要求，应依据所策划的安排（见7.3.1）对设计和开发进行确认。只要可行，确认应在产品交付或实施之前完成。确认结果及任何必要措施的记录应予保持（见4.2.4）。

7.3.7　设计和开发更改的控制

应识别设计和开发的更改，并保持记录。应对设计和开发的更改进行适当的评审、验证和确认，并在实施前得到批准。设计和开发更改的评审应包括评价更改对产品组成部分和已交付产品的影响。更改的评审结果和任何必要措施的记录应予保持（见4.2.4）。

三、相关的一般条款

设计和开发部门相关的一般条款主要有4.2.3、4.2.4、5.3、5.4.1、5.5.3、6.2、6.3、

6.4、7.4、7.5.4、8.2.2、8.2.3、8.4、8.5。设计和开发部门应按上述步骤条款和自身的职责，参考与此相关部门的质量管理体系要求实施上述条款，在相关部门主要条款要求和程序中，已经对此进行了详细说明。

四、工作流程、要求和程序

设计和开发部门质量管理体系工作流程、要求和程序主要包括文件控制工作流程、要求和程序以及设计和开发控制工作流程、要求。

第二节 设计和开发部门的文件控制

一、技术性文件控制工作流程

设计和开发部门文件控制主要指对产品技术性文件的控制，例，各种标准、产品图样、设计文件、工艺文件、检验文件等。根据设计和开发部门质量管理体系相关的主要条款4.2.3，技术性文件控制工作流程见图 11-1。

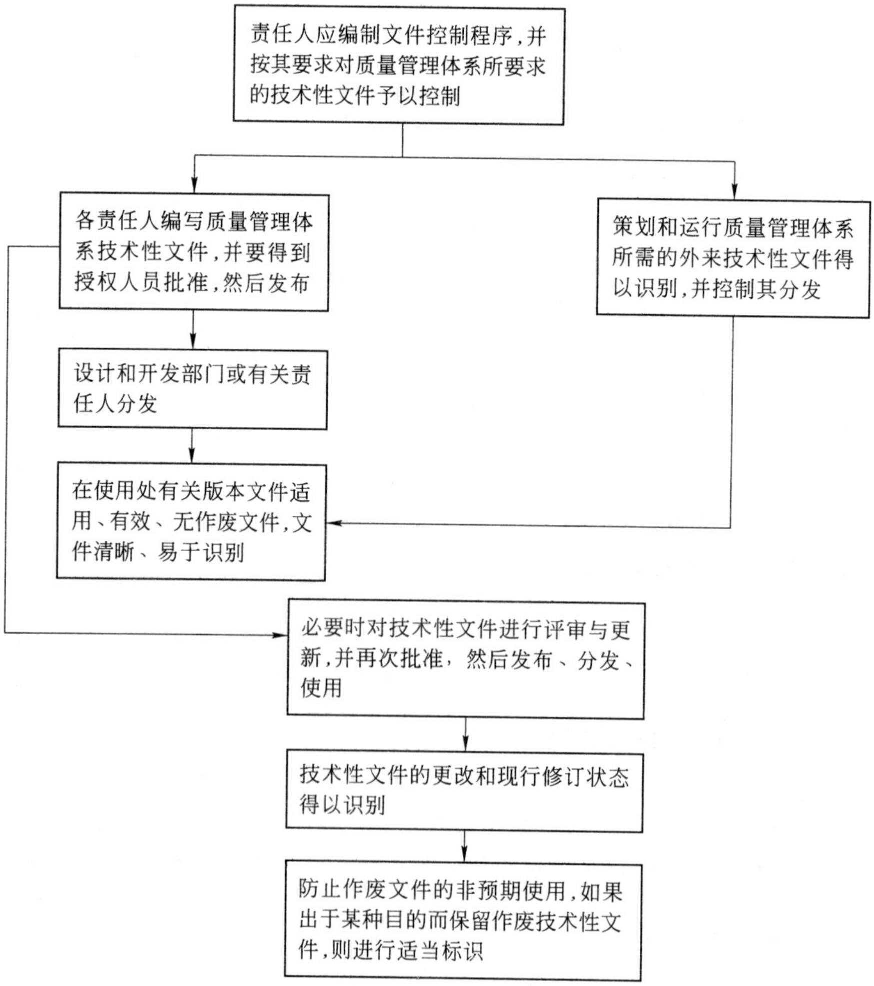

责任人应编制文件控制程序，并按其要求对质量管理体系所要求的技术性文件予以控制

→ 各责任人编写质量管理体系技术性文件，并要得到授权人员批准，然后发布
→ 设计和开发部门或有关责任人分发
→ 在使用处有关版本文件适用、有效、无作废文件，文件清晰、易于识别

→ 策划和运行质量管理体系所需的外来技术性文件得以识别，并控制其分发
→ 在使用处有关版本文件适用、有效、无作废文件，文件清晰、易于识别

各责任人编写质量管理体系技术性文件… → 必要时对技术性文件进行评审与更新，并再次批准，然后发布、分发、使用
→ 技术性文件的更改和现行修订状态得以识别
→ 防止作废文件的非预期使用，如果出于某种目的而保留作废技术性文件，则进行适当标识

图 11-1 技术性文件控制工作流程

二、技术性文件控制要求和程序

4.2.3条款明确了对文件(记录是一种特殊类型的文件,记录控制按编制的4.2.4条款控制)的控制要求,以确保文件中信息的准确性,使文件真正起到沟通意图、统一行动的作用。

技术性文件控制要求和程序如下:

(一) 编制形成文件的程序

程序编制责任部门或人应编制文件控制程序,并按其要求对质量管理体系所要求的技术性文件予以控制。文件控制程序规定的内容应符合GB/T 19001标准要求。

(二) 批准和发布

设计和开发部门各责任人编写分配的质量管理体系技术性文件,并要得到授权人员批准,然后发布,以保证技术性文件的充分性和适宜性,达到沟通信息和统一行动的目的。

(三) 分发

设计和开发部门责任人根据质量管理体系实施的需要分发,组织有关部门和人员都应获得需要的质量管理体系技术性文件,为此可以编制一份质量管理体系技术性文件分发清单。

(四) 使用处技术性文件

在使用处有关版本技术性文件适用、有效、无作废技术性文件,技术性文件清晰、易于识别。凡是需要用技术性文件指导对过程进行控制的场所都应得到适用的有关技术性文件,可以是纸质技术性文件或电子版技术性文件,技术性文件适用的范围要根据岗位需要确定。一般情况下,适用的有关技术性文件应是最新版本。但特殊情况下,某些旧版本的技术性文件也可能是适用的。如某工序正在加工一些为满足顾客需要的老产品的配件,相关的图纸和工艺文件虽已是旧版本的技术性文件,但对于配件加工的过程而言是适用的。

技术性文件在使用中应妥善保护,保持清晰。应能根据技术性文件名和技术性文件编号等准确地辨识不同的技术性文件,如"HLDZ/WJD 322—4530—1 线路板焊接卡片"。

(五) 技术性文件评审和更新

必要时,设计和开发部门责任人对技术性文件进行评审与更新,授权人员再次批准,然后由设计和开发部门责任人发布和分发,使用者使用。

一般来说技术性文件评审与更新的时机有:

(1) 当质量管理体系的内外部环境出现重大变化时,内部环境变化如组织机构的变化、最高管理者的变化、重大的产品和(或)设备和产品工艺的变化等,外部环境变化如顾客需求的变化、市场的变化和法律法规的变化等。

(2) 当出现重大质量事故、重大顾客投诉和采取需要更改技术性文件的纠正措施和预防措施时。

(3) 定期进行技术性文件评审,以确保技术性文件持续符合组织实际情况,持续改进质量管理体系的有效性。

(六) 修订状态

设计和开发部门责任人应使技术性文件的更改和现行修订状态得以识别。通常的方法有编制并发布表明技术性文件名称、编号及现行修订状态的控制清单；在技术性文件上作出状态标识，如年代号（点钞机标准 Q/HLDZ—03—2010 点钞机、Q/HLDZ—03—2007 点钞机……）、修订标识（点钞机图样编号 HLDZ/03—00 点钞机总图、第一次修订后点钞机图样编号 HLDZ/03—00a 点钞机总图、第二次修订后点钞机图样编号 HLDZ/03—00b 点钞机总图、……）等。

（七）作废技术性文件

设计和开发部门责任人及使用者应防止作废技术性文件的非预期使用，如果出于某种目的而保留作废技术性文件，设计和开发部门责任人及使用者应进行适当标识。技术性文件停止使用或更新后会产生作废技术性文件，应对作废技术性文件进行有效管理。如原先分发的技术性文件变为作废技术性文件后的全部回收。出于某种目的需要保留的作废技术性文件，应有明确标识加以区别，如在一份或若干份技术性文件上加盖"作废保留"印章等，其余作废技术性文件应及时妥善处置，如销毁等，防止误用。

（八）外来文件

设计和开发部门责任人应使策划和运行质量管理体系所需的外来技术性文件得以识别，并控制其分发。外来技术性文件是来自组织外部的技术性文件，如与产品有关的国家的法律法规、机电行业规定、规章制度、管理和技术标准、有关规范等，顾客提供的标准、图样、有关规范、样品或样机等与策划和运行质量管理体系有关的技术性文件。对外来技术性文件要求如下：

1. 得到识别

识别包括：编制外来技术性文件清单（目录），明确和确保外来技术性文件的获取、收集、查询。要区别外来技术性文件与组织的技术性文件，确保外来技术性文件的管理。

2. 控制分发

对于外来技术性文件的发放也应按组织的技术性文件规定进行分发控制。

3. 外来文件范围

外来技术性文件对组织适宜性的"确定"，可按 GB/T 19001 标准的 4.2.1d)、7.1b)、7.2.1c)等条款要求的需要确定。如与产品有关的 GB/T 16999《人民币鉴别仪通用技术条件》，《中华人民共和国工业产品生产许可证管理条例》（中华人民共和国国务院第 440 号令）、《人民币伪钞鉴别仪产品生产许可证实施细则》。

第三节 设计和开发部门的产品实现策划控制

产品实现策划控制还可能与最高管理者有关，根据不同组织有关职责和权限的规定，最高管理者可能参与产品实现策划控制。

7.1 条款明确要求组织要结合总体质量管理体系过程策划的结果，对本组织产品或服务实现的过程进行合理的策划，以便采取必要的措施实现产品的目标与要求。提供机电产品的组织的产品实现过程主要是实施产品实现的策划、与顾客有关的过程、产品设计和开发、采购、生产和服务提供及监视和测量设备控制等，通过上述过程将产品要求转化为最终产品，并将最终产品交付给顾客，必要时向顾客提供交付后的有关服务。

在机电产品实现之前，组织都应当针对该产品的实现过程进行的策划，再依据策划结果的安排，对与顾客有关的过程、产品设计和开发过程、采购过程、生产和服务提供过程及监视和测量设备控制过程等实施规定的过程控制，确保最终向顾客提供满足要求的产品。

一、定义

本节应用的术语应用了 GB/T 19000—2008 标准规定的术语定义。

项目(3.4.3)：由一组有起止日期的、协调和受控的活动组成的独特过程(3.4.1)，该过程达到符合包括时间、成本和资源约束条件在内的规定要求(3.1.2)的目标。

注 1：单个项目可作为一个较大项目结构中的组成部分。

注 2：在一些项目中，随着项目的进展，其目标才逐渐清晰，产品特性(3.5.1)逐步确定。

注 3：项目的结果可以是单一或和若干个产品(3.4.2)。

注 4：根据 GB/T 19016—2005 改写。

质量计划(3.7.5)：对特定的项目(3.4.3)、产品(3.4.2)、过程(3.4.1)或合同，规定由谁及何时应使用哪些程序(3.4.5) 和相关资源的文件(3.7.2)。

注 1：这些程序通常包括所涉及的那些质量管理过程和产品实现过程。

注 2：通常，质量计划引用质量手册(3.7.4)的部分内容或程序文件。

注 3：质量计划通常是质量策划(3.2.9)的结果之一。

检验(3.8.2)：通过观察和判断，适当时结合测量、试验或估量所进行的符合性评价[ISO/IEC 指南 2]。

试验(3.8.3)：按照程序(3.4.5) 确定一个或多个特性(3.5.1)。

二、产品实现的策划控制工作流程

根据设计和开发部门质量管理体系要求相关的主要条款 7.1，产品实现的策划控制工作流程见图 11-2。

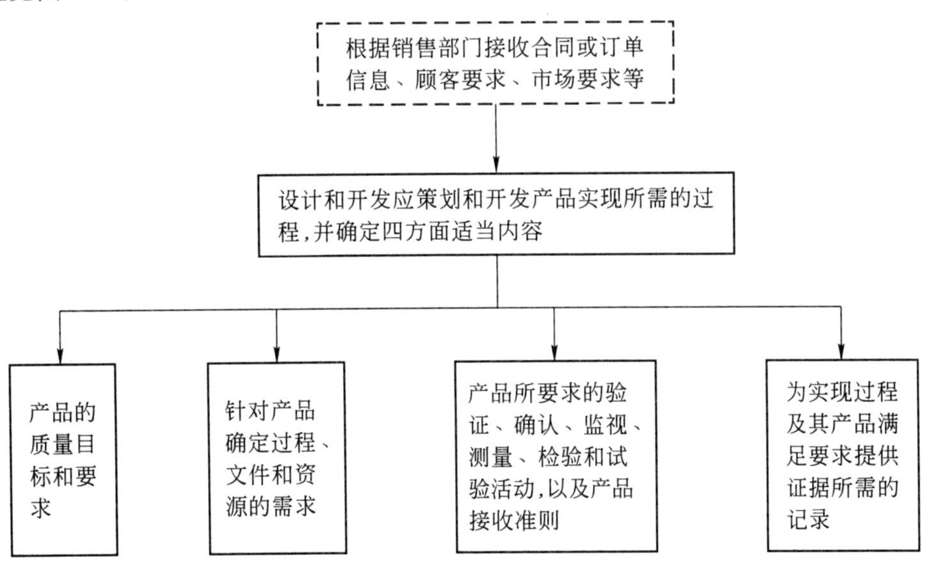

图 11-2　产品实现的策划控制工作流程

三、产品实现的策划控制要求和程序

组织应根据销售部门接收合同或订单信息、顾客要求、市场要求等实施产品的设计和开发。

（一）应策划和开发产品实现所需的过程

设计和开发部门应策划和开发产品实现所需的过程。产品实现的策划应与质量管理体系其他过程的要求相一致。

设计和开发部门应策划和开发产品实现所需的与顾客有关的过程、产品设计和开发过程、采购过程、生产和服务提供过程及监视和测量设备控制过程等。

产品实现的策划是针对具体产品的具体策划的过程和活动，这个过程与组织质量管理体系有着密切的联系，是整个质量管理体系过程中的一个重要组成部分。因此，对产品实现的策划，应该注意与组织质量管理体系的其他过程的有关要求相协调，也应符合标准 4.1 条款的有关要求。如一个冰箱组织的质量目标包括了“一级能耗的冰箱比例为 80%”，而其产品设计开发时选定的产品质量目标也应是“一级能耗的冰箱比例为 80%”，而不应该不符合上述要求。

（二）应确定四方面的适当内容

不同行业的产品和其要求不同，产品的实现过程往往是不同的；即便是相同行业，不同的组织也会随着组织的规模、人员、设备、顾客、供方、所处区域、管理水平等的不同，而采用不同的产品实现过程。因此，组织应该结合本组织的实际情况，对产品实现过程进行策划。

设计和开发部门在对产品实现进行策划时，组织应确定以下方面的适当内容：

1. 产品的质量目标和要求

设计和开发部门有关责任人应该根据顾客的要求、市场要求、产品标准要求、国家的法律法规要求，确定产品的质量目标和质量要求。如根据美国顾客要求生产鉴别美钞的点钞机，就要考虑是否可以了解和掌握假美钞的本质，能否设计出相应鉴别美钞程序，组织是否具备出口美国的能力，能否获得出口美国的许可、点钞机是否具备出口所必需的可靠性等。

2. 针对产品确定过程、文件和资源的需求

（1）确定产品实现所需的与顾客有关的过程、产品设计和开发过程、采购过程、生产和服务提供过程及监视和测量设备控制等过程及上述过程内部和上述过程之间的相互关系和相互作用。如根据顾客要求设计和开发美钞点钞机，则需确定设计、评审、验证、确认美钞鉴别程序过程。

（2）确定产品实现所需的各种文件。如根据顾客要求设计和开发美钞点钞机，则需确定产品技术要求、产品图样、产品工艺规程、产品检验规程等。

（3）确定产品实现所需的各种资源。如根据顾客要求设计和开发美钞点钞机，则需美钞鉴别程序设计人员和产品图样设计人员、各种假美钞、专用试验设备、熟悉出口美国的销售人员等。

3. 产品所要求的验证、确认、监视、测量、检验和试验活动，以及产品接收准则

（1）确定产品所要求的验证、确认、监视、测量、检验和试验活动。如在设计和开发过程中确定如何对美钞鉴别程序及美钞点钞机上述验证和确认活动，如何对美钞点钞机的原材

料、元器件、外购件、标准件、外协件、零部件和产成品以及生产过程等实施监视监视、测量、检验和试验活动。

“检验”是指通过观察和判断，适当时结合测量、试验或估量所进行的符合性评价。“试验”是指按照程序确定一个或多个特性。

(2) 确定产品接收准则。如设计和制订上述美钞点钞机的图样、设计文件、工艺文件、检验文件等。

4. 为实现过程及其产品满足要求提供证据所需的记录

产品实现过程中的记录是质量管理体系所要求记录的一部分，记录应该根据需要确定，要注意是实现过程及其产品满足要求提供证据所需的记录。

(三) 策划的输出形式应适合于组织的运作方式

策划活动的输出结果可以是多种形式，具体形式应该与组织运作特点及产品特点相适应。如机电行业中《新产品改进计划》。对于简单的产品实现的策划结果可以简略；对于复杂的产品或服务，产品实现的策划结果应该非常详细，可能包含产品实现有关过程详细要求和人员、实施、工作环境资源需求的详细要求；对于质量管理体系基础较好的组织，产品实现的策划结果可能简单些，而对于质量管理体系基础较差的组织，产品实现的策划结果可能复杂些；对于初次实施产品实现的策划的组织，产品实现的策划结果可能复杂些，而对于多次实施产品实现的策划的组织，产品实现的策划结果可能简单些。

(四) 其他说明

质量策划与质量计划是两个不同的概念。“质量策划”是质量管理的一部分，致力于制定质量目标并制定必要的运行过程和相关资源以实现质量目标。“质量计划”是对特定的项目、产品、过程或合同，规定由谁及何时应使用哪些程序和相关资源的文件。质量计划是质量策划的一种结果，可以是一份或一套文件，目的是为了实现产品实现的策划的目标。质量策划的活动可能包含编制质量计划，还包含编制其他文件；质量计划是质量策划输出的一种形式。“项目”是由一组有起止日期的、协调和受控的活动组成的独特过程，该过程达到符合包括时间、成本和资源约束条件在内的规定要求的目标。

四、符合要求的相关证据

产品的实现过程的策划或开发的结果及符合性。

第四节　设计和开发部门的设计和开发控制

设计和开发控制还可能与最高管理者、销售部门、采购部门、生产部门、质量检验等部门有关，根据不同组织有关职责和权限的规定，最高管理者、销售部门、采购部门、生产部门、质量检验等部门可能参与设计和开发控制。

一、定义

本节应用的术语应用了 GB/T 19000—2008 标准规定的术语定义。

设计和开发(3.4.4)：将要求(3.1.2) 转换为产品(3.4.2)、过程(3.4.1)或体系(3.2.1)

的规定的特性(3.5.1)或规范(3.7.3)的一组过程(3.4.1)。

注1:术语“设计”和“开发”有时是同义的,有时用于规定整个设计和开发过程的不同阶段。

注2:设计和开发的性质可使用限定词表示(如产品设计和开发或过程设计和开发)。

客观证据(3.8.1):支持事物存在或其真实性的数据。

注:客观证据可通过观察、测量、试验(3.8.3)或其他手段获得。

验证(3.8.4):通过提供客观证据(3.8.1)对规定要求(3.1.2)已得到满足的认定。

注1:“已验证”一词用于表明相应的状态。

注2:认定可包括下述活动,如:

——变换方法进行计算;

——将新设计规范(3.7.3)与已证实的类似设计规范进行比较;

——进行试验(3.8.3)和演示;

——文件发布前进行评审。

确认(3.8.5):通过提供客观证据(3.8.1)对特定的预期用途或应用要求(3.1.2)已得到满足的认定。

注1:“已确认”一词用于表明相应的状态。

注2:确认所使用的条件可以是实际的或是模拟的。

二、设计和开发控制工作流程

根据设计和开发部门质量管理体系相关的主要条款7.3,设计和开发控制工作流程见图11-3。

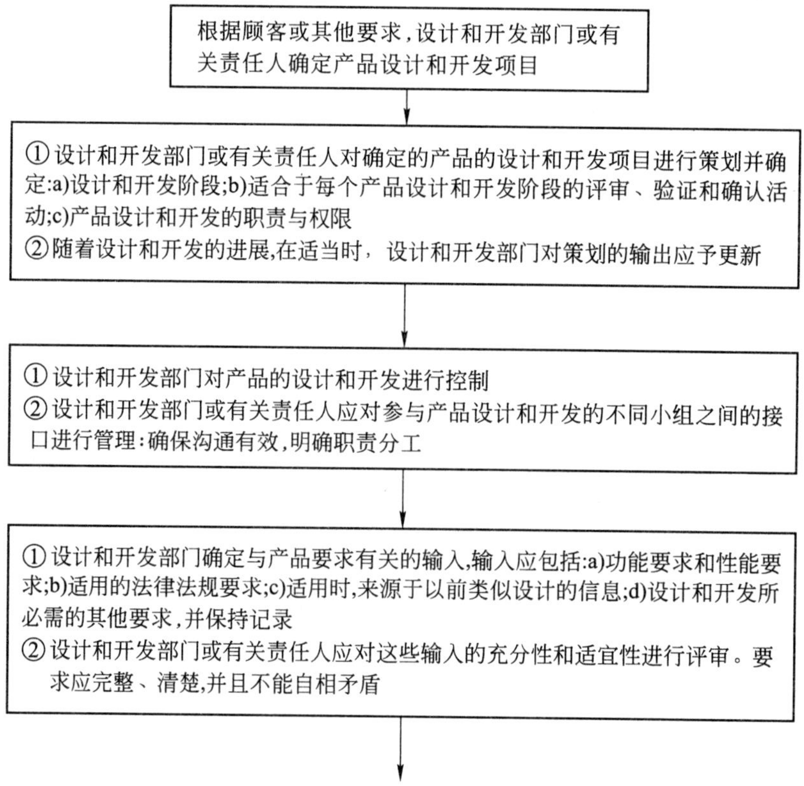

根据顾客或其他要求,设计和开发部门或有关责任人确定产品设计和开发项目

↓

①设计和开发部门或有关责任人对确定的产品的设计和开发项目进行策划并确定:a)设计和开发阶段;b)适合于每个产品设计和开发阶段的评审、验证和确认活动;c)产品设计和开发的职责与权限
②随着设计和开发的进展,在适当时,设计和开发部门对策划的输出应予更新

↓

①设计和开发部门对产品的设计和开发进行控制
②设计和开发部门或有关责任人应对参与产品设计和开发的不同小组之间的接口进行管理:确保沟通有效,明确职责分工

↓

①设计和开发部门确定与产品要求有关的输入,输入应包括:a)功能要求和性能要求;b)适用的法律法规要求;c)适用时,来源于以前类似设计的信息;d)设计和开发所必需的其他要求,并保持记录
②设计和开发部门或有关责任人应对这些输入的充分性和适宜性进行评审。要求应完整、清楚,并且不能自相矛盾

↓

图11-3　设计和开发控制工作流程

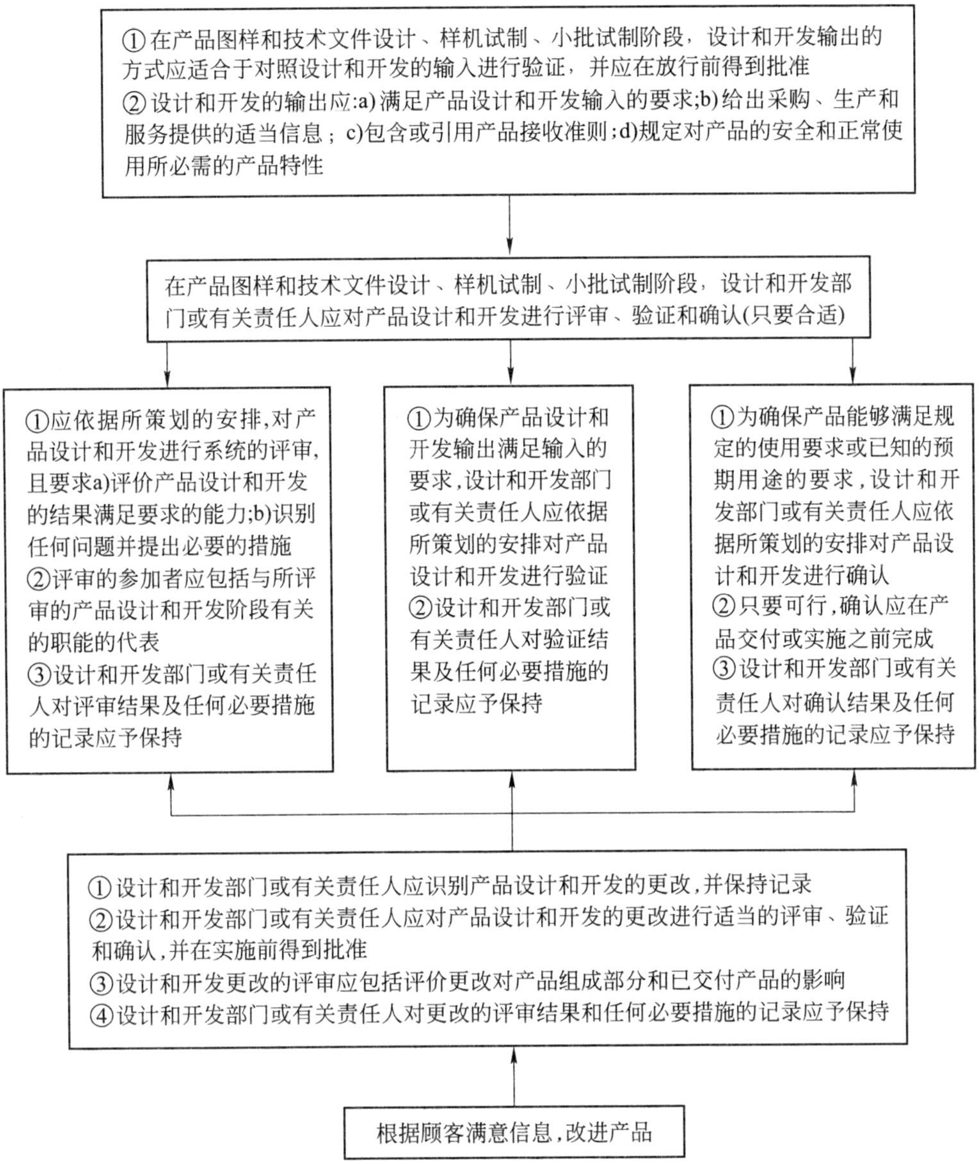

①在产品图样和技术文件设计、样机试制、小批试制阶段，设计和开发输出的方式应适合于对照设计和开发的输入进行验证，并应在放行前得到批准
②设计和开发的输出应:a)满足产品设计和开发输入的要求;b)给出采购、生产和服务提供的适当信息；c)包含或引用产品接收准则;d)规定对产品的安全和正常使用所必需的产品特性

↓

在产品图样和技术文件设计、样机试制、小批试制阶段，设计和开发部门或有关责任人应对产品设计和开发进行评审、验证和确认(只要合适)

↓

①应依据所策划的安排,对产品设计和开发进行系统的评审,且要求a)评价产品设计和开发的结果满足要求的能力;b)识别任何问题并提出必要的措施
②评审的参加者应包括与所评审的产品设计和开发阶段有关的职能的代表
③设计和开发部门或有关责任人对评审结果及任何必要措施的记录应予保持

①为确保产品设计和开发输出满足输入的要求,设计和开发部门或有关责任人应依据所策划的安排对产品设计和开发进行验证
②设计和开发部门或有关责任人对验证结果及任何必要措施的记录应予保持

①为确保产品能够满足规定的使用要求或已知的预期用途的要求,设计和开发部门或有关责任人应依据所策划的安排对产品设计和开发进行确认
②只要可行,确认应在产品交付或实施之前完成
③设计和开发部门或有关责任人对确认结果及任何必要措施的记录应予保持

↑

①设计和开发部门或有关责任人应识别产品设计和开发的更改,并保持记录
②设计和开发部门或有关责任人应对产品设计和开发的更改进行适当的评审、验证和确认,并在实施前得到批准
③设计和开发更改的评审应包括评价更改对产品组成部分和已交付产品的影响
④设计和开发部门或有关责任人对更改的评审结果和任何必要措施的记录应予保持

↑

根据顾客满意信息,改进产品

图 11-3(续)

三、设计和开发控制要求和程序

“设计和开发”是指将要求转换为产品、过程或体系的规定的特性或规范的一组过程。7.3 条款所述的设计和开发是指产品的设计和开发,可以理解为,组织将产品要求(包括顾客的要求、法律法规的要求和隐含的要求等)作为设计输入,通过设计活动的实施,将这些要求准确地转换为规定的产品特性。产品的设计和开发过程是产品实现过程中的一个重要过程,对最终产品能否满足顾客的要求和法律法规的要求有着至关重要的作用。

设计和开发控制要求和程序如下：

(一) 确定产品设计和开发项目

根据顾客要求、市场要求或其他要求,设计和开发部门或有关责任人确定产品设计和开发项目，设计和开发项目包括老的产品的改进设计。

（二）产品设计和开发的策划

7.3.1 条款（产品设计和开发的策划）是 7.1 条款（产品实现的策划）要求策划的一种策划，应考虑与产品实现策划的一致性。

1. 策划和确定

设计和开发部门或有关责任人对确定的产品的设计和开发项目进行策划并确定：产品设计和开发阶段；适合于每个产品设计和开发阶段的评审、验证和确认活动；产品设计和开发的职责与权限。

1）产品设计和开发阶段

根据机电行业产品设计和开发的规定、机电产品的复杂程度、组织的具体运作方式以及组织的技术能力确定产品设计和开发的阶段。不同类型和不同复杂程度的产品，其设计

开发阶段的划分往往是不同的，即便是相同类型和相同复杂程度的产品，不同的组织对其设计开发阶段的划分也可能是不同的。机电产品设计和开发阶段主要包括图样设计、样机设计、小批量设计。

有些机电产品设计和开发比较简单，不一定需要划分和确定很详细的阶段，可以用产品设计和开发流程图的形式来表示产品设计和开发不同阶段或步骤，并注明不同阶段或步骤实施的责任人。

2）适合于每个产品设计和开发阶段的评审、验证和确认活动

对机电行业来说，应确定机电产品各个阶段（如产品图样和技术文件设计、样机试制、小批试制阶段）的评审、验证和确认活动，不是每一个阶段都需要实施评审、验证和确认活动，要按机电产品的特点和需要确定。如点钞机的图样设计阶段后需要评审、验证和确认。

3）产品设计和开发的职责与权限

应明确参与机电产品设计和开发各个阶段工作的人员的分工、职责和权限。

2. 接口管理和策划更新

设计和开发部门应对产品设计和开发进行控制，设计和开发部门或有关责任人应对参与产品设计和开发的不同小组之间的接口进行管理：确保沟通有效，明确职责分工。随着产品设计和开发的进展，在适当时，设计和开发部门对策划的输出应予更新。

1）接口管理

对于一个项目有多个小组参加的设计和开发或有设计和开发外包的情况，特别要明确承担设计和开发不同任务的小组之间、有关部门或项目组之间、有关部门之间、项目组与外包组织之间，有关部门与外包组织之间的接口、沟通和管理。接口要明确相关人员的职责和权限、沟通方法、沟通时机、沟通内容和如何管理。

2）策划输出更新

设计和开发计划是设计和开发策划的结果之一，机电产品设计和开发策划的结果按机电行业规定一般为技术（设计）任务书。如果设计和开发过程中出现与策划不一致的情况，如产品性能、进度等分析变更，技术（设计）任务书应随之进行必要的调整与更新。

（三）产品设计和开发输入

7.3.2 条款要求设计和开发部门明确在设计和开发产品时，需要依据哪些要求，所以设

计和开发输入的准确性、全面性与适宜性，对设计和开发输出结果的质量起着决定性的作用。

1. 输入要求

设计和开发部门确定与产品要求有关的输入，输入应包括：功能要求和性能要求，适用的法律法规要求，适用时，来源于以前类似设计的信息，设计和开发所必需的其他要求。并保持与产品要求有关的输入记录。产品的设计和开发输入的信息主要来自顾客要求、市场要求、法律法规要求等。“7.2 与顾客有关的过程”的输出就是产品的设计和开发输入主要信息来源。

1）功能要求和性能要求

功能是产品在使用条件下的作用，如点钞机的功能是鉴别或点数、鉴别和点数性能是点钞机达到功能应具有的特性，如鉴别能力、鉴别速度、伪钞辨别、漏辨率、误辨率和预置数鉴别等。不同型号规格的点钞机的功能相同或相近，但其性能及性能要求的高低可能是不同的。如动态式点钞机具有在能自动连续辨认处于电动传输状态中的纸币真伪，而静态点钞机具有在能自动辨认单张处于手动传输状态中的纸币真伪。

2）适用于产品的法律法规要求

特别是涉及机电产品正常使用所必须的要求和安全方面的特性要求。这些信息可以来自于“7.2 与顾客有关的过程”的输出，也可能是与产品密切相关的法律法规，如“欧共体”顾客要求组织必须提供已通过 CE 认证的点钞机，如国内顾客要求组织必须提供已通过生产许可证和 3C 认证的点钞机。

3）适用时，来源于以前类似设计的信息

结合过去的机电产品设计和开发活动，适用时，可将以前类似设计的成果直接作为输入。如点钞机公司在开发 HL—865 点钞机的基础上，参考了 HL—865 点钞机的设计和开发成果。先后开发了 HL 2000 系列点钞机。

4）设计和开发所必需的其他要求

如顾客要求点钞机输入电压为 110 V 等。

2. 评审

设计和开发部门或有关责任人应对设计和开发输入的充分性和适宜性进行评审。要求应完整、清楚，并且不能自相矛盾。充分性评审是要关注其设计输入应该考虑的内容是否全面，是否识别了设计和开发的机电产品达到规定要求的所有设计和开发输入要求，以及设计和开发输入是否有遗漏。适宜性评审是要关注设计和开发输入要求与设计和开发预期达到的机电产品要求相适宜，是否合理，是否具有可实现性等。通过评审可能会发现设计和开发输入的不足，需要根据评审结果补充设计和开发的输入，确保设计和开发输入的充分性和适宜性。

评审的责任人应该是从事设计和开发项目的负责人及有关该项目设计和开发人员。

3. 记录

设计和开发输入应有记录，并保持记录。

（四）产品设计和开发输出

7.3.3 条款主要是要求组织明确设计开发的结果如何，确保设计结果能够满足输入的要求。

1. 输出内容

产品设计和开发的输出应:满足设计和开发输入的要求,给出采购、生产和服务提供的适当信息,包含或引用产品接收准则,规定对产品的安全和正常使用所必需的产品特性。

1) 满足输入的要求

机电产品设计和开发各个阶段的输出满足输入的要求或满足输入分解后相应的各种的不同要求,如机电产品设计的产品图样符合“满足设计和开发输入的要求”中的部分要求、“给出采购、生产和服务提供的适当信息”中的给出机电产品生产提供的适当信息的要求、“规定对产品的安全和正常使用所必需的产品特性”中的部分要求。

2) 给出采购、生产和服务提供的适当信息

机电产品设计和开发输出的内容可以包括用于采购、生产、安装、检验和服务的机电产品方面的要求。如机电产品产品图样、零部件汇总表、标准件汇总表、外协件明细表等。

3) 包含或引用产品接收准则

如产品技术条件、产品标准、原材料检验卡片、元器件检验卡片、外协件检验卡片、外购件检验卡片、零部件检验卡片和产成品检验卡片等。

4) 规定对产品的安全和正常使用所必需的产品特性

如产品技术条件、产品标准、型式试验大纲、使用说明书等。

2. 输出要求

在产品图样和技术文件设计、样机试制、小批试制阶段,产品设计和开发输出的方式应适合于对照产品设计和开发的输入进行验证,并应在放行前得到批准。

设计和开发输出的结果与方式因机电行业的不同、设计和开发输入与机电产品的不同、设计和开发阶段的不同而异,机电制造业通常包括产品图纸(产品总图、电气原理图、零部件图等)和设计文件(技术或设计任务书、研究试验报告、计算书、文件目录、图样目录、明细表、汇总表、产品技术条件、产品标准、使用说明书、合格证明书、标准化审查报告、试制总结、型式试验报告、试用报告、产品质量特性重要度分级表、用户验收报告等)、工艺文件(工艺方案、产品零、部件工艺路线表、冲压、焊接、表面处理、热处理、电镀、塑料零件注射、电气装配、油漆工艺卡片、机械加工、装配、工艺过程卡片、装配、工序卡片、操作指导、检验卡片、工序质量分析表、工序质量控制图、产品质量控制点明细表、外协件明细表、专用工艺装备明细表、工位器具明细表、专用工艺装备设计文件、材料消耗工艺定额明细表、工艺文件标准化审查记录、工艺验证书和工艺总结等)、试制的样品或样机等。

机电产品设计和开发输出的方式应适合于对照产品设计和开发的输入进行验证。“验证”是指通过提供客观证据对规定要求已得到满足的认定。认定可包括:变换方法进行计算,将新设计规范与已证实的类似设计规范进行比较。进行试验和演示,文件发布前进行评审。如点钞机无故障工作时间不小于 2 000 小时的输入要求可以通过试验进行验证其是否达到该指标。

上述设计和开发的输出结果,在使用前应得到规定的授权人批准。

(五) 设计和开发不同阶段的评审、验证和确认

在产品图样和技术文件设计、样机试制、小批试制阶段,设计和开发部门或有关责任人应对产品设计和开发进行评审、验证和确认(只要合适)。

“确认”是指通过提供客观证据对特定的预期用途或应用要求已得到满足的认定。确认

所使用的条件可以是实际的或是模拟的。

设计和开发评审、验证与确认是具有不同目的的三项设计和开发的要求，设计和开发部门应根据策划的结果，在各阶段实施设计和开发的评审、验证与确认活动。如点钞机产品图样设计过程中可以使用变换方法进行计算或将新设计规范与已证实的类似设计规范进行比较验证输入要求是否得到满足；当点钞机产品图样设计完成后需对产品图样满足要求并投入试制的适宜性、充分性和有效性进行评审活动；最后对点钞机产品图样是否可以满足产品样机的试制要求实施确认，确认后点钞机产品图样才可以分发并投入试制使用。

当然上述活动根据实际情况分三次、二次或一次实施，如实施一次评审活动，合并实施验证和确认活动。

1. 产品设计和开发评审

应依据所策划的安排，对产品设计和开发进行系统的评审，且要求：评价设计和开发的结果满足要求的能力，识别任何问题并提出必要的措施；评审的参加者应包括与所评审的产品设计和开发阶段有关的职能的代表；设计和开发部门或有关责任人对评审结果及任何必要措施的记录应予保持。

1）评价设计和开发的结果满足要求的能力

（1）设计和开发评审的目的是确定各阶段设计和开发的结果满足有关设计输入要求的能力。

（2）评审的时机是在设计和开发策划时确定的，可以在不同的阶段多次实施评审，也可以实施一次评审，当策划发生变更时，评审的时机也随之变更。

（3）评审的形式可以是会议、会审、分级审查、同行评审等。

（4）评审的内容包括 7.3.4 条款中 a)、b)要求。

2）识别任何问题并提出必要的措施

应记录设计和开发评审结果中存在的不能完全满足规定要求的问题，把问题反馈到设计过程中的有关阶段的设计和开发部门的有关责任人或有关责任部门的责任人，设计和开发部门的有关责任人或有关责任部门的责任人应针对问题，分析原因，采取相应措施并予以实施和跟踪验证，设计和开发部门有关责任人应保持措施实施的结果和跟踪的证据。确认记录应能表明设计和开发相关阶段性的结果是否满足规定的要求，通常也可以是下次评审的对象。

3）设计和开发部门或有关责任人对评审结果及任何必要措施的记录应予保持

应记录评审设计和开发结果中存在的问题，把问题反馈到设计过程中的有关阶段的设计和开发部门的有关责任人或有关责任部门的责任人，设计和开发部门的有关责任人或有关责任部门的责任人应针对问题，分析原因，采取相应措施并予以实施和跟踪验证，设计和开发部门有关责任人应保持措施实施的结果和跟踪的证据。评审记录应能表明设计和开发相关阶段性的结果是否具有满足机电产品要求的能力，是否识别了有关问题。

4）评审的参加者应包括与所评审的产品设计和开发阶段有关的职能的代表

参加评审的有关的职能的代表应是与产品设计和开发相应阶段有关的职能的代表，不同阶段参加的人员可能是不同的。如产品图样阶段参加评审人员有：设计和开发部门有关人员、质量检验部门有关人员、采购部门有关人员、生产部门有关人员等；产品样机阶段参加评审人员有：设计和开发部门有关人员、质量检验部门有关人员、生产部门有关人员、顾客、供方、外部专家等。

2. 产品设计和开发验证

为确保产品设计和开发输出满足输入的要求，设计和开发部门或有关责任人应依据所策划的安排对产品设计和开发进行验证。设计和开发部门或有关责任人对验证结果及任何必要措施的记录应予保持。

1）为确保产品设计和开发输出满足输入的要求，设计和开发部门或有关责任人应依据所策划的安排对产品设计和开发进行验证

（1）设计和开发验证时机应按设计和开发策划要求进行，可以在设计和开发的结果输出前后进行验证活动，如产品图样应在设计和开发的结果输出前进行验证，产品样机应在设计和开发的结果输出后进行验证。当策划发生变更时，验证的时机也随之变更。

（2）验证的方式因输入要求和产品的不同而不同，各个不同阶段的验证也可能采用不同的方式进行，设计和开发输出的评审是验证的方式之一。通常机电产品制造业多采用变换方法进行计算、将新设计规范与已证实的类似设计规范进行比较、进行试验等方法进行验证。应针对具体机电产品，选用适宜的方式方法，确保能够提供是否满足输入要求的客观证据。如果验证结果发现问题或未达到最初输入的要求，就需要研究决定如何解决这些问题。采取措施的结果通常会作为下次设计评审的对象。

（3）设计和开发验证的内容与其目的相关联，是对输出是否满足输入的要求进行评审。

2）设计和开发部门或有关责任人对验证结果及任何必要措施的记录应予保持

参加验证人员通常是设计和开发人员，也可能是质量检验部门有关人员和顾客（如果合同规定顾客参加）。

应记录验证设计和开发结果中存在的不能完全满足输入要求的问题，把问题反馈到设计过程中的有关阶段的设计和开发部门的有关责任人或有关责任部门的责任人，设计和开发部门的有关责任人或有关责任部门的责任人应针对问题，分析原因，采取相应措施并予以实施和跟踪验证，设计和开发部门有关责任人应保持措施实施的结果和跟踪的证据。验证记录应能表明设计和开发相关阶段性的结果是否具有满足产品输入要求。

3. 产品设计和开发确认

为确保产品能够满足规定的使用要求或已知的预期用途的要求，设计和开发部门或有关责任人应依据所策划的安排对产品设计和开发进行确认。只要可行，确认应在产品交付或实施之前完成，设计和开发部门或有关责任人对确认结果及任何必要措施的记录应予保持。

1）为确保产品能够满足规定的使用要求或已知的预期用途的要求，设计和开发部门或有关责任人应依据所策划的安排对产品设计和开发进行确认

（1）设计和开发的确认通常都是针对样品或样机、模拟样品或样机进行的。

（2）一般来说产品确认包括组织内部的确认和顾客的确认。

（3）设计和开发确认的时机应按设计和开发策划的安排。可以在不同的阶段对阶段结果多次实施确认，也可以实施一次确认，当策划发生变更时，确认的时机也随之变更。

（4）确认的方式可以是多种形式，如鉴定会、展销会、试运行等。

（5）对于有些产品的确认可能只有在实际使用时才能实现，如样机试用、枪械在战场中的使用等。

(6) 特殊情况下的确认，如枪支在高低温、湿度、灰尘极限环境下的性能，往往很难在真实的环境中确认，对于这种产品的设计确认可能就需要创造类似模拟环境实施确认。

(7) 如果确认时发现产品不能完全满足规定的使用要求或已知的预期用途的要求，应解决这些问题，并把采取措施的结果作为下次设计确认的对象。

2) 只要可行，确认应在产品交付或实施之前完成

通常情况确认应在产品交付或实施之前完成。如机电产品整机制造并检验、试验并确认通过后，方可交付或实施。也有产品交付或实施之后完成情况，如成套大型设备不可能在组织内完成成套设备确认，但是可以对其众多零部件进行多次确认，全套零部件交付后，在顾客处完成安装、调试、检验、试验后，再对产品整机实施确认。成套制药设备就是该种情况。对于中小型设备也有该种情况，主要是根据顾客提出了交付后实施确认的要求。

3) 设计和开发部门或有关责任人对确认结果及任何必要措施的记录应予保持

应记录设计和开发确认结果中存在的不能完全满足规定的使用要求或已知的预期用途的要求的问题，把问题反馈到设计过程中的有关阶段的设计和开发部门的有关责任人或有关责任部门的责任人，设计和开发部门的有关责任人或有关责任部门的责任人应针对问题，分析原因，采取相应措施并予以实施和跟踪验证，设计和开发部门有关责任人应保持措施实施的结果和跟踪的证据。确认记录应能表明设计和开发相关阶段性的结果是否满足规定的使用要求或已知的预期用途的要求。通过实施确认活动，可以提高产品质量，减少经济损失。

4. 设计和开发评审、验证和确认关系

设计和开发评审、验证和确认是设计开发过程中的三项重要活动，它们都是对设计和开发质量进行控制的活动，都应在设计和开发的策划中确定实施的时机、对象、方式、达到的要求、参加人员、保持过程记录及任何必要措施的记录等。但是由于设计和开发评审、验证和确认的目的不同，导致其实施的时机、对象、方式、达到的要求、参加人员、保持过程记录及任何必要措施的记录等有所不同，但是设计和开发评审、验证和确认之间有密切联系，不可分割，缺一不可。

设计和开发评审的一个目标是:评价设计和开发的结果满足要求的能力;设计和开发验证的一个目标是:确保设计和开发输出满足输入的要求;确认的一个目标是:确保产品能够满足规定的使用要求或已知的预期用途的要求。评审要求:“评价设计和开发的结果满足要求的能力”中“满足要求”比较验证要求:设计和开发的与产品“有关要求”的输入具有更加广泛的含义。如图样设计阶段，图样不仅要满足设计和开发的输入要求，还有满足其他有关标准等要求;“满足要求的能力”指评审强调的是满足“要求的能力”不仅满足要求，还要满足要求的能力;而验证只是要求满足设计和开发的输入要求，没有提出能力要求。设计和开发确认的一个目标是:确保产品能够满足规定的使用要求或已知的预期用途的要求，强调的是“满足使用和用途的要求”，可以理解为评审和验证中提出要求的一部分，因为评审和验证的要求也包括满足使用和用途的要求，譬如，输入要求中的功能要求就含有使用和用途的要求的含义。

(六) 产品设计和开发的更改的控制

应识别设计和开发的更改，并保持记录。应对设计和开发的更改进行适当的评审、验证和确认，并在实施前得到批准。设计和开发更改的评审应包括评价更改对产品组成部分和

已交付产品的影响。更改的评审结果和任何必要措施的记录应予保持。

1. 识别产品设计和开发的更改，并保持记录

设计和开发部门或有关责任人应识别产品设计和开发的更改，并保持记录。设计和开发的更改可能有下列情况产生：与产品有关的要求的确定和评审的结果形成合同以及合同的变更，法律法规的更改，市场及顾客需求的变更，组织的产品质量改进，设计和开发的错误，制造过程的变化或改进，科学技术的发展等。①与产品有关的要求的确定和评审的结果形成合同以及合同的变更情况，如顾客要求点钞机喂钞台的尺寸要符合欧元要求；②法律法规的更改，如产品标准的更新；③市场及顾客需求，如伪钞制造技术的提高，点钞机鉴别技术水平需要作需要提高；④组织的产品质量改进，如点钞机的结构设计，导致易损件更换困难；⑤设计和开发的错误，点钞机两个零部件间的装配尺寸错误，导致不能装配；⑥制造过程的变化或改进，如线路板的焊接采用了新工艺；⑦科学技术的发展，如新型传感器的出现。设计和开发部门或有关责任人应识别上述情况中产品设计和开发的更改，并应保持更改的记录。如使用包含更改等内容的《产品更改单》。

2. 产品设计和开发的更改评审、验证和确认

1）设计和开发部门或有关责任人应对产品设计和开发的更改进行适当的评审、验证和确认

设计和开发的更改通常是针对已完成的设计和开发的输出进行，也可能针对设计和开发某阶段的输出进行，这种阶段性的输出应该是已经过评审和批准的。组织需要根据实际准确识别设计和开发的更改，并确保更改在受控下实施。

对于识别并确定的设计和开发更改的项目，设计和开发部门或有关责任人也应按7.3.1条款的要求实施策划和控制，应该根据设计和开发更改的性质、范围以及对后续过程和最终产品的影响程度，实施适当的评审、验证和确认活动。“适当的”的含义有两方面：一是如何选择评审、验证和确认；二是选择何种评审、验证和确认方式。

（1）评审、验证和确认的选择。根据更改包括的要求不同，评审、验证和确认活动可单独或以任意组合的方式进行，必须有足够的证据证明更改的要求和满足更改策划的要求。如影响结构的图样更改，图样更改完成后，只要组织有关人员进行评审，有关负责人确认后即可。

（2）评审、验证和确认的方式。应根据更改对最终产品的影响选择合适的评审、验证和确认的方式，如上述图样更改只要组织内部小型会议或几个人沟通即可。当然，对一些重大的更改，还要顾客参加确认；确认后才可批量投入生产。

2）产品设计和开发的更改批准

产品设计和开发的更改通过评审、验证和确认后，评审、验证和确认结果应得到授权人员批准，经批准后方可实施。

3. 产品设计和开发更改的评审要求

产品设计和开发更改的评审应包括评价更改对产品组成部分和已交付产品的影响。

1）评审应包括评价更改对产品组成部分的影响

评价更改对产品组成部分的影响包括：该产品及与该产品有关产品的零部件，如点钞机伪钞识别控制原理图的更改，影响到线路板等零部件的更改，这时应考虑库存线路板等零部件的控制。

2）评审应包括评价更改对已交付产品的影响

评价更改对已交付产品的影响包括：合同、工艺、采购、售后服务等，如上述情况下，更改后的线路板等零部件对顾客已使用的点钞机因维修、购买等情况造成的影响，可以用标识识别两种线路板等零部件，并继续生产和销售原先未更改的线路板等零部件，以确保顾客能够继续使用原先购买的点钞机，确保顾客满意。

4. 记录保持

设计和开发部门或有关责任人对更改的评审结果和任何必要措施的记录应予保持。应记录设计和开发更改评审结果中存在的不能完全满足规定的更改要求的问题，把问题反馈到设计和开发部门的有关责任人或有关责任部门的责任人，设计和开发部门的有关责任人或有关责任部门的责任人应针对问题，分析原因，采取相应措施并予以实施和跟踪验证，设计和开发部门有关责任人应保持措施实施的结果和跟踪的证据。评审记录应能表明设计和开发更改的结果是否满足规定的更改要求。

四、符合要求的相关证据

适当的设计和开发策划的输出文件或其他形式的输出结果及符合性；

(1) 设计和开发的输入相关的记录(如技术或设计任务书等)及符合性；

(2) 对设计和开发输入评审的证据及符合性；

(3) 设计和开发的输出符合性的证据；

(4) 设计和开发的输出能对照设计和开发的输入进行验证的证据；

(5) 设计和开发的输出批准的证据；

(6) 设计和开发进行系统的评审及符合性的证据；

(7) 评审的参加者的符合性；

(8) 评审结果及任何必要措施的记录及符合性；

(9) 设计和开发进行验证及符合性的证据；

(10) 验证结果及任何必要措施的记录；

(11) 设计和开发进行确认及符合性的证据；

(12) 确认应在产品交付或实施之前完成的证据；

(13) 确认结果及任何必要措施的记录及符合性；

(14) 识别设计和开发的更改的记录及符合性；

(15) 设计和开发的更改进行适当的评审、验证和确认，并在实施前得到批准的证据；

(16) 设计和开发更改的评审及符合性的证据；

(17) 更改的评审结果和任何必要措施的记录及符合性。

思 考 题 十一

11-1　产品实现的策划要符合什么条件？

11-2　产品实现的策划的内容包括哪些？

11-3　产品实现的策划的输出方式有何要求?

11-4　举例说明机电产品实现的策划中的质量目标和要求,针对产品确定过程,文件和资源的需求、产品所要求的验证、确认、监视、测量、检验和试验活动,以及产品接收准则和为实现过程及其产品满足要求提供证据所需的记录。

11-5　产品的设计和开发策划包括哪些要求?

11-6　产品的设计和开发控制的要求有哪些?

11-7　机电行业策划所划分的阶段有哪些?

11-8　设计和开发各阶段是否都要求评审、验证和确认?为什么?

11-9　机电行业各设计和开发接口如何管理?

11-10　策划的输出在什么情况下要更新?为什么?

11-11　设计和开发的输入包括哪些内容?

11-12　设计和开发的输入有哪些要求?

11-13　设计和开发的输入评审有何要求?

11-14　设计和开发的输出包括哪些要求?

11-15　设计和开发的输出方式有何要求?是否需要批准?

11-16　设计和开发评审应按什么要求?

11-17　如何确保对设计和开发结果进行系统的评审?

11-18　设计和开发评审的内容包括哪些?

11-19　设计和开发评审参加人员有哪些要求?

11-20　设计和开发评审记录有哪些?

11-21　设计和开发验证应按什么要求?

11-22　设计和开发的验证的目的是什么?

11-23　设计和开发验证记录有哪些?

11-24　设计和开发确认应按什么要求?

11-25　设计和开发的确认的目的是什么?

11-26　设计和开发确认记录有哪些?

11-27　对设计和开发确认的时间有何要求?

11-28　实施设计和开发的更改有哪些要求?

11-29　设计和开发更改的评审有什么要求?

11-30　设计和开发更改确认记录有哪些?

第十二章

机电企业采购部门质量管理体系要求

第一节 采购部门相关质量管理体系条款和流程

一、与采购部门质量管理体系相关的条款

与采购部门质量管理体系相关的主要条款有7.4;相关的一般条款主要有4.2.3、4.2.4、5.3、5.4.1、5.5.3、6.2、6.3、6.4、8.2.2、8.2.3、8.4、8.5。

二、相关的主要条款

7.4 采购

7.4.1 采购过程

组织应确保采购的产品符合规定的采购要求。对供方及采购产品的控制类型和程度应取决于采购产品对随后的产品实现或最终产品的影响。

组织应根据供方按组织的要求提供产品的能力评价和选择供方。应制定选择、评价和重新评价的准则。评价结果及评价所引起的任何必要措施的记录应予保持(见4.2.4)。

7.4.2 采购信息

采购信息应表述拟采购的产品,适当时包括:

a)产品、程序、过程和设备的批准要求;

b)人员资格的要求;

c)质量管理体系的要求。

在与供方沟通前,组织应确保规定的采购要求是充分与适宜的。

7.4.3 采购产品的验证

组织应确定并实施检验或其他必要的活动,以确保采购的产品满足规定的采购要求。

当组织或其顾客拟在供方的现场实施验证时,组织应在采购信息中对拟采用的验证安排和产品放行的方法作出规定。

三、相关的一般条款

采购部门相关的一般条款主要有4.2.3、4.2.4、5.3、5.4.1、5.5.3、6.2、6.3、6.4、8.2.2、8.2.3、8.4、8.5,采购部门应按上述步骤条款和自身的职责,参考与此相关部门的质量管理体系要求实施上述条款,在相关部门主要条款要求和程序中,已经对此进行了详细说明。

四、工作流程、要求和程序

采购部门质量管理体系工作流程、要求和程序主要包括采购控制工作流程、要求和程序。

第二节　采购部门的采购控制

采购控制还可能与最高管理者、销售部门、设计和开发部门、生产部门、质量检验等部门有关，根据不同组织有关职责和权限的规定，最高管理者、设计和开发部门、生产部门、质量检验等部门可能参与采购控制。

一、定义

本节采用了 GB/T 19000—2008 标准规定的以下术语和定义。

供方(3.3.6)：提供产品(3.4.2)的组织(3.3.1)或个人。

示例：制造商、批发商、产品的零售商或商贩、服务或信息的提供方。

注 1：供方可以组织内部的或外部的。

注 2：在合同情况下供方有时称为"承包方"。

二、采购控制工作流程

根据采购部门质量管理体系相关的主要条款 7.4，采购控制工作流程见图 12-1。

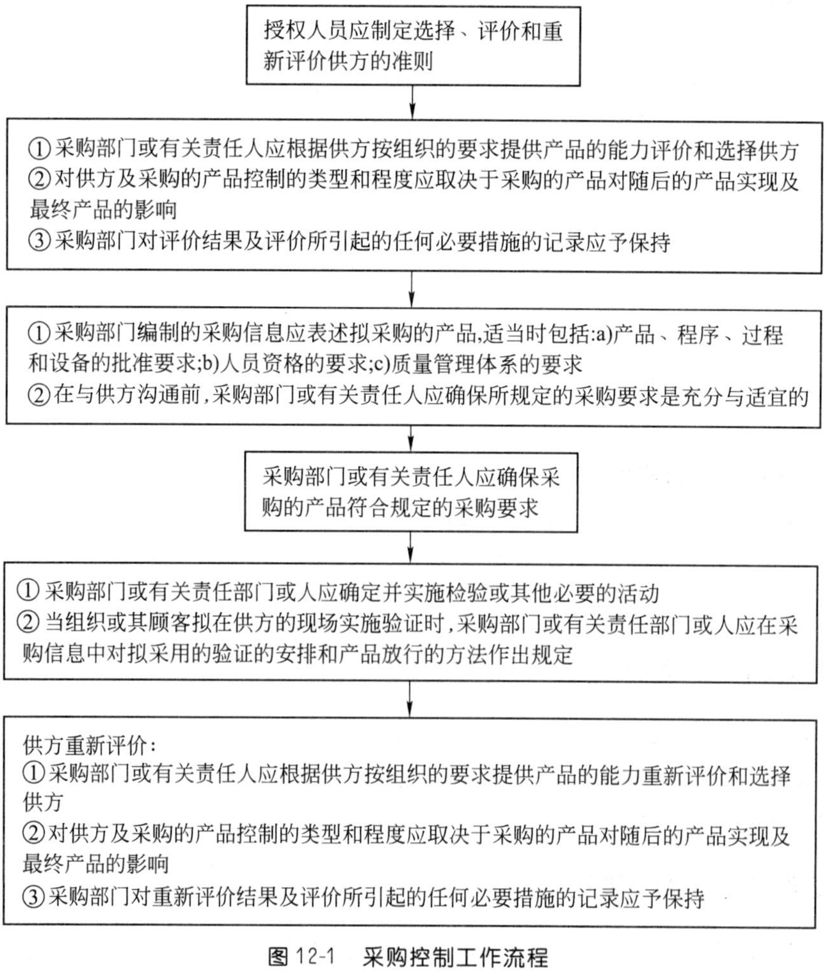

授权人员应制定选择、评价和重新评价供方的准则

↓

①采购部门或有关责任人应根据供方按组织的要求提供产品的能力评价和选择供方
②对供方及采购的产品控制的类型和程度应取决于采购的产品对随后的产品实现及最终产品的影响
③采购部门对评价结果及评价所引起的任何必要措施的记录应予保持

↓

①采购部门编制的采购信息应表述拟采购的产品，适当时包括：a)产品、程序、过程和设备的批准要求；b)人员资格的要求；c)质量管理体系的要求
②在与供方沟通前，采购部门或有关责任人应确保所规定的采购要求是充分与适宜的

↓

采购部门或有关责任人应确保采购的产品符合规定的采购要求

↓

① 采购部门或有关责任部门或人应确定并实施检验或其他必要的活动
② 当组织或其顾客拟在供方的现场实施验证时，采购部门或有关责任部门或人应在采购信息中对拟采用的验证的安排和产品放行的方法作出规定

↓

供方重新评价：
①采购部门或有关责任人应根据供方按组织的要求提供产品的能力重新评价和选择供方
②对供方及采购的产品控制的类型和程度应取决于采购的产品对随后的产品实现及最终产品的影响
③采购部门对重新评价结果及评价所引起的任何必要措施的记录应予保持

图 12-1　采购控制工作流程

三、采购控制要求和程序

7.4条款针对采购活动提出控制要求，目的是确保采购产品符合规定的采购要求。

采购控制要求和程序如下：

（一）授权人员应制定选择、评价和重新评价供方的准则

文件编制授权人员应制定选择、评价和重新评价供方的准则。准则应考虑供方按组织的要求提供产品的能力如何评审、选择和重新评价，还应考虑组织的质量管理体系水平以及产品特点。

（二）供方评价要求

1. 评价和选择供方

采购部门或有关责任人应根据供方按组织的要求提供产品的能力评价和选择供方。"采购"是指产品采购，通常包括原材料、元器件、外购件、标准件、外协件等的采购也包括某些外包服务过程或委托外部组织加工、制造、设计等。

（1）提供产品的能力评价

提供产品的能力评价包括如下：①供方组织销售业绩、人员、基础设施、产品及产品质量等概况；②供方顾客满意程度；③供方的质量管理体系有效性，如是否获得质量管理体系认证证书，其他相关方评价；④现场调查，了解供方产品控制能力等；⑤评价供方的产品质量水平及稳定性，如样品试用，对产品进行检测或测量，验证产品或测量产品结果是否符合要求，多次提供的产品验证质量和使用后的质量等；⑥了解供方的同行或供方的顾客的意见；⑦了解供方社会信誉；⑧检查供方产品的型式试验报告（国家授权机构出具的）；⑨交货的及时性；⑩其他。

评价可以包括上述评价内容的几部分，可以书面或口头提供证据。经过评价，供方能力如满足的供方评价准则，就可以确定为组织的合格供方，并实施采购活动。

（2）外包供方的评价

外包供方的评定也可参考上述内容实施评价。如线路板的外委加工、寿命较长的荧光管外委加工、特殊要求的电机外委加工，控制程序的外委设计，运输公司所提供的产品运输服务等。线路板的外委加工质量、荧光管外委加工质量、特殊要求的电机外委加工质量，控制程序的外委设计质量等对产品的质量有影响是显而易见的，它们装配在或使用在产品上时，其质量当然会对最终产品质量产生不同程度的影响。例如，点钞机控制程序外委设计，其质量会对点钞机的鉴别、计数等性能和功能产生重大影响，从而对组织的产品信誉带来影响。

2. 供方及采购的产品控制的类型和程度

对供方及采购的产品控制的类型和程度应取决于采购的产品对随后的产品实现及最终产品的影响。应对随后的产品实现及最终产品的影响大的采购产品（关键零部件或服务等），实施严格控制；对随后的产品实现及最终产品的影响较大的采购产品（主要零部件或服务等），实施较严格控制；对随后的产品实现及最终产品的影响较小的采购产品（一般零部件或服务等），实施较宽松控制。如点钞机的控制程序属关键产品，所以要严格控制，譬如半年实施一次供方评审；点钞机的规格型号标识属一般零件，可以较松控制，譬如两年实施一次

供方评审。

3. 记录保持

采购部门对评价结果及评价所引起的任何必要措施的记录应予保持。如评价过程中，采购部门责任人应记录评价结果中存在的采购的产品对随后的产品实现及最终产品的产生不良影响，重新选择供方并进行评价；或与供方沟通，供方应针对问题采取相应措施并予以实施和跟踪验证，采购部门责任人应跟踪验证，重新评价；或评价后，供方符合要求，把供方继续列入合格供方。采购部门责任人应保持上述评价结果及评价所引起的任何必要措施的记录。记录可以采用《供方评价表》和《合格供方名单》等记录表单。

4. 评价相关方

最高管理者、销售部门、设计和开发部门、生产部门等部门可能参与供方评价，如产品运输一般由销售部门评价和选择运输单位；产品设计和开发试制样品或样机中可能要采购物资，就涉及供方评价和选择；产品生产过程可能涉及产品零部件外协加工，生产部门就要评价和选择外协供方等。

（三）采购信息

7.4.2 条款主要是要求组织在采购时应规定并明示采购要求，旨在确保准确向供方表述需要采购什么样的产品。

1. 采购信息应表述拟采购的产品

采购部门有关责任人编制的采购信息应表述拟采购的产品，适当时包括：产品、程序、过程和设备的批准要求；人员资格的要求；质量管理体系的要求。“采购信息”是对实施采购过程中有效控制采购产品要求的规定。在实施任何一项具体采购活动时，都应在采购文件资料（如采购合同或协议、采购清单等）中或口头上（口头采购时）明确表述有关要采购产品的信息。如对于机电类产品的采购信息通常包括所采购产品的规格、型号、数量、交货期、交货地、技术要求等。采购信息的内容，适当时包括：

（1）产品的批准要求

对采购产品应按有关检验规范、标准等实施检验并通过检验等要求以及法律法规要求，应由有关部门或人员批准，如电线应符合相关电线标准并且通过 3C 认证。

（2）程序的批准要求

组织对供方提供的产品在其实现过程中应执行程序的要求。如要求供方在检验中按组织规定的抽样计划实施抽样，双方在产品交接时实施合同规定的抽样计划实施检验。

（3）对过程的批准要求

与采购产品有关的实现过程的要求，如对采购的线路板焊接提出焊接过程参数控制要求。

（4）设备的批准要求

采购的产品生产或监视测量设备能力的批准或认可要求。如对供方线路板短路和开路检测设备的要求，线路板供方必须使用线路板标准规定的检测设备进行出厂检验的要求。

（5）人员资格的要求

供方从事与组织采购产品质量有影响的相关人员的能力、资质等要求。如供方的线路板焊接控制人员必须经培训并合格的要求，生产高压产品的组织要求供方的高压机械部件焊接人员必须经质检部门培训并合格。

(6) 质量管理体系的要求

供方覆盖采购产品的质量管理体系的要求。如生产电线的供方必须具备电线电缆生产许可证和电气电子产品类强制性认证资格，产品必须符合电线电缆相关标准。

采购的信息取决于组织提供的产品以及法律法规等要求，可以包括上述几方面要求或全部要求。

2. 采购要求

在与供方沟通前，采购部门或有关责任人应确保所规定的采购要求是充分与适宜的。为确保所规定的采购要求是充分与适宜的，采购要求应按 4.2.3 条款是控制，一般来说，采购要求是根据设计和开发部门的采购文件及生产计划和库存情况确定，如采购责任人根据生产计划和库存情况确定采购数量，采购的其他要求就根据设计和开发部门的采购文件(各种材料汇总表)编制采购计划，经采购部门负责人或授权人员批准后，交给相应的合格供方。

组织也可以根据采购的产品对随后的产品实现及最终产品的影响确定不同级别的批准人。

(四) 采购部门或有关责任人应确保采购的产品符合规定的采购要求

1. 实施检验或其他必要的活动

采购部门或有关责任部门责任人应确定并实施检验或其他必要的活动，以确保采购的产品满足规定的采购要求。对采购产品或外包过程是否符合采购要求所进行的验证方式一般可采用检查数量、按检验规程检验产品质量等。检验或其他必要的活动一般根据进货检验规程、外包检验规程以及采购合同进行，按采购物资的重要程度，关键物资检验严格，重要物资检验较严格，一般物资检验放宽些。如一般紧固件控制宽松些，重要的三极管严格些，关键的电机要严格。这里虽然没有说明检验或其他必要的活动的交给是否应保持记录，但是根据 8.2.4 条款要求，可以理解应保持检验或其他必要的活动结果的记录，对检验或其他必要的活动结果，判采购物资不合格的，应按 8.3 条款对不合格进行控制。

进货检验规程、外包检验规程以及采购合同规定的采购产品的验证方法可以多种多样。根据验证定义，机电产品采购物资的验证方法可以是：如多年合作、产品信誉高的供方提供的一般物资，质量一直较好，可以采取检查规格型号、数量、合格证明即可；对于一些关键和重要物资可以采取对上述检查外，还要对产品多项性能实施验证。

实施检验或其他必要的活动的责任部门或责任人可以是采购部门有关责任人，也可以是销售部门、设计和开发部门、生产部门、质量检验等部门有关责任人。

2. 采购信息

当组织或其顾客拟在供方的现场实施验证时，采购部门或有关责任部门或人应在采购信息中对拟采用的验证的安排和产品放行的方法做出规定。

当验证需要在供方现场进行时，应与供方进行沟通，并在采购的合同或订单中明确说明验证的安排。验证的安排包括组织或其顾客人员、供方人员、验证时间、验证地点、验证的其他资源等，如组织或其顾客派人去供方现场实施验证活动，供方予以协助。

产品放行的方法应与供方进行沟通，并在采购的合同或订单中明确说明验证后产品放行的方法，包括按什么准则和规定实施验证和放行，参加人员的职责等。如按组织或其顾客或供方提供的验证准则实施验证和放行，放行的产品均需由组织或其顾客人员进行验证或在组织或其顾客的监视下完成验证等。

通常情况下,7.1c)条款的验证策划包括采购验证的策划,采购验证的策划与7.1条款的策划相关。采购验证的策划提出更加具体的要求。

（五）供方重新评价要求

采购部门或有关责任人必要时应重新评价供方,重新评价除也应按组织的要求提供产品的能力评价和选择供方,评价还应按重新评价的准则,以确保采购产品符合要求;重新评价准则还应考虑重新评价供方以前供方提供的产品验证质量和使用后的质量、供方交付产品的及时性、供方的服务质量(如供方的产品出现问题,供方是否采取任何满足组织或其他顾客要求的措施,令顾客满意)等。一般来说,对供方及采购的产品控制的类型和程度与先前一样,除非采购的产品对随后的产品实现及最终产品的影响发生变化。

采购部门对重新评价结果及评价所引起的任何必要措施的记录也应予保持。

四、符合要求的相关证据

(1) 对供方及采购的产品控制的类型和程度取决于采购的产品对随后的产品实现及最终产品的影响的证据及符合性;

(2) 供方按组织的要求提供产品的能力评价和选择供方的证据及符合性;

(3) 提供采购产品的供方的选择、评价和重新评价的准则及符合性;

(4) 供方的评价结果和相应采取的必要措施方面的记录及符合性;

(5) 表述采购要求的适宜信息或文件及符合性;

(6) 采购要求是充分与适宜的证据;

(7) 实施检验或其他必要的活动的证据及符合性;

(8) 当组织或其顾客拟在供方的现场实施验证时,组织应在采购信息中对拟采用的验证的安排和产品放行的方法作出规定的证据及符合性。

思考题十二

12-1 组织采购产品的可能范围？举例说明。

12-2 对采购产品的控制类型和程度指什么？其目的是什么？

12-3 选择、评价和重新评价供方的准则包括哪些？举例说明。

12-4 评价和选择的依据是什么？重新评价和选择的依据是什么？

12-5 采购信息可能包括哪些内容？采购要求有哪些？举例说明。

12-6 为确保采购的产品满足规定的采购要求,采购部门或有关责任部门应确定并实施哪些活动？举例说明。

12-7 在供方现场的验证时,组织应在采购信息中做出哪些规定？举例说明。

第十三章

机电企业生产部门质量管理体系要求

第一节　生产部门相关质量管理体系条款和流程

一、与生产部门质量管理体系相关的条款

与生产部门质量管理体系相关的主要条款有6.3、6.4、7.5、7.6、8.2.3、8.2.4、8.3；相关的一般条款主要有4.2.3、4.2.4、5.3、5.4.1、5.5.3、6.2、8.2.2、8.4、8.5。

二、相关的主要条款

6.3　基础设施

组织应确定、提供并维护为达到产品符合要求所需的基础设施，适用时，基础设施包括：

a）建筑物、工作场所和相关的设施；

b）过程设备（硬件和软件）；

c）支持性服务（如运输、通讯或信息系统）。

6.4　工作环境

组织应确定并管理为达到产品符合要求所需的工作环境。

注：术语“工作环境”是指工作时所处的条件，包括物理的、环境的和其他因素，如噪声、温度、湿度、照明或天气等。

7.5　生产和服务提供

7.5.1　生产和服务提供的控制

组织应策划并在受控条件下进行生产和服务提供。适用时，受控条件应包括：

a）获得表述产品特性的信息；

b）必要时，获得作业指导书；

c）使用适宜的设备；

d）获得和使用监视和测量设备；

e）实施监视和测量；

f）实施产品放行、交付和交付后的活动。

7.5.2　生产和服务提供过程的确认

当生产和服务提供过程的输出不能由后续的监视或测量加以验证，使问题在产品使用后或服务交付后才显现时，组织应对任何这样的过程实施确认。

确认应证实这些过程实现所策划的结果的能力。

组织应对这些过程作出安排，适用时包括：

a）为过程的评审和批准所规定的准则；

b）设备的认可和人员资格的鉴定；

c）特定的方法和程序的使用；

d）记录的要求(见4.2.4)；

e）再确认。

7.5.3 标识和可追溯性

适当时，组织应在产品实现的全过程中使用适宜的方法识别产品。

组织应在产品实现的全过程中，针对监视和测量要求识别产品的状态。

在有可追溯性要求的场合，组织应控制并记录产品的唯一性标识，并保持纪录(见4.2.4)。

注：在某些行业，技术状态管理是保持标识和可追溯性的一种方法。

7.5.4 顾客财产

见第十章。

注：顾客财产可包括知识产权和个人信息。

7.5.5 产品防护

组织应在内部处理和交付到预定的地点期间对其提供防护，以保持符合要求。适用时，这种防护应包括标识、搬运、包装、贮存和保护。防护也应适用于产品的组成部分。

7.6 监视和测量设备的控制

组织应确定需实施的监视和测量以及所需的监视和测量设备，为产品符合确定的要求提供证据。

组织应建立过程，以确保监视和测量活动可行并以与监视和测量的要求相一致的方式实施。

为确保结果有效，必要时，测量设备应：

a）对照能溯源到国际或国家标准的测量标准，按照规定的时间间隔或在使用前进行校准和(或)检定(验证)。当不存在上述标准时，应记录校准或检定(验证)的依据(见4.2.4)；

b）必要时进行调整或再调整；

c）具有标识，以确定其校准状态；

d）防止可能使测量结果失效的调整；

e）在搬运、维护和贮存期间防止损坏或失效。

此外，当发现设备不符合要求时，组织应对以往测量结果的有效性进行评价和记录。组织应对该设备和任何受影响的产品采取适当的措施。

校准和检定(验证)结果的记录应予保持（见4.2.4)。

当计算机软件用于规定要求的监视和测量时，应确认其满足预期用途的能力。确认应在初次使用前进行，并在必要时予以重新确认。

注：确认计算机软件满足预期用途能力的典型方法包括验证和保持其适用性的配置管理。

8.2 监视和测量

8.2.4 产品的监视和测量

组织应对产品的特性进行监视和测量，以验证产品要求已得到满足。这种监视和测量应依据所策划的安排(见7.1)在产品实现过程的适当阶段进行。应保持符合接收准则的证据。

记录应指明有权放行产品以交付给顾客的人员(见4.2.4)。

除非得到有关授权人员的批准，适用时得到顾客的批准，否则在策划的安排(见7.1)已圆满完成之前，不应向顾客放行产品和交付服务。

8.3　不合格品控制

组织应确保不符合产品要求的产品得到识别和控制，以防止其非预期的使用或交付。应编制形成文件的程序，以规定不合格品控制以及不合格品处置的有关职责和权限。

适用时，组织应通过下列一种或几种途经处置不合格品：

a）采取措施，消除发现的不合格；

b）经有关授权人员批准，适用时经顾客批准，让步使用、放行或接收不合格品；

c）采取措施，防止其原预期的使用或应用；

d）当在交付或开始使用后发现产品不合格时，组织应采取与不合格的影响或潜在影响的程度相适应的措施。

在不合格品得到纠正之后应对其再次进行验证，以证实符合要求。

应保持不合格的性质的记录以及随后所采取的任何措施的记录，包括所批准的让步的记录（见4.2.4）。

三、相关的一般条款

生产部门相关的一般条款主要有4.2.3、4.2.4、5.3、5.4.1、5.5.3、6.2、8.2.2、8.4、8.5。生产部门应按上述步骤条款和自身的职责，参考与此相关部门的质量管理体系要求实施上述条款，在相关部门主要条款要求和程序中，已经对此进行了详细说明。

四、工作流程、要求和程序

根据生产部门质量管理体系相关的主要条款6.3、6.4、7.5、7.6、8.2.3、8.2.4、8.3及主要职责和权限，生产部门质量管理体系工作流程、要求和程序主要包括生产和服务提供控制的工作流程、要求和程序，监视和测量设备控制工作流程、要求和程序，过程的监视和测量控制工作流程、要求和程序（见第七章），产品的监视和测量控制工作流程、要求和程序，不合格品控制工作流程、要求和程序，基础设施控制工作流程、要求和程序，工作环境控制工作流程、要求和程序。

第二节　生产和服务提供控制

一、定义

本节采用GB/T 19000—2008标准规定的以下术语和定义。

可追溯性(3.5.4)：追溯所考虑对象的历史，应用情况或所处位置的能力。

注1：当考虑产品(3.4.2)时，可追溯性可涉及到：

——原材料和零部件的来源；

——加工的历史；

——产品交付后的发送和所处位置。

注2：在计量学领域中，使用VIM：1993.6.10中定义。

放行(3.6.13)：对进入一个过程(3.4.1)的下一阶段的许可。

注：在英语中，就计算机软件而论，术语“release”通常是指软件本身的版本。

鉴定过程(3.8.6)：证实满足规定要求(3.1.2)的能力的过程(3.4.1)。

注1：“已鉴定”一词用于表明相应的状态。

注 2：鉴定可涉及到人员、产品(3.4.2)、过程或体系(3.2.1)。

示例：审核员鉴定过程、材料鉴定过程。

二、生产和服务提供控制工作流程

根据生产部门质量管理体系要求相关的主要条款 7.5，生产和服务提供控制工作流程见图 13-1。

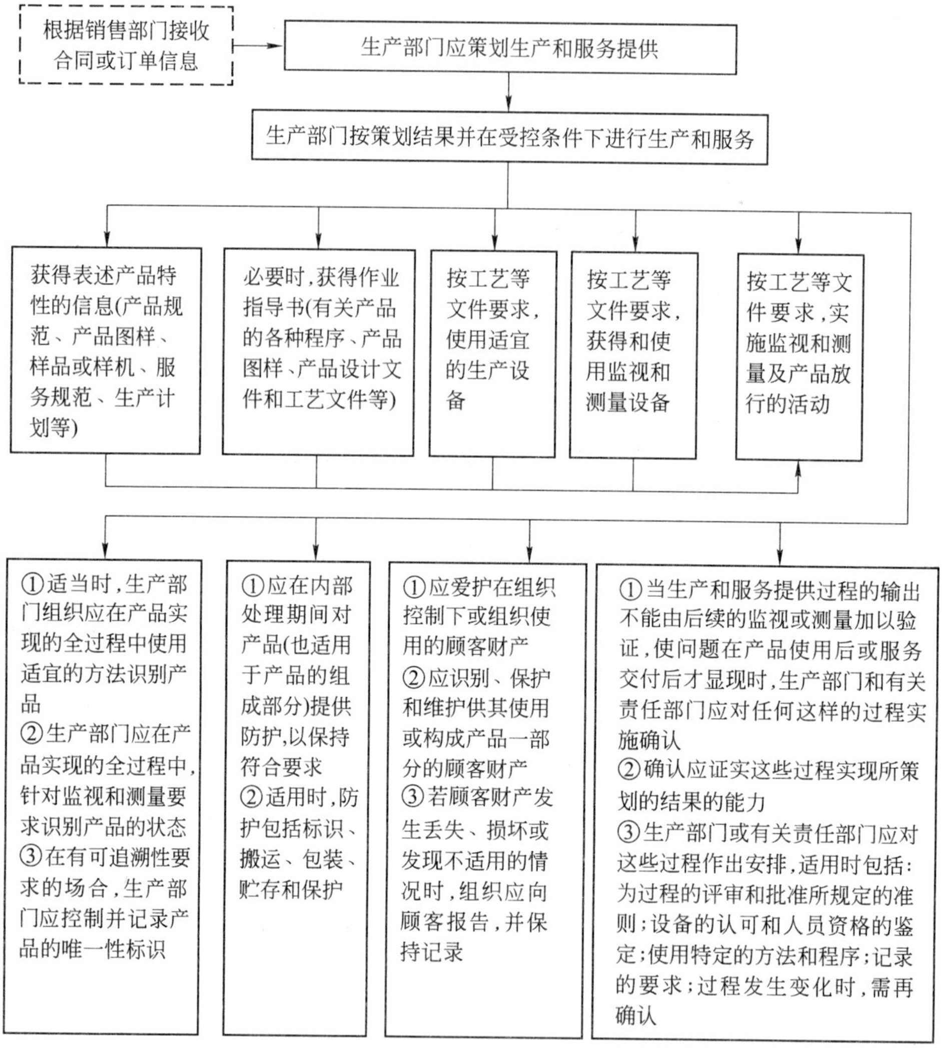

根据销售部门接收合同或订单信息

生产部门应策划生产和服务提供

生产部门按策划结果并在受控条件下进行生产和服务

获得表述产品特性的信息(产品规范、产品图样、样品或样机、服务规范、生产计划等)

必要时，获得作业指导书(有关产品的各种程序、产品图样、产品设计文件和工艺文件等)

按工艺等文件要求，使用适宜的生产设备

按工艺等文件要求，获得和使用监视和测量设备

按工艺等文件要求，实施监视和测量及产品放行的活动

①适当时，生产部门组织应在产品实现的全过程中使用适宜的方法识别产品
②生产部门应在产品实现的全过程中，针对监视和测量要求识别产品的状态
③在有可追溯性要求的场合，生产部门应控制并记录产品的唯一性标识

①应在内部处理期间对产品(也适用于产品的组成部分)提供防护，以保持符合要求
②适用时，防护包括标识、搬运、包装、贮存和保护

①应爱护在组织控制下或组织使用的顾客财产
②应识别、保护和维护供其使用或构成产品一部分的顾客财产
③若顾客财产发生丢失、损坏或发现不适用的情况时，组织应向顾客报告，并保持记录

①当生产和服务提供过程的输出不能由后续的监视或测量加以验证，使问题在产品使用后或服务交付后才显现时，生产部门和有关责任部门应对任何这样的过程实施确认
②确认应证实这些过程实现所策划的结果的能力
③生产部门或有关责任部门应对这些过程作出安排，适用时包括：为过程的评审和批准所规定的准则；设备的认可和人员资格的鉴定；使用特定的方法和程序；记录的要求；过程发生变化时，需再确认

图 13-1 生产和服务提供控制工作流程

三、生产和服务提供控制要求和程序

产品或服务的性质，对所有与生产和服务提供过程有关的人、机、料、法、环、检测技术(5M1E)以及相关的活动进行有效控制。

7.5 条款要求的生产和服务提供过程直接影响产品或服务的质量，因此要求组织针对 7.5.1 条款要求组织结合产品和服务性质，确定在生产和服务提供过程中采取哪些具体的控制措施。对于提供机电产品的组织，生产和服务提供是指其产品加工、制造、安装、交付或包括交付后的过程。7.5.1 条款的要求是根据 7.1a)和 b)条款策划结果的实施，要按照已

确定的质量目标和产品要求以及过程、文件和资源配置，要针对组织的具体情况和机电产品与服务的性质确定并采取适宜的措施，进行机电产品和服务提供活动的策划和控制。

在机电行业组织中，控制措施通常可以以生产计划、生产通知单、机电产品图样、机电产品工艺规程或有关作业指导书、机电产品检验规程、服务质量标准等来实现。生产和服务提供控制要求和程序如下：

（一）生产和服务提供策划

根据销售部门传递合同或订单信息，生产部门根据合同或订单信息，策划生产和服务提供。如了解库存情况，召开生产会议，研究、讨论生产计划，制定生产部及生产部下属各生产车间和部门的生产计划等。

（二）在受控条件下进行生产和服务

生产部门应按策划结果并在受控条件下进行生产和服务，适用时，受控条件包括以下六方面：

1. 获得表述产品特性的信息

要确保生产相关人员或部门获得表述产品特性的信息，如生产计划、生产通知单、机电产品图样、机电产品工艺规程或有关作业指导书、样品或样机等。生产部门可以根据生产任务在技术和开发部门领取产品规范、产品图样、样品或样机等，在销售部门领取合同等，在生产部门获得生产计划或生产通知单等。

2. 获得作业指导书

必要时，生产相关人员或部门获得产品图样、产品工艺规程或有关作业指导书、样品或样机。如产品设计文件和工艺文件（产品质量特性重要度分级表、工艺方案、产品零、部件工艺路线表、冲压、焊接、表面处理、热处理、电镀、塑料零件注射、电气装配、油漆工艺卡片、机械加工、装配、工艺过程卡片、装配、工序卡片、操作指导、检验卡片、工序质量分析表、工序质量控制图、产品质量控制点明细表、外协件明细表、专用工艺装备明细表、工位器具明细表、专用工艺装备设计文件、材料消耗工艺定额明细表、工艺文件标准化审查记录、工艺验证书和工艺总结等）等。在生产或服务的各个过程是否需要产品工艺规程或有关作业指导书，与过程的操作者能力、设备性能及适应性、过程要求的高低等有关，最终由过程能否实现并达到预期目标所决定的。如果没有产品工艺规程或有关作业指导书，操作者不能进行正确操作，过程控制难以达到预期目标，则需要制定相应的产品工艺规程或有关作业指导书。反之，则不需要。

3. 使用适宜的生产设备

按产品工艺规程或有关作业指导书要求，生产相关人员或部门使用适宜的生产设备。这里的“设备”是指生产和服务提供过程中使用的产品加工设备。标准中“适宜”是指设备能力是否满足相应产品实现过程的要求，过程能否实现并达到预期目标。如加工点钞机中点钞轴的磨床的主轴跳动为 0.02 mm，用其加工跳动不得超过 0.01 mm 的点钞轴，则属于使用的设备能力不适宜；又如线路板焊接采用一般浸锡焊接设备不能满足大批量高质量的线路板焊接，所以要采用波峰焊接设备。另外生产部门可能具备许多性能不同而用途相同的设备，生产部门在安排设备时要安排适宜的设备，如在具备浸锡焊接设备和波峰焊接设备时，要考虑批量要求和质量要求需要安排浸锡焊接设备或波峰焊接设备。

4. 获得和使用监视和测量设备

生产相关人员或部门获得和使用监视和测量设备。一般生产部门使用的监视和测量设备是由产品工艺规程或有关作业指导书确定，产品工艺规程或有关作业指导书已考虑了监视和测量设备要满足相应过程监视或产品特性测量要求，所以，生产部门只要根据产品工艺规程或有关作业指导书规定领取并使用即可。如点钞机中点钞轴后直径允许的公差不得超过 0.025 mm，则应使用千分尺，不能使用刻度值为 0.02 的游标卡尺；又如点钞机的绝缘电阻检验，由于点钞机的绝缘电阻要求不得大于 20 MΩ，所以使用量程为：200 MW/500 V 的兆欧表，不能使用一般的万用表。

5. 实施监视和测量活动

按产品工艺规程或有关作业指导书要求，生产相关人员实施监视和测量活动。生产和服务过程的监视测量活动包括对产品特性、过程参数、作业过程活动及作业人员、工作环境等方面的监视和测量。如按照产品工艺规程或有关作业指导书规定对线路板焊接过程的温度、时间等参数的监视和测量；又如对点钞机泄漏电流的测量。通常如果监测的是产品的特性，其监视和测量活动应满足 8.2.4 条款要求。

6. 产品或服务放行的活动控制

生产部门根据规定对产品或服务放行的活动进行控制。“放行”是指对进入一个过程的下一阶段的许可。机电行业“放行”是指生产和服务过程各阶段产品的转序和最终产品交付的活动，包括应实施的控制活动，是否放行是根据产品工艺规程或有关作业指导书实施监视和测量的结果，符合规定就放行，不符合则不放行，放行涉及产品转序所需要的检验或验证活动后的结果；若涉及产品特性的检验或验证活动，还应符合 8.2.4 条款的要求。

交付和交付后的活动一般由销售部门负责，见第十章第二节。

（三）生产和服务提供的其他控制

生产和服务提供的其他控制有以下四方面：

1. 生产和服务提供过程的确认

1）需确认的过程

当生产和服务提供过程的输出不能由后续的监视或测量加以验证，使问题在产品使用后或服务交付后才显现时，生产部门和有关责任部门应对任何这样的过程实施确认。过程确认是对过程能力的评价与确定活动，不是所有过程都需要确认，过程确认需符合以下两个条件：生产或服务提供过程的结果不能由后续的监视或测量进行验证，且会使产品使用后或服务交付后才显现问题的过程。通常机电行业将这些过程称为“特殊过程”。

这些需确认的过程通常可能包括如下情况：

(1) 不能通过后续的监视或测量验证产品或服务是否满足要求。如工程塑料零件的注塑过程，由于注塑件成型后较难按塑料件标准要求对其实施强度等性能方面验证，所以，应对工程塑料有关材料的配比、注塑设备和注塑设备各段温度、压力、时间以及人员等注塑过程影响塑料件质量的因素实施控制，通过工艺试验，如注塑工艺评定方式，对注塑是否达到规定要求的能力实施评定，从而对上述注塑过程实施确认。

(2) 实施后续的监视或测量验证可能导致产品毁坏。如对线路板波峰焊的焊接强度进行测试，往往会给线路板带来损伤，所以，应对焊接有关材料、焊接设备和焊接过程温度、时间以及人员等焊接过程中影响线路板质量的因素实施控制，通过工艺试验，如焊接工艺评定方式，对焊接是否达到规定要求的能力实施评定，从而对上述焊接过程实施确认。又如对高压容器的零部件焊接强度进行测试时，往往会给高压容器的零部件带来损伤，所以，应对焊

接有关材料(零部件材料、焊条等)、焊接设备和焊接过程温度、湿度、焊接电流以及人员等焊接过程中影响零部件质量的因素实施控制,通过工艺试验,如焊接工艺评定方式,对焊接是否达到规定要求的能力实施评定,从而对上述焊接过程实施确认。

(3) 不易直接进行监视和测量进行验证的外包过程。一些外包过程,组织责任部门很难进行全过程的监视和测量,为了保证外包过程或服务满足组织的要求,也可以采取对过程进行确认的方法进行外包方控制。ISO/TC 176/SC2/N630 R3《外包理解和应用指南》指出,一个外包过程在某些情况下,后续的监视或测量也无法对外包过程的输出进行核实的情况,组织要确保对外包过程的控制包括采用 7.5.2 条款规定的过程确认。如机电行业合金浇铸件的外包,组织应对浇铸件有关材料(金属材料、其他材料及其配比等)、浇注设备和浇注过程温度以及人员等浇注过程影响零部件质量的因素实施控制,应该通过供方评价方式,通过供方提供的上述有关浇注作业指导书、浇注记录、验证报告、工艺评定报告、浇注人员能力证明等进行评价,对上述浇注过程实施确认。

过程确认是对过程实现预期结果的能力的评估与确定,过程能力通常涉及过程中人、机、料、法、环、测等相关因素。确认应是在这类过程正式运行前进行。

2) 确认应证实需要确认过程实现所策划的结果的能力

通过对过程能力的确认,确定满足产品预期结果的相关过程的能力,并通过保持这些能力保证产品符合规定的要求。机电行业确认的方式通常采取成熟经验的评审或新工艺试验,如焊接工艺评定,通过对过程能力的认定和控制保证过程结果满足要求。

3) 确认过程的安排

生产部门或有关责任部门应对上述这些过程作出安排,适用时包括:规定评审和批准过程的准测;设备的认可和人员资格的鉴定;使用特定的方法和程序;记录的要求;过程发生变化时,需再确认。

(1) 规定评审和批准过程的准则。评审和批准过程的准则包括:评审的方法、评审的人员、过程结果应达到的质量要求(特别是与确认相关的关键产品质量特性)和能力要求、对过程结果的判定方法等要求。

(2) 设备的认可和人员资格的鉴定("鉴定过程"是指证实满足规定要求的能力的过程)。即,规定设备能力和人员资格需达到的要求,并进行设备认可和人员鉴定。如鉴定波峰焊设备是否达到焊接设备及焊接要求。鉴定操作波峰焊设备的员工是否经培训并符合操作波峰焊设备要求及焊接要求。

(3) 使用特定的方法和程序。针对不同的确认过程,规定特定的方法和程序并予以实施,如线路板焊接作业指导书、焊接设备操作规程等并按其实施。

(4) 记录的要求。如确认过程评审和批准记录、焊接设备鉴定记录、焊接设备操作员工鉴定记录、线路板焊接过程监控记录等。

(5) 再确认。如规定的定期再确认;过程的重要有关因素发生变化需再确认,如过程设备维修、操作人员变更、工艺变更等)。

2. 标识和可追溯性

本条款涉及在产品实现的全过程中使用适宜的方法识别产品和针对监视和测量要求识别产品的状态以及在有可追溯性要求的场合,应控制并记录产品的唯一性标识。"可追溯性"是指追溯所考虑对象的历史,应用情况或所处位置的能力。生产部门(或质量检验等部门)责任人应培训(或在相关文件予以规定)与标识和可追溯性相关员工,内容包括组织所采用的识别产品的方法、识别产品的状态的方法以及控制并记录产品的唯一性标识。

产品标识和可追溯性控制还可能与销售部门、质量检验部门、仓储等部门有关,根据不同组织有关职责和权限的规定,销售部门、质量检验部门、仓储等部门可能负责或参与部分产品标识和可追溯性的控制。根据质量管理体系职责规定,质量检验部门应对产品的状态负责;仓储部门应对产品识别和部分产品的唯一性标识负责,产品标识和可追溯性流程、要求、程序和符合要求的相关证据见第十五章第二节。

1) 使用适宜的方法识别产品

适当时,生产部门应在产品实现的全过程中使用适宜的方法识别产品。识别方法可以采用标签、标牌、颜色等,如车间仓库中的集成块可以采用标签(写明规格型号、名称)识别;在生产线上用标牌(图号、名称等)识别零部件。"适当时"是指对产品实现的全过程中使用适宜的方法识别产品,但是不是指每一个过程都需要这样做,这要根据需要而定。如在生产单一机电产品的组织,其生产线上不一定需要使用标牌识别产品,因为零部件加工都跟有图样或工艺文件,无需专门标识予以识别,操作员工等不会混淆。"适宜的方法"是指根据不同组织、不同产品识别方法可以有所不同,识别方法可以根据产品不同特征,如规格型号、类型、材质、尺寸、形状、颜色、生产厂家以及产品技术状态等。如无色标的电阻器,采用标签表明其电阻值、精度等;有色标的电阻器,可以不再采用专门方法标识予以识别,当然,也可以采用标签表明其电阻值、精度等。其目的是为了正确发放产品、使用产品、收集产品等,防止因产品标识混乱造成产品质量问题。

2) 识别产品的状态

生产部门应在产品实现的全过程中,针对监视和测量要求识别产品的状态。以防止不同状态的混淆,尤其要防止未经检验或不符合要求的产品被错误地放行或使用。识别产品的状态方法可以采用标签、标牌、颜色(存放产品的器具的颜色)、区域划分及各种识别方法的集合等,监视和测量状态通常包括:待检、合格(可能为合格品、一等品、优等品)和不合格(经处置后可能为返工、返修、降级、回用等)。如检验合格的产品加施合格标签和不合格产品加施合格标签;合格的产品存放在表明合格存放区域(合格区域标签),不合格的产品存放在表明不合格存放区域(不合格区域标签);合格的产品存放在绿色器具内,不合格的产品存放在红色器具内。

3) 控制并记录产品的唯一性标识

在有可追溯性要求的场合,生产部门应控制并记录产品的唯一性标识。有可追溯性要求的场合可能包括组织或顾客要求产品具有可追溯性要求,目的是一旦产品质量出了问题,可以追溯到底是哪里出了问题,以便改进产品质量,确保顾客满意。控制并记录产品的唯一性标识需根据需求和组织的具体情况,确定控制并记录产品的唯一性标识的过程,对最终产品质量影响大的过程必须控制并记录产品的唯一性标识。如通常产品实现过程中的合同或订单、设计和开发有关记录、采购信息、生产计划、生产通知单、过程(工序)控制记录、进货检验记录、过程零部件检验记录、产成品检验记录、交付记录、服务记录等都应控制并记录产品的唯一性标识。如,合同或订单的编号、设计和开发有关记录(如设计和开发不同阶段的图样具有 A、B 等标识)中使用合同或订单的编号、采购信息使用合同或订单的编号和设计和开发有关编号、生产计划使用合同或订单的编号、生产通知单使用生产计划的编号、过程(工序)控制记录使用生产计划的编号、零部件可能具有规定的编号，产成品具有规定的专门编号（如条形码等）或批号，进货检验记录使用合同或订单和生产计划的编号、过程零部件检验记录使用生产计划的编号、产成品检验记录使用合同或订单和生产计划的编号、交付记录使用合同或订单和生产计划的编号、服务记录使用合同或订单的编号等。有一些有特殊要求的机电产品，法律法规要求生产该产品的组织，其生产过程必须符合规定的可追溯性要求，如军工产品。

生产部门或有关责任部门责任人对可追溯性的记录应当予以保存。

上述三类标识的区别：①作用不同。产品标识和唯一性标识是为了防止不同特征的产品混淆或实现可追溯性；状态标识是为了防止产品不同监视和测量状态的混淆。②必要性不同。产品标识和唯一性标识不是必须的，只在可能发生混淆和有可追溯要求的情况下采用；状态标识则是必须的，只要有监视和测量活动，就必须有状态标识。③可变性不同。产品标识不发生改变，有可追溯性要求时要有唯一性标识；状态标识随产品监视和测量状态的改变而改变。

3. 产品防护

7.5.5 条款强调组织所提供的产品或服务及其组成部分的质量不得受到任何行为的影响，目的是防止产品遭到损坏。组织可以根据本组织产品和产品实现过程的情况，决定如何采取措施实现标准所规定的要求。部分产品防护的要求来自产品设计和开发的输出。

产品防护的范围是从组织内部产品实现过程到交付到顾客的预定地点期间的所有过程，防护对象包括了原材料、元器件、标准件、外购件、外协件、顾客财产、生产过程中产品、组成产品的零部件、最终产品等。

产品防护控制还可能与销售部门、生产部门、质量检验部门、仓储等部门有关，根据不同组织有关职责和权限的规定，销售部门、生产部门、质量检验部门、仓储等部门可能负责或参与部分产品防护的控制。根据质量管理体系职责规定，销售部门和仓储部门应对交付到预定的地点期间对产品提供防护负责。

产品防护包括标识、搬运、包装、贮存和保护活动，机电产品不同阶段的防护可能包括上述要求的全部或任意组合。

1）对产品提供防护

应在内部处理期间对产品（也适用于产品的组成部分）提供防护，以保持符合要求。

（1）标识。根据产品标准标识要求和组织的产品适宜的防护标识规定，如点钞机标准的标志要求是“在产品包装箱上加施防淋雨、防潮、不许倒置等标识”。

（2）搬运。根据产品标准运输要求、各种产品特性、顾客的要求和搬运规定，选用适宜的搬运方式和方法、搬运设备或工具和搬运人员，防止产品损坏。如点钞机标准的运输要求是“经包装后的产品可用任何交通工具运输，但严禁抛掷并避免雨雪的直接淋袭”；如线路板放置在器具内，器具小心轻拿轻放，使用运输工具或手工规范运输；又如完工的机械类零部件，使用运输工具或手工运输，小心轻拿轻放。

（3）包装。根据产品标准包装要求、各种产品特性和顾客的要求，考虑产品的运输和贮存的要求和国家有关法律法规要求，选取适宜的包装材料和控制方法，确保产品在送达顾客处时符合要求。如点钞机标准的包装要求是“产品应先装在防潮湿塑料袋内，连带合格证、使用说明书一起装入包装箱内”。

（4）贮存。根据产品标准标识要求和贮存规定（产品贮存的要求、出入库管理、放置、维护管理），保证在适当的设施和环境条件下贮存产品，防止产品在贮存过程中变质或损坏。

如点钞机产品在入库前应存放在包装箱内，存放产品的地方应清洁、通风、无漏水等，防止产品符合性发生变化；又如产品机械类零部件在加工、转序过程中前应存放在通风、无漏水、干燥等地方，防止产品符合性发生变化。

(5) 保护。根据产品标准保护要求和保护规定，采取合适的保护措施(防尘、防锈、防腐、防震、防潮、防火及防盗)防止产品受到伤害或损坏，如生产过程中的线路板采取用塑料布等覆盖线路板及其盛放器具防尘措施；又如机械类零部件采取涂防锈油措施。

2)其他职能部门与产品防护控制说明

根据质量管理体系职责规定，其他职能部门可能对产品防护控制负有控制职责，主要是销售部门和仓储部门。如销售部门对产品交付到预定的地点期间对产品提供防护负责，销售部门将产品委托(外包)某运输供方负责运输，需要对其按 7.4.1 条款的要求对运输供方进行评价，确保运输供方在运输过程中做好产品防护。如质量检验部门在内部处理期间对产品提供防护负责，包括保护标识，因为检验工作需要文明搬运和保护包装，贮存期间对产品符合性实施重新检验和因为检验工作需要开展保护活动，仓储部门产品防护流程、要求、程序和符合要求的相关证据见第十五章第二节。

4. 顾客财产

有关顾客财产流程、要求、程序和符合要求的相关证据参见第十章第三节。生产部门可能要使用顾客财产，如使用顾客提供的包装箱包装产品，使用顾客提供的图样等进行产品加工，所以应爱护在生产部门控制下或使用的顾客财产，应识别、保护和维护供其使用或构成产品一部分的顾客财产，若顾客财产发生丢失、损坏或发现不适用的情况时，生产部门应向顾客或提供有关责任部门向顾客报告，并保持丢失、损坏或发现不适用的记录。

四、符合要求的相关证据

(1) 产品特性的文件或信息的证据及符合性；
(2) 产品或服务的作业指导书的证据及符合性；
(3) 适宜的生产设备的证据及符合性；
(4) 适宜的监视和测量设备的证据及符合性；
(5) 生产和服务提供活动的监视和测量方面的证据及符合性；
(6) 放行活动的规定及相应的实施证据；
(7) 确认过程的评审和批准规定的准则及符合性；
(8) 确认过程有关设备的认可的鉴定及符合性；
(9) 确认过程有关操作该设备人员资格的鉴定及符合性；
(10) 确认过程使用的特定方法和程序及符合性；
(11) 识别确认的过程的结果及符合性；
(12) 过程确认的安排的结果及符合性；
(13) 过程的确认的结果及符合性；
(14) 确认过程有关记录及符合性；
(15) 产品识别的证据及符合性；
(16) 产品的监视和测量状态识别的证据及符合性；
(17) 在有可追溯性要求时，产品唯一性标识的证据及符合性；

(18) 如与顾客财产有关，顾客财产保护和维护的证据及符合性；

(19) 如与顾客财产有关，顾客财产发生丢失、损坏或不适用时，向顾客报告和记录的相关证据及符合性；

(20) 生产部门在产品实现过程中对产品标识的措施、控制证据及符合性；

(21) 生产部门在产品实现过程中对产品搬运的措施、控制证据及符合性；

(22) 生产部门在产品实现过程中对产品包装的措施、控制证据及符合性；

(23) 生产部门在产品实现过程中对产品贮存的措施、控制证据及符合性；

(24) 生产部门在产品实现过程中对产品保护的措施、及控制证据及符合性。

第三节　生产部门的监视和测量设备控制

生产部门是监视和测量设备使用的主要部门，所以，根据质量管理体系职责规定，生产部门与监视和测量设备密切相关。

一、监视和测量设备控制工作流程

根据生产部门质量管理体系要求相关的主要条款 7.6，监视和测量设备控制工作流程见图 13-2。

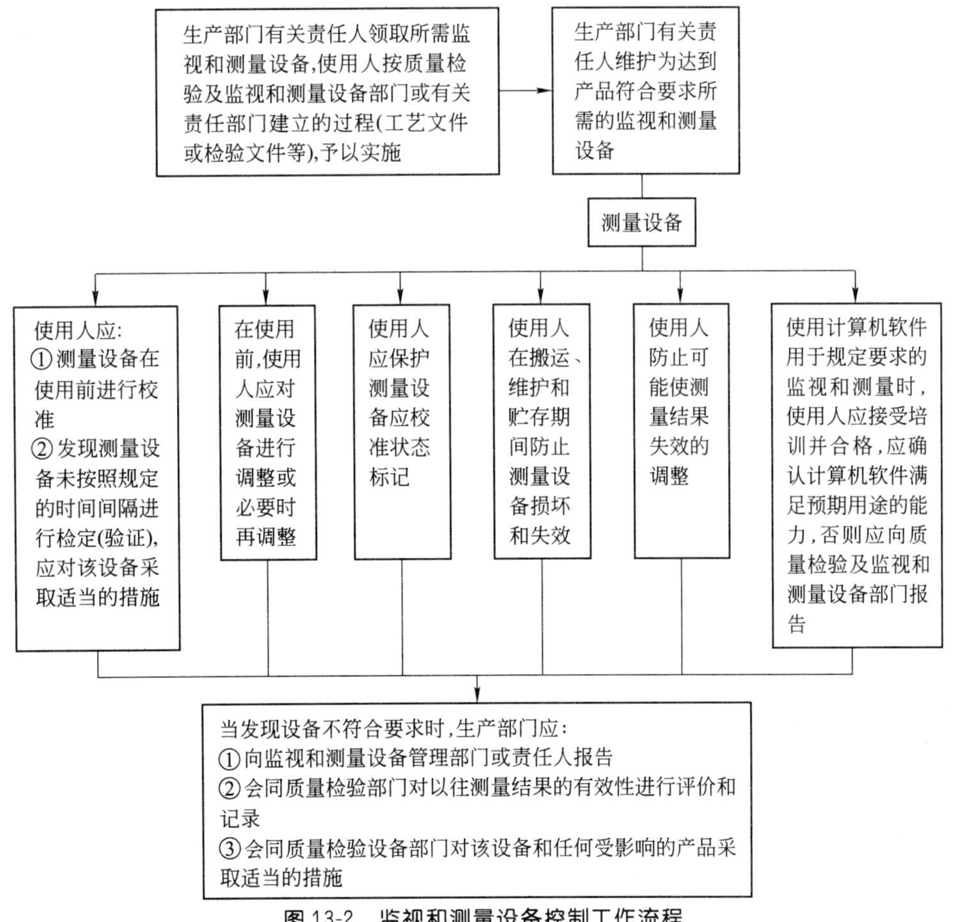

图 13-2　监视和测量设备控制工作流程

二、监视和测量设备控制要求和程序

监视和测量设备控制要求和程序如下：

（一）领取使用所需监视和测量设备

生产部门有关责任人领取所需监视和测量设备，使用人按质量检验部门或有关责任部门建立的过程（工艺文件等），予以实施。

（二）维护所需的监视和测量设备

生产部门有关责任人维护为达到产品符合要求所需的监视和测量设备。如生产部门有关责任人和监视和测量设备使用人应按监视和测量设备维护制度定期对在用监视和测量设备进行检查，以确定是否处于正常状态，如不正常，就采取必要的措施（向监视和测量设备管理部门或责任人报告，监视和测量设备管理部门或责任人采取收回、维修、校准、检定、调换等措施），满足监视和测量需要；监视和测量设备使用人员应按设备操作规程进行操作和维护。

（1）使用人应：①测量设备在使用前进行校准；②发现测量设备未按照规定的时间间隔进行检定（验证），应对该设备采取适当的措施。

（2）使用人防止可能使测量结果失效的调整。测量设备操作人员或使用人员必须经过培训并合格，方可操作、使用和调整该设备，未经过培训并合格人员不得操作、使用和调整该测量设备；测量设备必须有专人管理、操作、使用和调整；严格按测量设备操作规程进行操作、使用和调整；采用其他适宜的保护措施防止不符合要求的操作、使用和调整等。

（3）在使用前，使用人应对测量设备进行调整或必要时再调整。

（4）使用人应保护测量设备校准状态标记。

（5）使用人在搬运、维护和贮存期间防止测量设备损坏和失效。

（6）使用计算机软件用于规定要求的监视和测量时，使用人应接受培训并合格，应确认计算机软件满足预期用途的能力，否则应向监视和测量设备管理部门或责任人报告。

（三）发现设备不符合要求时的控制

当发现设备不符合要求时，生产部门应：

（1）向监视和测量设备管理部门或责任人报告。

（2）会同质量检验部门对以往测量结果的有效性进行评价和记录。

（3）会同质量检验设备部门对该设备和任何受影响的产品采取适当的措施。

其余参见第十四章第四节。

三、符合要求的相关证据

（1）所需的监视和测量确定及所需的监视和测量设备确定的证据及符合性；

（2）建立监视和测量过程，确保监视和测量活动可行并以与监视和测量的要求相一致的方式实施的证据；

（3）对能溯源到国际或国家标准的测量标准的测量设备，应有校准和（或）检定（验证）的相应证据；

（4）不存在上述标准时，应有形成文件的校准和（或）检定（验证）规程的证据，应有校准和（或）检定（验证）的相应证据并符合；

（5）设备不符合要求时：以往测量结果的有效性进行评价和记录、对该设备采取适当的措施、对任何受影响的产品采取适当的措施、该设备校准和检定（验证）结果的记录的证据及符合性；

（6）设备进行调整或必要时再调整的证据及符合性；

（7）设备校准标记的证据及符合性；

（8）防止可能使测量结果失效的调整的证据及符合性；

（9）在搬运、维护和贮存期间防止损坏和失效的证据。

第四节　生产部门的产品的监视和测量控制

生产部门和质量检验部门都是产品的监视和测量控制的主要部门，与产品的监视和测量控制密切相关，可以参见第十四章第二节。

一、产品的监视和测量控制工作流程

根据生产部门质量管理体系要求相关的主要条款 8.2.4，产品的监视和测量控制工作流程见图 13-3。

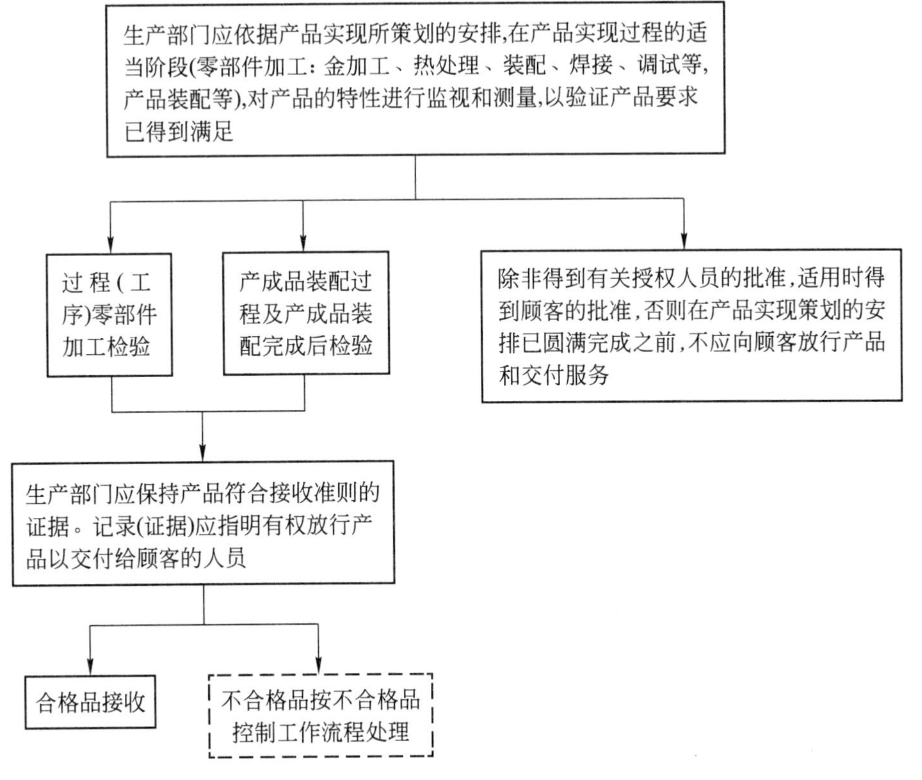

图 13-3　产品监视和测量控制工作流程

二、产品的监视和测量控制要求和程序

产品的监视和测量控制要求和程序如下：

（一）产品特性的监视和测量

生产部门应依据所7.1条款策划的安排，在产品实现过程的适当阶段(零部件加工：金加工、热处理、装配、焊接、调试等，产品装配等)，对产品的特性进行监视和测量，以验证产品要求已得到满足。

1. 过程(工序)零部件加工检验

过程(工序)零部件加工检验应用于零部件加工过程中生产部门生产责任人员对半成品及零部件所进行的检验。

生产部门生产责任人员应按零部件工艺规程或作业指导书(例工艺指导书、工艺卡片等)、标准、产品图样等规定的要求(例检验项目及要求、检验方法等)进行零部件检验；也可按合同和样品或样机等要求进行零部件质量检验。

2. 产成品装配检验

产成品装配检验应用于产成品装配过程中装配零部件及产成品装配完成后生产部门生产责任人员对产成品装配过程中装配零部件及产成品所进行的检验。

生产部门生产责任人员应按产成品装配工艺规程或作业指导书(例装配工艺指导书、装配工艺卡片等)、产品标准和顾客规定的要求(例检验项目及要求、检验方法等)，在产成品装配过程中装配零部件及对产成品装配质量实施检验；也可按合同和样品或样机等要求进行产成品质量检验。

3. 放行产品和交付服务特例

除非得到有关组织授权人员的批准，适用时得到顾客的批准，否则在产品实现策划的安排已圆满完成之前，生产部门有关责任人或生产人员不应向顾客放行产品和交付服务。有关其他说明参见第十五章第二节。

（二）证据和记录

生产部门责任人应保持产品符合接收准则的证据。记录(证据)应指明有权放行产品以交付给顾客的人员。

（三）监视和测量后产品的处理

(1) 合格品接收。

(2) 不合格品按不合格品控制工作流程处理(见本章第五节)。

三、符合要求的相关证据

(1) 按产品所要求的验证、监视、测量、检验和试验活动策划而实施的证据；

(2) 产品接收准则及符合性；

(3) 产品的的监视和测量记录，记录应指明有权放行产品以交付给顾客的人员；

(4) 有关授权人员的批准，适用时得到顾客的批准的证据以及对这些放行产品的控制证据。

第五节　生产部门的不合格品的控制

质量检验部门和生产部门都是不合格品控制的主要部门，与不合格品控制密切相关，可以参见第十四章第三节。

一、不合格品控制工作流程

根据生产部门质量管理体系要求相关的主要条款 8.3，不合格品控制工作流程见图 13-4。

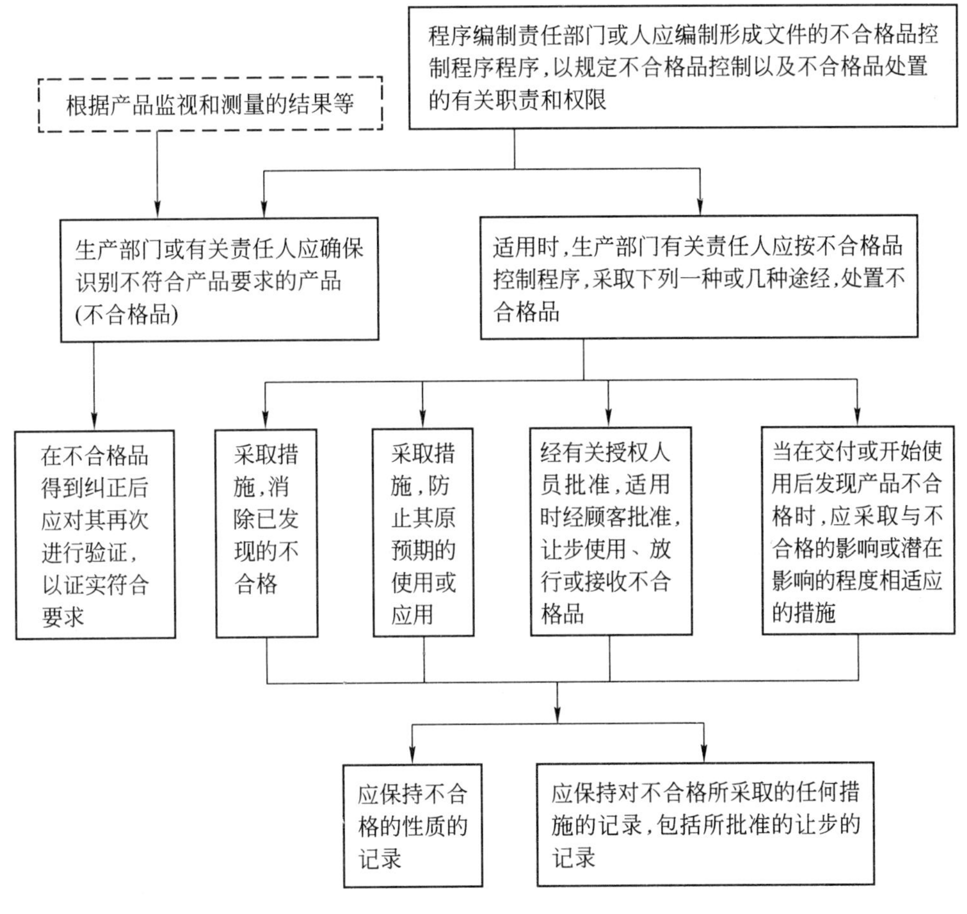

图 13-4　不合格品控制工作流程

二、不合格品控制要求和程序

不合格品控制要求和程序如下：

(一) 应编制形成文件的程序

程序编制责任部门或人应编制形成文件的不合格品控制程序，以规定不合格品控制以及不合格品处置的有关职责和权限。

（二）确保识别和控制不符合产品要求的产品

根据产品监视和测量的结果，生产部门有关责任人应确保识别不符合产品要求的产品（不合格品），以防止其非预期使用或交付。

（三）不合格品处置

适用时生产部门有关责任人应按不合格品控制程序，采取一种或几种途经，处置不合格品；"适用时"是指生产部门有关责任人应根据不合格品的性质和影响程度不同，对不合格品的处置可选择和采取适宜的方法。不合格品处置的方法可包括：

1. 采取措施，消除已发现的不合格

生产部门有关责任人针对不合格品采取措施后，可以消除其不合格而使其满足规定要求成为合格品。如线路板焊接人员发现线路板虚焊，就对虚焊线路板采取返工措施，线路板返工后的结果可能成为合格线路板，也有可能还是不合格品。

2. 采取措施，防止其原预期的使用或应用

生产部门有关责任人针对不合格品，可以采取改变不合格品原预期的使用或应用、隔离不合格品等措施，以防止不合格品按原来预期的要求使用的措施。如生产部门线路板焊接工发现线路板不合格，就对该线路板进行返工处理；又如在上述情况中，线路板焊接工应对该线路板实施隔离，并作不合格品标识。

3. 让步使用、放行或接收不合格品

经有关授权人员批准，适用时经顾客批准，让步使用、放行或接收不合格品。如生产部门装配工发现点钞机包装箱有一点破损，经组织授权人员批准后可以让步放行该台点钞机；又如生产部门装配工发现点钞机的绝缘电阻不合格时，就不允许让步使用或放行该台点钞机，因为这可能导致人身的安全问题。

4. 交付或开始使用后发现产品不合格时，应采取的措施

当在交付或开始使用后发现产品不合格时，应采取与不合格的影响或潜在影响的程度相适应的措施。生产部门应负责由于生产质量问题而产生的不合格责任和由于需要完成采取与不合格的影响或潜在影响的程度相适应的措施的相关责任，如返工、维修等责任。

（四）再次进行验证

在不合格品得到纠正后，生产部门有关责任人应对其再次进行验证，以证实符合要求。如对点钞机传动机构有打滑、跳动、卡阻现象进行返工，返工后，生产部门装配工应首先对其进行验证，验证结果，尺寸可能符合标准规定要求，也可能还是不符合标准、产品图样、工艺规程或作业指导书规定的要求，如不符合要求，应按不合格品处置办法处置。

（五）保持不合格有关记录

生产部门有关责任人应保持对不合格所采取的任何措施的记录，包括所批准的让步的记录。

1. 保持不合格的性质的记录

生产部门有关责任人应保持不合格的性质的记录。

2. 保持对不合格所采取的任何措施的记录

生产部门有关责任人应保持对不合格所采取的任何措施的记录，包括所批准的让步的记录。不合格所采取的任何措施的记录是指：应把不合格反馈到有关部门或责任人，有关部门或责任人应针对不合格，分析原因，采取相应措施并予以实施和跟踪验证，生产部门或有关责任人应保持措施实施的结果和跟踪的证据以及组织授权人员和顾客批准的让步使用、放行或接收不合格品记录。上述记录可以作为下次对不合格所采取的任何措施的参考。只要不合格品与顾客要求有关，对不合格所采取的任何措施的记录需要告知顾客。

三、符合要求的相关证据

（1）不合格品控制的形成文件的程序及符合性；

（2）处置不合格品及符合性的证据；

（3）不合格的性质的记录以及随后相应所采取的任何措施的记录，包括所批准的让步的记录；

（4）不合格品得到纠正后再次进行验证及符合性的证据。

第六节　生产部门的基础设施控制

基础设施包括三方面：建筑物、工作场所和相关的设施；过程设备（硬件和软件）支持性服务（如运输、通讯或信息系统），生产部门应对上述基础设施实施控制。“基础设施”就是指〈组织〉组织运行所必需的设施、设备和服务的体系。基础设施是质量管理体系运行的物质保证。

组织应确定、提供和维护质量管理体系所需的基础设施 6.3 条款要求的基础设施规定的范围是“为达到符合产品要求所需”。“确定”基础设施要根据过程目标和过程的活动需求而确定，是保证其能力的基础。“提供”就是按基础设施确定的结果提供。“维护”则是通过一系列的维护保养活动，保持其能力。

基础设施还可能与最高管理者、销售部门、设计和开发部门、采购部门和质量检验部门和仓储等部门有关，根据不同组织有关职责和权限的规定，最高管理者、销售部门、设计和开发部门、采购部门和质量检验部门和仓储等部门可能负责或参与部分基础设施的控制。

一、定义

本节应用的术语应用了 GB/T 19000—2008 标准规定的术语定义。

基础设施（3.3.3）：〈组织〉组织（3.3.1）运行所必需的设施、设备和服务的体系（3.2.1）

二、基础设施控制工作流程

根据生产部门质量管理体系要求相关的主要条款 6.3，基础设施控制工作流程见图 13-5。

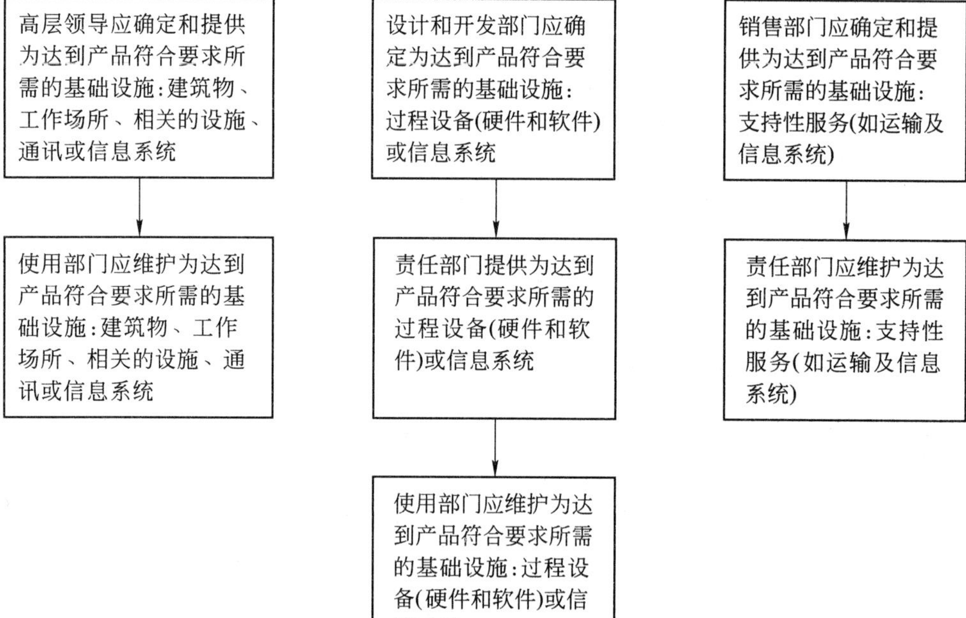

图 13-5 基础设施控制工作流程

三、基础设施控制工作要求和程序

基础设施控制要求和程序如下:

(一) 建筑物、工作场所和相关的设施

生产等使用部门应维护为达到产品符合要求所需的建筑物、工作场所和相关的设施。如经常打扫生产场所,保持生产场所清洁;维护生产场所使之无漏水等。

(二) 过程设备

生产等使用部门应维护为达到产品符合要求所需的过程设备(硬件和软件)。如各种生产设备和控制软件、生产工具、生产辅具、生产和服务提供所需的专用器具、监视和测量设备、办公设备及应用软件等。如编制生产设备台账,按生产设备有关检查和使用制度制定生产设备维修计划,按计划实施设备维修和临时维修设备并保持生产设备维修记录(必要时),制定生产设备零配件采购计划、产品工艺装备(模具等)制造计划、产品工艺装备维修计划,实施产品工艺装备维修并保持产品工艺装备维修记录(必要时),制定产品工艺装备使用管理制度等。

(三) 支持性服务

生产等使用部门应维护为达到产品符合要求所需的基础设施:通讯或信息系统。

(四) 其他职能部门与基础设施控制说明

1. 建筑物、工作场所和相关的设施

最高管理者应确定和提供为达到产品符合要求所需的基础设施:建筑物、工作场所和相关的设施。如办公楼(室)、车间厂房、储存场所等,以及与之配套的水、电、气供应,通风照

明、空调系统等相关设施。

2. 过程设备

设计和开发部门应确定为达到产品符合要求所需的基础设施:过程设备(硬件和软件)。采购部门或相关责任部门提供为达到产品符合要求所需的过程设备(硬件和软件)。

6.3"基础设施"中"过程设备(硬件和软件)或信息系统"的控制是从资源保证的角度提出的,是确定、提供和维护设备的基础管理工作;而7.5.1c)条款中"使用适宜的设备"是在"过程设备(硬件和软件)或信息系统"的控制的基础上,如何合理选择和使用过程设备(硬件和软件)或信息系统来制造产品,最终使制造的产品符合要求。

3. 支持性服务

最高管理者应确定和提供为达到产品符合要求所需的基础设施:运输、通讯或信息系统。如电脑、电话等。

销售等部门应确定和提供为达到产品符合要求所需的基础设施:支持性服务(如运输及信息系统)。销售等责任部门应维护为达到产品符合要求所需的基础设施:支持性服务(如运输及信息系统)。如运输设施、信息系统、交付后活动的维护网点等。"信息系统"对于质量管理的影响越来越大,信息化管理成为越来越多的组织提升管理的重要途径。

设计和开发部门应确定为达到产品符合要求所需的基础设施:过程设备(硬件和软件)或信息系统。采购部门或相关责任部门提供为达到产品符合要求所需的过程设备(硬件和软件)或信息系统。其他使用部门应维护为达到产品符合要求所需的基础设施:过程设备(硬件和软件)或信息系统。如各种生产设备和控制软件、生产工具、生产辅具、生产和服务提供所需的专用器具、监视和测量设备、办公设备及应用软件等。

四、符合要求的相关证据

(1) 确定基础设施及符合性的证据;

(2) 提供基础设施及符合性的证据;

(3) 维护基础设施及符合性的证据。

第七节　生产部门的工作环境控制

生产部门主要是对为达到产品符合要求所需的工作环境实施控制。"工作环境"是指工作所处的一组条件,条件包括物理的、社会的、心理的和环境的因素(如温度、承认方式、人因工效和大气成分)。

生产环境控制还可能与最高管理者和仓储等部门有关,根据不同组织有关职责和权限的规定,最高管理者和仓储等部门可能负责或参与部分工作环境的控制。

一、定义

本节采用GB/T 19000—2008标准规定的以下术语和定义。

工作环境(3.3.4):工作所处的一组条件。

注:条件包括物理的、社会的、心理的和环境的因素(如温度、承认方式、人因工效和大气成分)。

二、工作环境控制工作流程

根据生产部门质量管理体系要求相关的主要条款 6.4，工作环境控制工作流程见图 13-6。

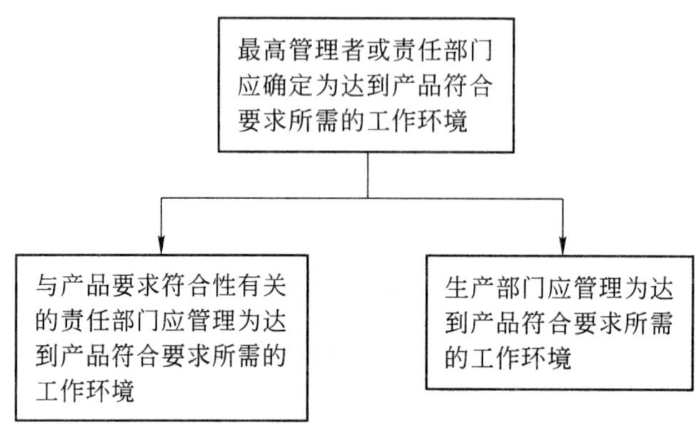

图 13-6 工作环境控制工作流程

三、工作环境控制要求和程序

工作环境控制要求和程序如下：

（一）工作环境的确定

工作环境对产品质量的影响有两种情况：一是产品或服务处于特定的工作环境之中，产品质量将直接受到各种环境因素的影响；另一种情况是人处在特定的工作环境之中，工作质量受到各种环境因素的影响，间接或直接地对产品或服务质量产生影响。

最高管理者或责任部门应确定为达到产品符合要求所需的工作环境，明确管理的对象和范围，制定相关的管理制度。应考虑的工作环境有：

1. 与人有关的因素

与人有关的因素：安全、健康、劳动防护、人体工效、社会影响、适宜的工作方法等。如在线路板印制电路生产现场必须考虑的化学物质给人带来的危害，采取有害气体排放设备，操作人员穿戴防护手套等用具，操作人员必须经过培训方可上岗等。

2. 与物有关的因素

与物有关的因素：噪声、温度、湿度、照明、天气、振动、污染、卫生、清洁度、空气质量、区域布置的合理性等。如生产现场的噪音不得超过国家规定的噪声值；如点钞机仓储处温度和湿度要符合产品标准要求；如气动工具装配过程中对工作台干净的要求；如线路板印制电路生产过程中产生的废水必须经过处理，并且符合有关要求后方可允许排放，当然组织必须获得排污许可证；如微电子行业对超净的空气环境的要求。

（二）工作环境管理

1. 生产部门应管理为达到产品符合要求所需的工作环境

生产部门应管理为达到产品符合要求所需的工作环境。对确定的工作环境，生产部门应按有关环境管理规定实施环境管理，如结合 5S 实施管理；如按排污、排气等管理规定对排污、排气设备、人员等实施管理，确保设备和人员等符合有关要求；如实施定期检查环境，发现不合格，分析不符合，及时采取纠正措施。

2. 有关的责任部门应管理为达到产品符合要求所需的工作环境

与产品要求符合性有关的责任部门应管理为达到产品符合要求所需的工作环境。与上述有关及与产品要求符合性有关的责任部门应做好生产部门的保障工作和配合工作，同时做好与自己有关的工作环境管理工作。

四、符合要求的相关证据

(1) 工作环境确定及符合性的证据；

(2) 工作环境管理及符合性的证据。

思 考 题 十 三

13-1 生产和服务提供过程的受控条件有哪些？

13-2 举例说明产品特性的信息指什么？

13-3 举例说明作业指导书包括哪些？

13-4 举例说明适宜的设备。

13-5 举例说明监视和测量设备。

13-6 举例说明如何实施监视和测量。

13-7 举例说明如何实施产品放行。

13-8 哪些过程需要确认？试举例说明。

13-9 过程确认的目的是什么？

13-10 确认过程安排包括哪些？举例说明过程的评审和批准所规定的准则、设备的认可和人员资格的鉴定、使用特定的方法和程序、记录的要求、再确认。

13-11 识别产品的方法有哪些？试举例说明。

13-12 如何控制和记录产品的唯一性标识？试举例说明。

13-13 生产部门如何管理受其控制或使用的顾客财产？试举例说明。

13-14 有关顾客财产的记录是指什么？

13-15 产品防护范围是什么？

13-16 产品防护内容包括哪些？试举例说明。

13-17 生产工人如何使用监视和测量设备？试举例说明。

13-18 生产工人发现设备不符合要求时，应采取什么措施？

13-19 与生产部门有关的基础设施包括哪些？

13-20 生产部门如何维护基础设施？试举例说明。

13-21 与生产部门有关的工作环境有哪些？试举例说明。

13-22 生产部门如何管理有关的工作环境？试举例说明。

第十四章

机电企业质量检验部门质量管理体系要求

第一节　质量检验部门相关质量管理体系条款和流程

一、与质量检验部门质量管理体系相关的条款

与质量检验部门质量管理体系相关的主要条款有6.3、7.4.3、7.5.4、7.6、8.2.4、8.3；相关的一般条款主要有4.2.3、4.2.4、5.3、5.4.1、5.5.3、6.2、6.4、8.2.2、8.2.3、8.4、8.5。

二、相关的主要条款

6.3　基础设施

见第十三章

7.4.3　采购产品的验证

组织应确定并实施检验或其他必要的活动，以确保采购的产品满足规定的采购要求。当组织或其顾客拟在供方的现场实施验证时，组织应在采购信息中对拟采用的验证的安排和产品放行的方法作出规定。

7.5.4　顾客财产

见第十三章。

7.6　监视和测量设备的控制

见第十三章。

8.2.4　产品的监视和测量

见第十三章。

8.3　不合格品控制

见第十三章。

三、相关的一般条款

质量检验部门相关的一般条款主要有4.2.3、4.2.4、5.3、5.4.1、5.5.3、6.2、6.4、8.2.2、8.2.3、8.4、8.5。质量检验部门应按上述步骤条款和自身的职责，参考与此相关部门的质量管理体系要求实施上述条款，在相关部门主要条款要求和程序中，已经对此进行了详细说明。

四、工作流程、要求和程序

根据质量检验部门质量管理体系相关的主要条款6.3、7.4.3、7.5.4、7.6、8.2.4、8.3及

主要职责和权限，质量检验部门质量管理体系工作流程、要求和程序主要包括产品监视和测量控制工作流程、要求和程序，不合格品控制工作流程、要求和程序及监视和测量设备控制工作流程、要求和程序。

第二节 质量检验部门的产品监视和测量控制

产品的监视和测量控制还可能与销售部门、设计和开发部门、采购部门、生产部门和仓储等部门有关，根据不同组织有关职责和权限的规定，销售部门、设计和开发部门、采购部门、生产部门和仓储等部门可能负责或参与部分产品的监视和测量控制。

质量检验部门和生产部门都是产品的监视和测量控制的主要部门，与产品的监视和测量控制密切相关。质量检验部门对于产品的监视和测量控制与生产部门对于产品的监视和测量控制关系最为密切相关，可以说质量检验部门对于产品的监视和测量控制是对生产部门对于产品的监视和测量控制的监督，一般来说，生产部门产品的监视和测量完成后，才发生质量检验部门产品的监视和测量，质量检验部门产品的监视和测量结果有时需要生产部门的参与、配合、处理与协调；而生产部门产品的监视和测量结果更需要质量检验部门的参与、配合与指导。

一、产品监视和测量控制工作流程

根据质量检验部门质量管理体系要求相关的主要条款 7.4.3、7.5.4 和 8.2.4，产品监视和测量控制工作流程见图 14-1。

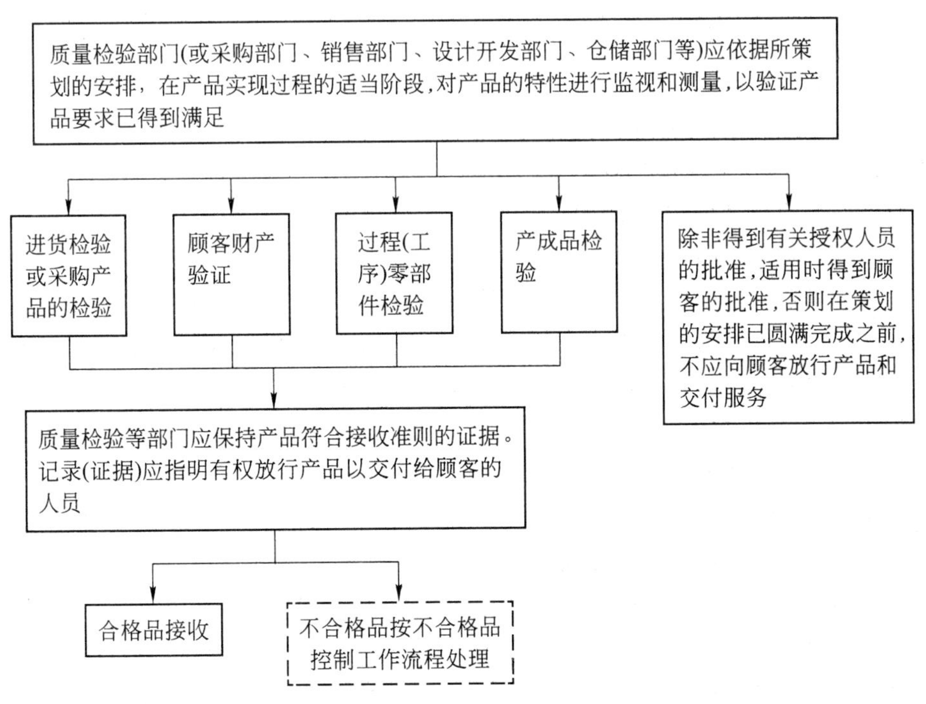

图 14-1 产品监视和测量控制工作流程

二、产品监视和测量控制要求和程序

产品监视和测量控制要求和程序如下：

（一）产品特性的监视和测量

质量检验部门（或销售部门、设计和开发部门、采购部门、生产部门、仓储等部门）应依据7.1条款所策划的安排，在产品实现过程的适当阶段（在产品实现的进货、产品加工过程和成品装配阶段），对产品的特性进行监视和测量，以验证产品要求已得到满足。

8.2.4条款规定的监视和测量的对象是产品的特性，不仅针对最终产品的特性，也包括采购产品和产品实现过程中形成的中间产品的特性。目的是验证产品特性是否满足产品要求。在对产品特性进行监视和测量时，组织应依据产品的接收准则来判断产品是否合格。机电产品监视和测量的类型一般包括进货物资、产品实现过程中的各种零部件和产成品。进货物资包括：原材料、元器件、标准件、外购件、顾客财产等。

1. 进货检验或采购产品的检验

进货检验应用于机电产品所需各种原材料、元器件、外协件、外购件、标准件等的检验。质量检验部门质量检验员应按进货检验规程（例检验指导书和检验卡片等包含检验项目及要求、抽样方案、检验方法等）、标准、产品图样和工艺规程规定的要求进行进货检验或采购产品的检验；也可按样品或样机的要求进行质量检验。

根据质量管理体系职责规定，其他职能部门可能对进货物资负有监视和测量职责。如销售部门可能对顾客财产（样品或样机等）实施验证，设计和开发部门可能对产品试制过程中的原材料、元器件、外协件、外购件、标准件等实施验证或监视和测量，采购部门和仓储部门可能对机电产品的原材料、元器件、外协件、外购件、标准件等实施验证或监视和测量，生产部门可能对机电产品实现过程的外协的零部件（如机电产品外协的热处理零部件、外协的焊接线路板等）实施监视和测量。

2. 过程（工序）零部件检验

过程（工序）零部件检验应用于判断生产过程半成品及零部件能否由上一道过程（工序）转入下一道过程（工序）所进行的检验。

质量检验部门质量检验员应按零部件检验规程（例检验指导书和检验卡片等包含检验项目及要求、抽样方案、检验方法等）、标准、产品图样和工艺规程规定的要求进行零部件检验；也可能按合同和样品或样机等要求进行零部件质量检验。

根据质量管理体系职责规定，生产部门对过程（工序）零部件负有监视和测量职责，生产部门必须对机电产品实现过程的零部件实施监视和测量。

3. 产成品检验

产成品检验应用于产品装配完成后所进行的检验。

质量检验部门质量检验员应按产成品检验规程（例检验指导书和检验卡片等包含检验项目及要求、抽样方案、检验方法等）、产品标准和顾客规定的要求（例检验项目及要求、抽样方案、检验方法等）进行产成品检验；也可按合同和样品或样机等要求进行产成品质量检验。

根据质量管理体系职责规定，生产部门对机电产品实现过程的产成品负有监视和测量职责，生产部门必须对机电产品实现过程的零部件实施监视和测量。

4．顾客财产验证

质量检验部门质量检验员可按要求对顾客财产实施验证。

根据质量管理体系职责规定，销售部门、设计和开发部门、采购部门、生产部门、仓储等部门对顾客财产负有监视和测量职责，销售部门、设计和开发部门、采购部门、生产部门、仓储等部门可能要按要求对顾客财产实施验证。

5．放行产品和交付服务特例

除非得到有关组织授权人员的批准，适用时得到顾客的批准，否则在产品实现策划的安排已圆满完成之前，质量检验部门质量检验员或责任人不应向顾客放行产品和交付服务。

在确保产品要求能够得到满足的前提下，当策划的安排未圆满完成时，产品得到有关组织授权人员的批准，适用时得到顾客的批准，质量检验部门或有关责任部门责任人可以向顾客放行产品和交付服务。如外协焊接的线路板，供方提供了符合合同的线路板检测报告，报告显示全部合格，由于顾客要货急，获得授权人员批准后，组织的质量检验部门就放行该批线路板，没有按线路板检验规程对线路板进行有关项目的检验，但是，在安装该批线路板的产品出厂时逐台进行了老化试验等试验，试验显示合格，从而确保了产品的符合性。又如某点钞机合同要求点钞机出厂试验项目除应按 GB 16999 规定外，还要做噪声试验并符合标准要求，在该批点钞机出厂时，质量检验部门发现噪声计坏了，一时无法完成噪声试验，于是与顾客沟通，并提供了当年由国家授权机构出具的同类型点钞机型式试验报告，报告显示噪声符合标准要求，在获得组织授权人员和顾客批准后，把该批点钞机交付给了顾客。

但是许多情况下，机电产品行业是不允许这样做的，如上述情况下的线路板，供方没有出具检测报告，组织的质量检验部门又没有按规定进行进货检验和随后的有关检验，即使得到授权人员批准和顾客批准，由于产品的质量不可能得到保证，所以产品不能放行。

（二）证据和记录

质量检验部门责任人应保持产品符合接收准则的证据。记录应指明有权放行产品以交付给顾客的人员。在对产品特性进行监视和测量时，机电行业产品接收准则一般是指：产品图样、工艺规程、检验规程等；产品符合接收准则的证据是指支持产品符合接收准则的数据，与产品特性及接收准则有关，包括记录等。质量检验部门责任人在监视和测量中，应把监视和测量结果与产品的接收准则比较，以判断产品是否合格，并应记录并保存相应的证据（如进货检验记录、零部件检验记录、产成品检验记录等）。记录应清楚地指明有权决定将产品放行给顾客的产品检验人员（如进货检验员、过程零部件检验员、产成品检验员或与该产品质量有关的员工等），这些人员应对其做出的监视和测量结果的真实性和可靠性承担责任。

（三）监视和测量后产品的处理

监视和测量的结果有两种情况：一是产品合格；二是产品不合格。合格品接收，不合格品，可根据 8.3 条款中的要求予以控制和处置（见本章第三节）。当某些不合格品发生情况不正常时，或性质严重时应考虑依据 8.5.2 条款和 8.5.3 条款的要求采取纠正措施和预防措施。

三、符合要求的相关证据

(1) 按产品所要求的验证、监视、测量、检验和试验活动策划而实施的证据；

(2) 产品接收准则及符合性；

(3) 产品的监视和测量记录，记录应指明有权放行产品以交付给顾客的人员；

(4) 有关授权人员的批准，适用时得到顾客的批准的证据以及对这些放行产品的控制证据。

第三节　质量检验部门不合格品的控制

不合格品的控制还可能与销售部门、设计和开发部门、采购部门、生产部门和仓储等部门有关，根据不同组织有关职责和权限的规定，销售部门、设计和开发部门、采购部门、生产部门和仓储等部门可能负责或参与部分不合格品的控制。

质量检验部门和生产部门都是不合格品控制的主要部门，与不合格品控制密切相关。质量检验部门对于不合格品控制与生产部门对于不合格品控制关系最为密切相关，有时质量检验部门对于不合格品控制是对生产部门对于产品的监视和测量控制及不合格品控制的监督，一般来说，生产部门产品的监视和测量完成后，才发生质量检验部门产品的监视和测量控制及不合格品控制，质量检验部门不合格品控制结果有时需要生产部门的参与、配合、处理与协调；而生产部门不合格品控制更需要质量检验部门的参与、配合与指导。

一、定义

本节采用GB/T 19000—2008标准规定的以下术语和定义。

等级(3.1.3)：对功能用途相同的产品(3.4.2)、过程(3.4.1)或体系(3.2.1)所做的不同质量要求的分类或分级。

示例：飞机的舱级和宾馆的等级分类。

注：在确定质量要求时，等级通常是规定的。

返工(3.6.7)：为使不合格产品(3.4.2)符合要求(3.1.2)而对其采取的措施。

注：返修与返工不同，返修(3.6.9)可影响或改变不合格产品的某些部分。

降级(3.6.8)：为使不合格产品(3.4.2)符合不同于原有的要求(3.1.2)而对其等级(3.1.3)的变更。

返修(3.6.9)：为使不合格产品(3.4.2)满足预期用途而对其采取的措施。

注1：返修包括对以前是合格的产品，为重新使用所采取的修复措施，如作为维修的一部分。

注2：返修与返工(3.6.7)不同，返修可影响或改变不合格产品的某些部分。

报废(3.6.10)：为避免不合格产品(3.4.2)原有的预期用途而对其所采取的措施。

示例：回收、销毁。

注：对不合格服务的情况，通过终止服务来避免其使用。

让步(3.6.11)：对使用或放行不符合规定要求(3.1.2)的产品(3.4.2)的许可。

注：让步通常限于在商定的时间或数量内的对含有不合格特性(3.5.1)的产品的交付。

偏离许可(3.6.12):产品(3.4.2)实现前,对偏离原规定要求(3.1.2)的许可。

注:偏离许可通常是在限定的产品数量或期限内并针对特定的用途。

二、不合格品控制工作流程

根据质量检验部门质量管理体系要求相关的主要条款 8.3,不合格品控制工作流程见图 14-2。

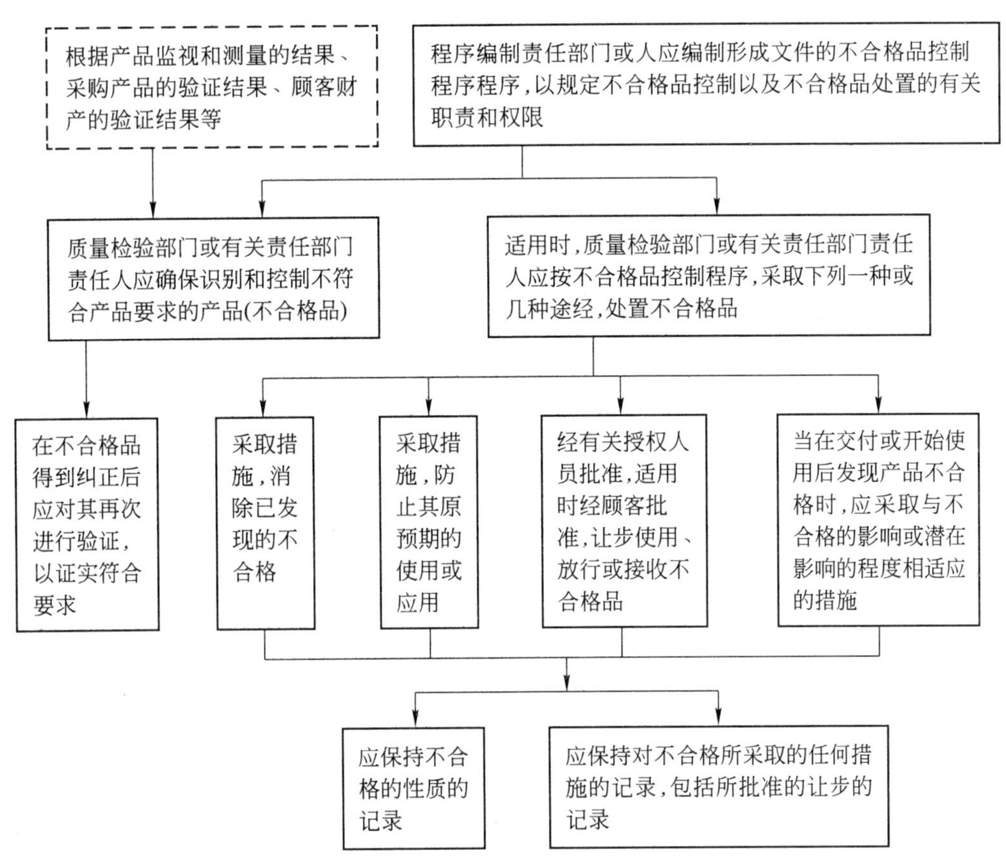

图 14-2 不合格品控制工作流程

三、不合格品控制要求和程序

8.3 条款的意图是针对识别出的产品或服务中的不合格实施控制和处置,防止它们不正确地被使用和交付,并对其及时采取措施,以降低影响,增强顾客满意。8.3 条款的对象是产品实现全过程中的不合格产品,包括在采购的产品、过程中的产品和最终提供给顾客的产品中识别出来的不合格品。

不合格品控制要求和程序如下:

(一) 应编制形成文件的程序

程序编制责任部门或人应编制形成文件的不合格品控制程序,以规定不合格品控制以及不合格品处置的有关职责和权限。

（二）确保识别和控制不符合产品要求的产品

根据产品监视和测量的结果、采购产品的验证结果、顾客财产的验证的结果等，质量检验部门或有关责任部门责任人应确保识别不符合产品要求的产品（不合格品），以防止其非预期使用或交付。

（三）不合格品处置

适用时，质量检验部门或有关责任部门责任人应按不合格品控制程序，采取一种或几种途经，处置不合格品；"适用时"是指质量检验部门或有关责任部门责任人应根据不合格品的性质和影响程度不同，对不合格品的处置可选择和采取适宜的方法。不合格品处置的方法可包括：

1. 采取措施，消除已发现的不合格

质量检验部门或有关责任部门责任人针对不合格品采取措施后，可以消除其不合格而使其满足规定要求成为合格品。如因虚焊线路板不合格需返工，"返工"是指为使不合格产品符合要求而采取的措施。线路板返工的目的是使不合格线路板成为合格品，但返工后的结果并不一定获得合格线路板，可能还是不合格品。

2. 采取措施，防止其原预期的使用或应用

质量检验部门或有关责任部门责任人针对不合格品，可以采取改变不合格品原预期的使用或应用、隔离不合格品等措施，以防止不合格品按原来预期的要求使用的措施。改变不合格品原预期的使用或应用的方法多种多样，譬如：不合格品的降级使用、把不合格品改作他用，拒收不合格品、返修不合格品、报废不合格品等。隔离不合格品可以采取专门的不合格品区域、不合格品标识等方法。

所谓"等级"是指对功能用途相同的产品、过程或体系所做的不同质量要求的分类或分级。机电行业的产品往往根据产品质量予以分级。不合格品的降级是指由于不符合原较高质量等级的产品降为较低等级的产品，从符合原定要求意义上来说是不合格品，实质上从产品标准意义上来说还是合格品。不合格品的降级使用是指为使不合格产品符合不同于原有的要求而对其等级的变更，如原计划按耗能 1 级生产的冰箱，经检验后只能达到 2 级，得到授权人员同意后，就降级，按 2 级耗能销售。

把不合格品改作他用：如机械零件外径不合格，可以用于外径要求较小的机械零件。

返修不合格品："返修"是指为使不合格产品满足预期用途而对其采取的措施。返修包括对现在是不合格品和以前是合格的产品，为重新使用所采取的修复措施。返修与返工不同，返修可影响或改变不合格品的某些性能，返修后通常还是不合格品，但可以使用，如顾客购买的某规格型号的点钞机，原来具有鉴别和计数功能，损坏修理后，仅具有计数功能，顾客认为可以作为计数的点钞机来用。

报废不合格品："报废"是指为避免不合格产品原有的预期用途而对其采取的措施。回收和销毁等是报废的一种方法，如线路板焊接处焊盘及印刷电路脱落，线路板销毁报废处理。

3. 让步使用、放行或接收不合格品

经有关授权人员批准，适用时经顾客批准，让步使用、放行或接收不合格品。

"让步"是指对使用或放行不合格规定要求的产品的许可，并在注释中明确了，让步通常

仅限于在商定的时间或数量内，对含有不合格特性的产品的交付。组织应对上述情况作出规定，什么样的不合格品和在何种情况下可以经有关授权人员批准，适用时经顾客批准后可以让步使用、放行或接收，同时不合格品的让步也不能违反适用的法律法规的规定。这涉及偏离许可的概念，偏离许可是指产品实现前，对偏离原规定要求的许可。所以，许多组织都根据组织实际情况制订产品原材料、元器件、外购件、外协件、标准件和零部件等许可（回用）制度。如质量检验部门检验员检验发现点钞机金属零部件镀层很小面积脱落或锈蚀，经组织授权人员批准后可以让步放行该台点钞机；又如点钞机的泄漏电流不合格时是不允许让步使用或放行的，因为这可能导致人身的安全问题。

4. 交付或开始使用后发现产品不合格时，应采取的措施

当在交付或开始使用后发现产品不合格时，应采取与不合格的影响或潜在影响的程度相适应的措施。通常情况下，组织应将不合格品控制在交付或使用之前。但是，有些不合格品是在交付给顾客之后或在产品投入使用后才被发现，如机电产品（如点钞机、低压断路器）的可靠性，顾客使用了一段时间（在规定的无故障工作时间内）后发现产品出现故障不能使用，这时，组织有关责任部门应根据不合格品造成的影响或可能造成的影响程度，采取适当的处置措施来控制不合格品。如，对于影响或潜在影响较小的不合格品（如点钞机的电源开关接触不良），可以采用维修等措施；对于影响或潜在影响较大的不合格品（如点钞机不能计数），可以采用调换、赔偿和召回等措施。上述情况的处理可能涉及销售部门、生产部门、质量检验等部门。销售部门可能负责调换、赔偿和召回等责任；生产部门可能负责维修等责任；质量检验部门可能负责维修后的检验责任等。

（四）再次进行验证

在不合格品得到纠正后，质量检验部门或有关责任部门有关责任人应对其再次进行验证，以证实符合要求。不合格品得到纠正后，不合格品可能成为合格品、降级品、废品等。如对尺寸超差的点钞机点钞论轴进行返工，返工后，生产部门加工人员应首先对其进行验证，然后，质量检验部门检验员应再对其进行验证，验证结果，尺寸可能符合标准规定要求，也可能还是不符合标准规定要求。

（五）保持不合格有关记录

质量检验部门或有关责任部门责任人应保持对不合格所采取的任何措施的记录，包括所批准的让步的记录。

1. 保持不合格的性质的记录

质量检验部门或有关责任部门责任人应保持不合格的性质的记录。不合格的性质是指不合格的特性（如产品图样、产品标准、工艺规程或作业指导书、检验规程等规定的特性要求）、特征（不合格品特征是指不合格异于合格品或不合格品的特点）和类型或不合格的严重程度（如关键不合格、重要不合格、一般不合格或 A 类不合格、B 类不合格、C 类不合格等）。

2. 保持对不合格所采取的任何措施的记录

质量检验部门或有关责任部门责任人应保持对不合格所采取的任何措施的记录，包括所批准的让步的记录。不合格所采取的任何措施的记录是指：应把不合格反馈到有关部门或责任人，有关部门或责任人应针对不合格，分析原因，采取相应措施并予以实施和跟踪验

证，质量检验部门或有关部门责任人应保持措施实施的结果和跟踪的证据以及组织授权人员和顾客批准的让步使用、放行或接收不合格品记录。上述记录可以作为下次对不合格所采取的任何措施的参考。只要不合格品与顾客要求有关，对不合格所采取的任何措施的记录需要告知顾客。

（六）其他职能部门与不合格品控制说明

根据质量管理体系职责规定，其他职能部门可能对不合格品控制负有控制职责。如销售部门可能对顾客财产（样品或样机等）验证结果发现的不合格顾客财产实施控制；设计和开发部门可能对机电产品试制过程中的原材料、元器件、外协件、外购件、标准件等验证或监视和测量结果发现的不合格品实施控制；采购部门和仓储部门可能对机电产品的原材料、元器件、外协件、外购件、标准件等验证或监视和测量结果发现的不合格品实施控制；生产部门可能对机电产品零部件外协（如机电产品外协热处理零部件、外协焊接线路板等）监视和测量结果发现的不合格品实施控制。

四、符合要求的相关证据

（1）不合格品控制的形成文件的程序及符合性；

（2）处置不合格品及符合性的证据；

（3）不合格的性质的记录以及随后相应所采取的任何措施的记录，包括所批准的让步的记录；

（4）不合格品得到纠正后再次进行验证及符合性的证据。

第四节 质量检验部门的监视和测量设备控制

基础设施包括三方面实施：建筑物、工作场所和相关的设施；过程设备（硬件和软件）；支持性服务（如运输、通讯或信息系统），质量检验部门主要是对上述基础设施中的过程设备（硬件和软件）和信息系统的监视和测量设备实施控制。

监视和测量设备控制还可能与设计和开发部门、采购部门、生产部门和仓储等部门有关，根据不同组织有关职责和权限的规定，设计和开发部门、采购部门、生产部门和仓储等部门可能负责或参与部分监视和测量设备的控制。

一、定义

本节采用GB/T 19000—2008标准规定的以下术语和定义。

计量确认(3.10.3)：为确保测量设备(3.10.4)符合预期使用要求(3.1.2)所需要的一组操作。

注1：计量确认通常包括：校准和检定[验证(3.8.4)]、各种必要的调整或维修[返修(3.6.9)]及随后的再校准、与设备预期使用的计量要求相比较以及所要求的封印和标签。

注2：只有测量设备已被证实适合于预期使用并形成文件，计量确认才算完成。

注3：预期使用要求包括：量程、分辨率和最大允许误差。

注4：计量要求通常与产品要求不同，并且不在产品要求中规定。

测量设备(3.10.4)：为实现测量过程(3.10.2)所必需的测量仪器、软件、测量标准、标准

物质或辅助器械或它们的组合。

计量特性(3.10.5)：能影响测量结果的可区分的特征。

注 1：测量设备(3.10.4)通常有若干个计量特性。

注 2：计量特性可作为校准的对象。

二、监视和测量设备控制工作流程

根据质量检验部门质量管理体系要求相关的主要条款 7.6 和 6.3，监视和测量设备控制工作流程见图 14-3。

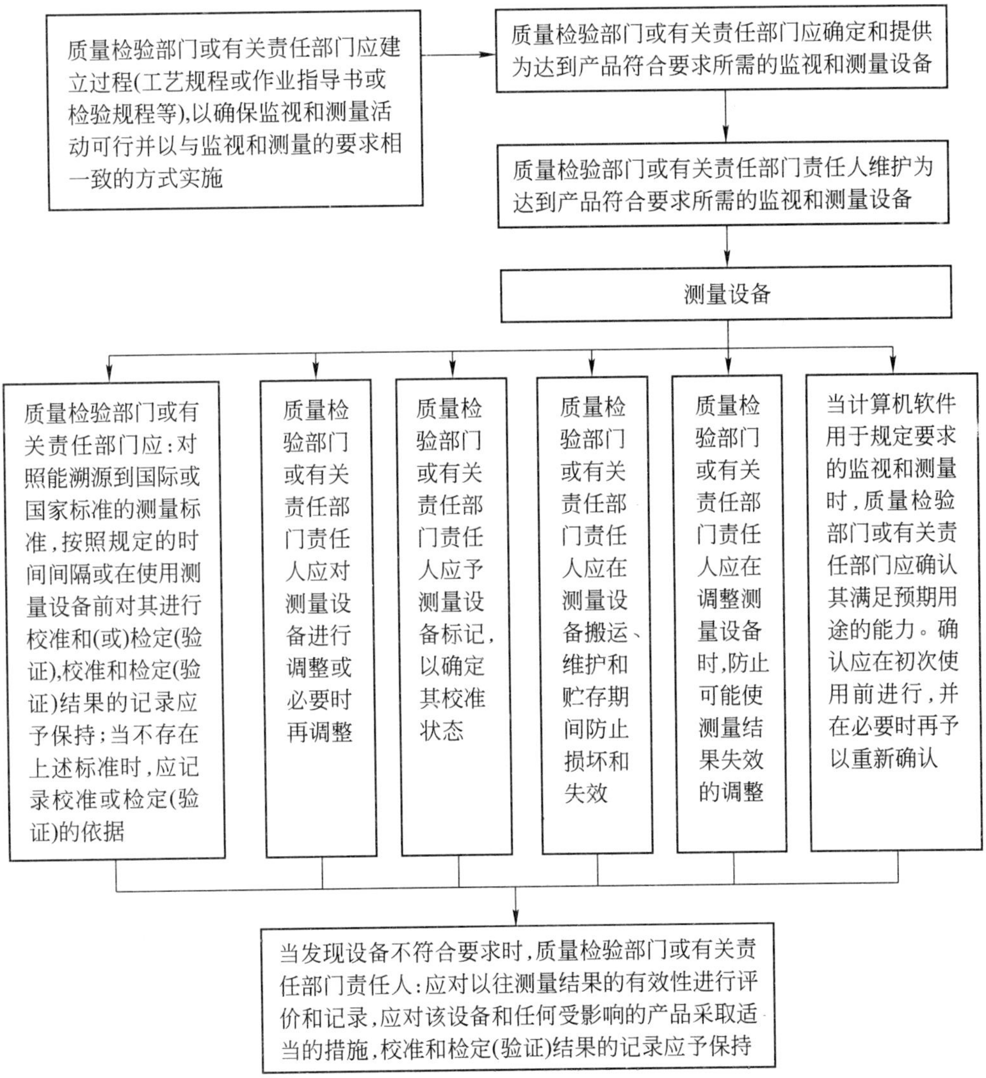

质量检验部门或有关责任部门应建立过程(工艺规程或作业指导书或检验规程等)，以确保监视和测量活动可行并以与监视和测量的要求相一致的方式实施

→ 质量检验部门或有关责任部门应确定和提供为达到产品符合要求所需的监视和测量设备

↓ 质量检验部门或有关责任部门责任人维护为达到产品符合要求所需的监视和测量设备

↓ 测量设备

↓

- 质量检验部门或有关责任部门应：对照能溯源到国际或国家标准的测量标准，按照规定的时间间隔或在使用测量设备前对其进行校准和(或)检定(验证)，校准和检定(验证)结果的记录应予保持；当不存在上述标准时，应记录校准或检定(验证)的依据
- 质量检验部门或有关责任部门责任人应对测量设备进行调整或必要时再调整
- 质量检验部门或有关责任部门责任人应予测量设备标记，以确定其校准状态
- 质量检验部门或有关责任部门责任人应在测量设备搬运、维护和贮存期间防止损坏和失效
- 质量检验部门或有关责任部门责任人应在调整测量设备时，防止可能使测量结果失效的调整
- 当计算机软件用于规定要求的监视和测量时，质量检验部门或有关责任部门应确认其满足预期用途的能力。确认应在初次使用前进行，并在必要时再予以重新确认

↓ 当发现设备不符合要求时，质量检验部门或有关责任部门责任人：应对以往测量结果的有效性进行评价和记录，应对该设备和任何受影响的产品采取适当的措施，校准和检定(验证)结果的记录应予保持

图 14-3　监视和测量设备控制工作流程

三、监视和测量设备控制要求和程序

7.6 条款监视和测量设备控制的对象是为实施监视和测量活动所配备的设备。这些监

视和测量设备主要是用来证实产品是否符合规定要求的，会对产品或过程质量是否符合要求产生直接的影响，所以要对其实施必要的控制。

监视和测量设备是对生产和服务提供过程的工作状态和(或)对产品特性进行监视和测量的设备，包括硬件设备和软件。如机电产品线路板焊接生产线上显示焊接温度、时间的监视和测量设备属于硬件设备；如机电产品中焊接后线路板的短路和开路测量设备上使用的应用软件属于软件。

就机电行业来说，监视设备主要用于产品实现过程中各种工艺参数的控制，如机电产品线路板焊接生产线上显示焊接温度、时间的设备；"测量设备"是指为实现测量过程所必需的测量仪器、软件、测量标准、标准物质或辅助器械或它们的组合。测量设备主要用于按测量要求(包括检验规程、产品标准、产品图样和工艺规程等规定的要求)对产品或零部件或各种物资实施测量，得出产品特性的实际量值，如机电产品焊接后的线路板的短路和开路测量。

测量设备使用前，为确保测量设备状态正常，要求实施计量确认，"计量确认"是指为确保测量设备符合预期使用要求所需要的一组操作。通常包括：校准和检定(验证)、各种必要的调整或维修(返修)及随后的再校准、与设备预期使用的计量要求相比较以及所要求的封印和标签；测量设备已被证实适合于预期使用并形成文件，计量确认才算完成；预期使用要求包括：量程、分辨率和最大允许误差。"检定"是指查明和确认计量器具是否符合法定要求的程序。包括检查、测试、加标记和(或)出具检定证书。"校准"是指在规定条件下，为确定测量设备所指示的量值，或实物量具或参考物质所代表的量值，与对应的由标准所复现的量值之间关系的一组操作。其目的是通过校对使测量设备准确，校准可能包括以下步骤：检验、矫正、报告、或透过调整来消除被比较的测量装置在准确度方面的任何偏差。机电行业组织中使用的测量设备一般要求进行校准或检定(验证)，使用前要校准，合格后方可使用；监视设备一般不一定要求进行校准或检定(验证)，但是必须校准。

监视和测量设备控制要求和程序如下：

(一) 应建立监视和测量过程

质量检验部门或有关责任部门应建立过程(按工艺规程或检验规程等要求)，以确保监视和测量活动可行并以与监视和测量的要求相一致的方式实施。建立这个过程时可以参考GB/T 19022—2003《测量管理体系　测量过程和测量设备的要求》和机电行业有关规定。质量检验部门或有关责任部门应首先编制包含监视和测量过程的工艺规程或检验规程或作业指导书等，文件应包括：监视和测量活动的责任人、监视和测量设备、产品及其特性、产品抽样方案、检验方法等。

(二) 应确定和提供所需的监视和测量设备

质量检验部门或有关责任部门责任人应确定和提供为达到产品符合要求所需的监视和测量设备。质量检验部门或有关责任部门在工艺规程或作业指导书或检验规程等文件中应确定为达到产品符合要求所需的监视和测量设备，监视和测量设备的功能、标称值、量程、示值范围、测量范围、灵敏度、灵敏阈、稳定度、分辨力和作用速度等计量特性(指能影响测量结果的可区分的特征)应与监视和测量任务的要求相一致；有关部门应提供上述设备，质量检

验部门或有关责任部门应获得上述设备。如采购部门按确定的监视和测量设备进行采购，质量检验部门根据需求领取所需的监视和测量设备。

（三）维护所需的监视和测量设备

质量检验部门或有关责任部门责任人维护为达到产品符合要求所需的监视和测量设备。如质量检验部门有关责任部门应制订有关监视和测量设备维护制度，质量检验部门有关责任部门或责任人根据制度定期对在用监视和测量设备进行检查，以确定是否处于正常状态，如不正常，就采取必要的措施（如监视和测量设备管理部门或责任人采取收回、维修、校准、检定、调换等措施），满足监视和测量需要；监视和测量设备使用人员应按设备操作规程进行操作和维护。

（四）测量设备控制

为了确保测量结果量值的准确、有效和可靠，必要时应对测量设备实施以下控制：

1. 测量设备校准或检定

（1）质量检验部门或有关责任部门应对照能溯源到国际或国家标准的测量标准，按照规定的时间间隔或在使用测量设备前对其进行校准或检定（验证）。校准可以由组织自己，也可以委托外部组织完成；检定是我国计量法规定的法定验证行为，由计量部门或其授权组织依法规要求进行，是确定或证实测量设备满足检定规程要求的活动。

国际单位制中七个基本单位：米、千克（公斤）、秒、安［培］、开［尔文］、摩［尔］和坎［德拉］对应相互独立的七个基本物理量（长度、质量、时间、电流、热力学温度、物质的量和发光强度）及其他单位和对应物理量，我国目前实施的还有其他法定计量单位及其对应物理量。能溯源到国际或国家标准的测量标准是指能溯源到国际或我国已经建立的量值传递或溯源体系的量。

按照规定的时间间隔或在使用测量设备前对其进行校准或检定（验证）是指应按测量设备检定规程（据不完全统计，国家计量检定系统表有 93 个，国家计量检定规程有 932 个，如 JJG 2062—9013.81—273.15 温度计量器具检定系统、JJG 622—97 绝缘电阻表（兆欧表）检定规程）校准或检定（验证）。

测量设备的校准或检定（验证），一般由国家授权机构或经国家授权机构授权的企业进行（国家授权机构授权的企业对测量设备的校准或检定（验证）指适用该企业内部许可的测量设备，不能对外），并保持校准或检定（验证）的证据。

测量设备在使用前，使用人员如质量检验员或其他产品测量人员应对测量设备进行校准。

（2）当不存在上述标准时，质量检验部门或有关责任部门责任人应记录校准或检定（验证）的依据。当测量的某个量值不存在能溯源到国际或国家标准的测量标准时，质量检验部门或有关责任部门首先要制订相应的能测量该量值的测量设备（可以称之为非标测量设备）的检定规程，然后按照该检定规程进行校准或检定（验证），并记录和保持校准或检定（验证）的证据。

质量检验员发现测量设备未按照规定的时间间隔进行检定（验证），应对该设备采取适当的措施。

2. 测量设备调整

质量检验部门或有关责任部门责任人及质量检验员应对测量设备进行调整或必要时再

调整。调整情况可能在校准或检定(验证)时和使用前及使用人认为必要的情况下进行。调整是使设备处于正常使用和没有偏移的工作状态。如天平在使用前首先要调整归零,万用表测量电阻器时调整归零等。

3. 测量设备标记

质量检验部门或有关责任部门责任人应予测量设备标记,以确定其校准状态。校准状态有合格(在校准或检定有效期内)、不合格(未校准、未检定、不符合要求或超期)、停用、封存等状态。标识的方法可以是检定或校准证书、检定或校准标签、检定或校准记录的信息、表示校准或检定状态的各种颜色标志等。

4. 防止测量设备损坏和失效

质量检验部门或有关责任部门责任人及质量检验员应在测量设备搬运、维护和贮存期间防止损坏和失效。

5. 防止可能使测量结果失效的调整

质量检验部门或有关责任部门责任人及质量检验员应在调整测量设备时,防止可能使测量结果失效的调整。测量设备操作人员或使用人员必须经过培训并合格,方可操作、使用和调整该设备,未经过培训并合格人员不得操作、使用和调整该测量设备;测量设备必须有专人管理、操作、使用和调整;严格按测量设备操作规程进行操作、使用和调整;采用其他适宜的保护措施防止不符合要求的操作、使用和调整等。

6. 计算机软件能力的确认

当计算机软件用于规定要求的监视和测量时,质量检验部门或有关责任部门应确认其满足预期用途的能力。确认应在初次使用前进行,并在必要时再予以重新确认。

使用计算机软件用于规定要求的监视和测量时,质量检验员应接受培训并合格,应确认计算机软件满足预期用途的能力,否则应向质量检验部门或有关责任部门报告。确认活动包含软件的验证和配置管理。软件的验证可包括评审、演示和测试。软件配置管理是标识、组织和控制修改软件的技术,使软件在其生命周期中的完整性、一致性和可追溯性得到保证,使各有关人员所见所用的都是有效版本。测试软件工具在使用前即应置于配置管理之下。需注意,此处的“确认”不同于 GB/T 19000 标准术语和定义中的“确认”。

如:ABI BoardMaster 8000 PLUS 是一款通用 IC 检测系统,它为几乎所有种类的 PCB 检错提供了全面的检测工具。BoardMaster 8000 PLUS 是一个由高精度仪器与成熟易用的操作软件组成的整体系统。它的硬件安装于一个便携式机箱内,内置 MS Windows 兼容 PC 机。机箱面板集成了所有的检测接口和一个高分辨率彩色 LCD 显示面板。该设备使用 Premier 软件,对系统进行全面的操控。在企业购买了一套设备后,一个专业的检测工程师通过 TestFlow 管理器存储他设计好的针对目标 PCB 的检测流程,包括他对线路板的分析,图表,位图,元件种类。在提示框中可加入他对检测工作的经验和必要的提示,最后他对若干块 PCB 板进行检测,如果符合要求,他就完成了软件的确认。此后,检测工作完全可以交给一个专业程度不高的工作人员来完成,他只需按照屏幕上显示的操作流程一步一步做下去便可成功的完成检测工作。如必要时再予上述设备重新确认,重新确认必要时可能包括:设备出现不符合要求时、设备使用了较长时间后、与该设备确认或使用主要有关人员变更等。

（五）设备不符合要求时的处置

当发现设备不符合要求时，如线路板对短路和开路进行测量时，发现 ABI BoardMaster 8000 PLUS 测量设备不符合要求，质量检验部门或有关责任部门责任人及质量检验员应：

1. 评价和记录

对以往测量结果的有效性进行评价和记录。如对已经经过测量判为合格品和不合格品的线路板进行评价，评价检测结果的合格品和不合格品是否真实？并记录评价情况。

2. 采取适当的措施

对该设备和任何受影响的产品采取适当的措施。通过评价，如果测量结果无效，应分析是使用该设备的人员问题、测量设备问题、测量方法问题等；如果是设备问题，则应对设备进行修理、校准或检定（验证），使之恢复至正常状态；如果是使用人员问题，则要对人员采取重新培训的措施等；然后对受影响的合格品和不合格品线路板采取重新检验等措施。

3. 记录保持

上述校准和检定（验证）结果的记录应予保持。

（六）其他职能部门与监视和测量设备控制说明

根据质量管理体系职责规定，其他职能部门可能对监视和测量设备控制负有控制职责。如设计和开发部门可能对机电产品试制过程中的原材料、元器件、外协件、外购件、标准件等监视和测量中可能使用监视和测量设备，于是就要对监视和测量设备实施控制；采购部门和仓储部门可能对机电产品的原材料、元器件、外协件、外购件、标准件等验证或监视和测量中可能使用监视和测量设备，于是就要对监视和测量设备实施控制；生产部门可能对机电产品实现过程的零部件外协（如机电产品外协热处理零部件、外协焊接线路板等）监视和测量中可能使用监视和测量设备，于是就要对监视和测量设备实施控制。

四、符合要求的相关证据

（1）所需的监视和测量确定及所需的监视和测量设备确定的证据及符合性；

（2）提供和维护监视和测量设施及符合性的证据；

（3）建立监视和测量过程，确保监视和测量活动可行并以与监视和测量的要求相一致的方式实施的证据；

（4）对能溯源到国际或国家标准的测量标准的测量设备，应有校准或检定（验证）的相应证据；

（5）不存在上述标准时，应有形成文件的校准或检定（验证）规程的证据，应有校准或检定（验证）的相应证据并符合；

（6）设备不符合要求时：以往测量结果的有效性进行评价和记录、对该设备采取适当的措施、对任何受影响的产品采取适当的措施、该设备校准或检定（验证）结果的记录的证据及符合性；

（7）设备进行调整或必要时再调整的证据及符合性；

（8）设备校准标记的证据及符合性；

（9）防止可能使测量结果失效的调整的证据及符合性；

（10）在搬运、维护和贮存期间防止损坏和失效的证据；

（11）对用于监视和测量的计算机软件的确认或重新确认的证据及符合性。

思考题十四

14-1　机电产品的监视和测量是如何策划的?

14-2　机电产品的监视和测量主要包括哪些阶段? 与 GB/T 19001 标准的哪些条款有关?

14-3　机电产品的接收准则具体包括哪些文件?

14-4　符合接收准则的证据有哪些要求?

14-5　机电产品的监视和测量策划的安排已圆满完成之前,是否可以向顾客放行产品和交付服务? 如要向顾客放行产品和交付服务,应符合什么条件,并且由谁批准?

14-6　组织制定的形成文件的不合格品控制的程序须规定什么内容?

14-7　组织识别和控制不符合产品要求的产品目的是什么?

14-8　举例说明采取措施,消除已发现的不合格。

14-9　举例说明经有关授权人员批准,适用时经顾客批准,让步使用、放行或接收不合格品。

14-10　举例说明采取措施,防止其原预期的使用或应用。

14-11　举例说明当在交付或开始使用后发现产品不合格时,组织应采取与不合格的影响或潜在影响的程度相适应的措施。

14-12　举例说明在不合格品得到纠正后应对其再次进行验证。再次验证目的是什么?

14-13　对不合格品的有关记录有什么要求?

14-14　举例说明批准的让步的记录。

14-15　举例说明机电产品确定需实施的监视和测量。

14-16　举例说明机电产品所需的监视和测量设备。

14-17　确定需实施的监视和测量以及所需的监视和测量设备等目的是什么?

14-18　标准对测量设备有何要求?

14-19　能溯源到国际或国家标准的测量标准的测量设备有何要求?

14-20　举例说明如何对测量设备进行调整或必要时再调整。

14-21　举例说明如何对测量设备进行标记,以确定其校准状态。

14-22　举例说明如何防止可能使测量结果失效的调整。

14-23　举例说明在测量设备搬运、维护和贮存期间防止损坏和失效。

14-24　当发现设备不符合要求时,应采取什么措施? 应对该设备和任何受影响的产品采取什么措施? 举例说明。

14-25　当计算机软件用于规定要求的监视和测量时,对其有何要求? 举例说明。

14-26　监视和测量设备的控制的记录包括哪些?

14-27　举例说明校准和检定(验证)的用途? 说明校准和检定(验证)的区别。

第 十五 章

机电企业仓储部门质量管理体系要求

第一节　仓储部门相关质量管理体系条款和流程

一、与仓储设备部门质量管理体系相关的条款

与仓储部门质量管理体系相关的主要条款有：7.5.3、7.5.5；相关的一般条款主要有4.2.3、4.2.4、5.3、5.4.1、5.5.3、6.2、6.3、6.4、7.4、7.5.4、8.2.2、8.2.3、8.4、8.5。

二、相关的主要条款

7.5　生产和服务提供

7.5.3　标识和可追溯性

见第十三章。

7.5.5　产品防护

见第十三章。

三、相关的一般条款

仓储部门相关的一般条款主要有4.2.3、4.2.4、5.3、5.4.1、5.5.3、6.2、6.3、6.4、7.3、7.4、7.5.4、8.2.2、8.2.3、8.4、8.5。仓储部门应按上述步骤条款和自身的职责，参考与此相关部门的质量管理体系要求实施上述条款，在相关部门主要条款要求和程序中，已经对此进行了详细说明。

四、工作流程、要求和程序

仓储部门质量管理体系工作流程、要求和程序主要包括产品防护及标识和可追溯性控制工作流程、要求和程序。

第二节　产品防护及标识和可追溯性控制

一、产品防护及标识和可追溯性控制工作流程

根据仓储部门质量管理体系要求相关的主要条款有：7.5.3、7.5.5，产品防护、标识和可追溯性控制工作流程见图15-1。

仓储部门管理的产品包括组织的产品和顾客财产。

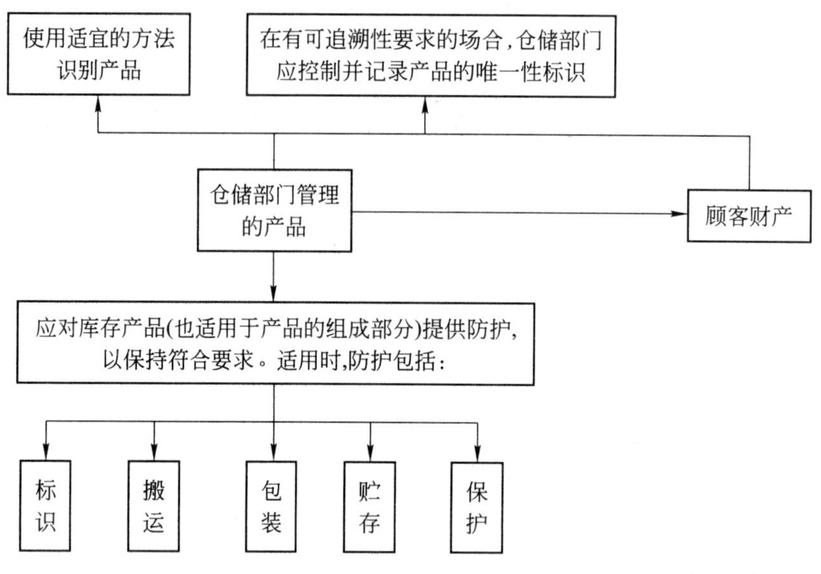

图 15-1　产品防护及标识和可追溯性控制工作流程

二、产品防护及标识和可追溯性控制要求和程序

产品防护及标识和可追溯性控制要求和程序如下:

(一)使用适宜的方法识别产品

1. 使用适宜的方法识别产品

适当时,仓储部门应在仓库中使用适宜的方法识别产品。识别方法可以采用标签、标牌、颜色等,如仓库中的三极管可以采用标签(写明规格型号、名称)识别;圆钢可以采用颜色加标签识别;识别方法可以根据产品不同特征,如规格型号、类型、材质、尺寸、形状、颜色、生产厂家以及产品技术状态等采用不同的识别方法。其目的是为了正确发放产品、使用产品、收集产品等,防止因产品标识混乱造成产品质量问题。

2. 识别产品的状态

仓储部门应在仓库中,针对监视和测量要求识别产品的状态。以防止不同状态的混淆。有些组织的进货物资可能首先临时堆放在库房中等待检验,所以应对这些物资产品状态的标识,防止未经检验或不符合要求的产品被错误地放行或使用。识别产品的状态方法也可以采用标签、标牌、颜色(存放产品的器具的颜色)、区域划分及各种识别方法的集合等,可以参见第十三章第二节的状态标识;还有些组织在仓库中堆放废品,仓库管理人员应对其实施隔离和标识;还有些组织设置专门库房堆放废品等,这些库房也应予以标识,如标识废品库等。

(二)控制并记录产品的唯一性标识

在有可追溯性要求的场合,仓储部门应控制并记录产品的唯一性标识。如仓储部门有关责任人根据采购计划开出进货物资入库单(如注明合同或订单的编号、采购单编号、生产计划通知单编号等);根据生产计划通知单,开出物资出库单(如注明合同或订单的编号、生产计划通知单编号等);根据产成品入库情况开出产成品入库单(如注明合同或订单的编号、生产计划通知单编号等);根据各种入库单和出库单,编制仓库各种物资台账(如专门入库单

编号、出库单编号、产成品批号等)。

(三) 提供防护

应对库存产品(也适用于产品的组成部分)提供防护,以保持符合要求。适用时,防护包括:标识、搬运、包装、贮存和保护。

1. 标识

保护生产部门入库的防护标识,不使其损坏或因为损害使人身安全或健康受到损害,或者使产品质量受到影响。

2. 搬运

根据产品标准运输要求、各种产品特性、顾客的要求和搬运规定,选取适宜的针对不同产品的特性,在产品入库、出库和盘货等活动时,选用适宜的搬运方式和方法、搬运设备或工具和搬运人员,防止产品损坏。如线路板放置在器具内,器具小心轻拿轻放,使用运输工具或手工规范运输;又如完工的机械类零部件,使用运输工具或手工运输,小心轻拿轻放。

3. 包装

按规定保护已包装产品的包装,不使其损坏,对有些入库的物资(如零部件、顾客财产等),应根据组织包装规定,考虑产品的的贮存要求和国家有关法律法规要求,选取适宜的包装材料和控制方法实施包装,确保符合要求。

4. 贮存

根据产品标准标识要求和贮存规定(产品贮存的要求、出入库管理、放置、维护管理、通风、无漏水等),保证在适当的设施和环境条件下贮存产品,防止产品在贮存过程中变质或损坏。如点钞机标准的贮存要求是"产品使用前应存放在原包装箱内,存放产品的仓库应清洁、通风,环境温度为-25~55℃,相对湿度为10%~95%,周围空气中不得含腐蚀性气体,贮存期限为一年。为此,库房应配备温度和湿度控制设备;超过贮存期限的产品,应开箱检验,经复验合格后,方可进入流通领域";又如根据3C认证要求,对库存点钞机产品进行定期的检查,以防止产品符合性发生变化。

5. 保护

根据产品标准保护要求和保护规定,采取合适的保护措施防止产品受到伤害或损坏,如库存物资采取防锈、防腐、防震、防潮、防火及防盗。对有防锈要求的物资应采取涂油等项措施,对有防腐和防潮要求的物资应将其放在加隔离材料的地面上或放在架子上,库房要通风和干燥;对有防震要求的物资应采取防震措施;库房内不许吸烟,要配备灭亡火器材;库房应符合防盗要求,无关人员不得入内。

(四) 顾客财产控制

顾客财产也应按上述要求实施防护、标识和可追溯性控制。涉及仓储部门有关顾客财产控制,可以参见第十章第三节。

三、符合要求的相关证据

(1) 仓储部门产品标识的措施、控制证据及符合性;

(2) 仓储部门产品搬运的措施、控制证据及符合性;

(3) 仓储部门产品包装的措施、控制证据及符合性;

(4) 仓储部门产品贮存的措施、控制证据及符合性；

(5) 组仓储部门产品保护的措施、及控制证据及符合性；

(6) 如与顾客财产有关，顾客财产保护和维护的证据及符合性；

(7) 如与顾客财产有关，顾客财产发生丢失、损坏或不适用时，向顾客报告和记录的相关证据及符合性。

思考题十五

15-1 仓储部门识别产品的方法有哪些？试举例说明。

15-2 仓储部门如何控制和记录产品的唯一性标识？试举例说明。

15-3 仓储部门如何管理受其控制或使用的顾客财产？试举例说明。

15-4 仓储部门有关顾客财产的记录是指什么？

15-5 仓储部门产品防护范围是什么？

15-6 仓储部门产品防护内容包括哪些？试举例说明。

第十六章

机电企业 GB/T 19001 质量管理体系的策划和实施

第一节 机电企业 GB/T 19001 质量管理体系的策划和建立

按照 GB/T 19001 标准建立并实施机电企业的质量管理体系以达到：证实其具有稳定地提供满足顾客要求和适当的法律法规要求的产品的能力和保证符合顾客要求和适用的法律法规要求，旨在增强顾客满意，需要对组织质量管理体系进行有效的策划，方可建立和实施适宜的、充分的、有效的质量管理体系。

一、质量管理体系策划的原则

（一）系统优化

建立机电企业质量管理体系过程中，要把质量管理体系作为一个系统来看待，要用系统工程的理论来建立质量管理体系，系统工程的核心是整体优化。为此机电企业要遵循：①GB/T 19001标准 4.1 条款确定质量管理体系所需的过程及其在整个组织中的应用；确定这些过程的顺序和相互作用；确定所需的准则和方法，以确保这些过程的运行和控制有效；确保可以获得必要的资源和信息，以支持这些过程的运行和对这些过程的监视；监视、测量（适用时）和分析这些过程；采取必要的措施，以实现对这些过程的策划结果和对这些过程的持续改进。②质量管理体系文件要按上述规定并结合组织实际情况编制。③组织质量管理体系应与企业其他管理体系有机融合。

（二）强调预防为主

预防为主，其一就是针对发现的问题，应采取与所遇到不合格的影响程度相适应措施，以消除不合格的原因，防止不合格的再发生。其二就是确定潜在不合格，应确定与潜在问题的影响程度相适应措施，以消除潜在不合格的原因，防止不合格的发生。将质量管理的重点从管理结果向管理过程转移，使质量问题消灭在过程中，做到防患于未然。因此要遵循八项质量管理原则，使对产品质量有影响各个过程因素处于受控状态。

（三）增强顾客满意

保证符合顾客要求和适用的法律法规要求，增强顾客满意。最高管理者应以增强顾客满意为目的，确保顾客的要求得到确定并予以满足。组织具备稳定地提供满足顾客要求和适当的法律法规要求的产品的能力。主要体现在与顾客有关的过程、产品供应商评价、顾客满意调查及需求分析中，能够稳定地提供满足顾客要求和适当的法律法规要求的产品。

（四）质量与效益统一

策划既要满足顾客的需要又能保护组织利益的质量管理体系，即在考虑利益、成本和风险的基础上使质量最佳，以尽可能少的投入（人力资源、设施资源、工作环境资源等），获得最佳的效益；而不是制订大量的不切实际的质量管理体系文件或缺乏真实价值的记录。

（五）立足现状，持续改进

组织应建立一种适应内外部变化的机制，使组织增强适应能力并提高竞争力，改进组织的整体业绩，让所有的相关方都满意。这种机制就是持续改进，就是增强满足质量要求的能力的循环活动。组织质量管理体系的策划就是要适应持续改进要求，不断对质量管理体系过程和文件等进行持续改进。

二、质量管理体系的策划和实施主要过程

质量管理体系的策划和实施主要过程主要包括GB/T 19001质量管理体系的策划、GB/T 19001质量管理体系文件的编制、GB/T 19001质量管理体系试运行和GB/T 19001质量管理体系正式运行的四个过程。

（一）GB/T 19001质量管理体系的策划

GB/T 19001质量管理体系的策划主要包括：确定质量管理体系领导小组和管理者代表，培训GB/T 19000标准和GB/T 19001标准等知识，组织现状调查和分析，确定组织质量管理体系的组织结构和人员，明确质量管理体系范围及要求，编制质量手册及有关程序文件分工。策划的主要工作内容、职责和分工见表16-1。其他有关说明如下：

表16-1 GB/T 19001质量管理体系的策划

<table>
<tr><th>阶段</th><th>主要工作内容</th><th>时间</th><th>责任者</th><th>相关人员</th></tr>
<tr><td rowspan="2">1. 确定质量管理体系领导小组和管理者代表</td><td>1. 确定以最高管理者为组长的质量管理体系领导小组</td><td rowspan="2"></td><td rowspan="2">最高管理者</td><td rowspan="2">质量管理体系领导小组人员参加</td></tr>
<tr><td>2. 任命管理者代表</td></tr>
<tr><td rowspan="3">2. 培训GB/T 19000标准和GB/T 19001标准等知识</td><td>1. GB/T 19000标准培训</td><td rowspan="3"></td><td rowspan="3">管理者代表</td><td rowspan="3">质量管理体系领导小组人员及有关人员参加</td></tr>
<tr><td>2. GB/T 19001标准培训</td></tr>
<tr><td>3. 适用于组织产品的法律法规</td></tr>
<tr><td rowspan="2">3. 组织现状调查和分析</td><td>1. 组织经营情况评价</td><td rowspan="2"></td><td rowspan="2">管理者代表</td><td rowspan="5">质量管理体系领导小组人员参加</td></tr>
<tr><td>2. 依据GB/T 19001标准对组织及相关部门质量管理等进行评价</td></tr>
<tr><td rowspan="3">4. 确定组织质量管理体系的组织结构和人员</td><td>1. 讨论组织质量管理体系现状</td><td rowspan="3"></td><td rowspan="3">最高管理者</td></tr>
<tr><td>2. 确定符合组织及质量管理体系要求的质量管理体系的组织结构</td></tr>
<tr><td>3. 确定影响产品要求符合性的人员</td></tr>
</table>

续表 16-1

<table>
<tr><th>阶段</th><th>主要工作内容</th><th>时间</th><th>责任者</th><th>相关人员</th></tr>
<tr><td rowspan="5">5. 明确质量管理体系范围及要求</td><td>1. 讨论和确定质量管理体系覆盖范围：组织场所、部门、产品等</td><td rowspan="5"></td><td rowspan="4">管理者代表</td><td rowspan="9">质量管理体系领导小组人员及有关人员参加</td></tr>
<tr><td>2. 讨论和确定组织各部门的责任过程及职责和权限</td></tr>
<tr><td>3. 讨论、协调和确定组织各部门间的接口</td></tr>
<tr><td>4. 讨论和确定删减条款</td></tr>
<tr><td>5. 讨论和确定组织质量方针和质量目标及相关职能和层次上的质量目标</td><td>最高管理者</td></tr>
<tr><td rowspan="4">6. 质量手册、程序文件和作业指导书分编制工</td><td>1. 文件编写培训</td><td rowspan="4"></td><td rowspan="4">管理者代表</td></tr>
<tr><td>2. 讨论和确定程序文件清单，确定编写人员及进度</td></tr>
<tr><td>3. 讨论和确定质量手册编写人及进度</td></tr>
<tr><td>4. 讨论和确定作业指导书清单，确定编写人员及进度</td></tr>
</table>

1. 培训 GB/T 19000 标准和 GB/T 19001 标准等知识

1）培训内容

（1）质量管理基本知识；

（2）GB/T 19000 标准和 GB/T 19001 标准及应用；

（3）机电企业的人力资源管理及要求；

（4）机电企业的设备管理及要求；

（5）机电企业的环境管理及要求；

（6）机电行业的标准化基本知识及应用；

（7）机电行业的计量管理及应用；

（8）机电产品技术管理及产品设计要求；

（9）机电产品过程（工序）控制；

（10）机电产品质量检验基本知识；

（11）统计工具及应用；

（12）其他与质量管理体系有关知识。

2）培训方法

（1）机电企业各部门和各岗位共同知识培训；

（2）机电企业不同各部门和各岗位知识培训；

（3）机电企业关键和重要工作岗位知识培训；

（4）外委培训；

（5）其他。

3）考核方式

（1）书面考核；

（2）实际操作考核；

(3) 口头考核;

(4) 外委考核;

(5) 其他。

2. 组织现状调查和分析

组织现状调查和分析一般包括:

(1) 组织组织机构和人员进行调查和分析;

(2) 组织各部门和人员职责和权限进行调查和分析;

(3) 组织质量管理运作模式进行调查和分析;

(4) 组织产品进行调查和分析;

(5) 组织的顾客满意情况调查和分析;

(6) 组织资源进行调查和分析;

(7) 组织产品质量及质量控制进行调查和分析;

(8) 组织薄弱环节进行调查和分析;

(9) 组织与质量有关方面进行调查和分析。

(二) GB/T 19001质量管理体系文件的编制

GB/T 19001质量管理体系文件的编制主要包括:程序文件、质量手册和作业指导书讨论和修改,质量管理体系文件定稿,质量管理体系文件发放和培训。主要工作内容、职责和分工见表16-2。

表16-2 GB/T 19001质量管理体系文件的编制

<table>
<tr><th>阶段</th><th>主要工作内容</th><th>时间</th><th>责任者</th><th>相关人员</th></tr>
<tr><td rowspan="3">1. 程序文件、质量手册和作业指导书讨论和修改</td><td>1. 讨论和修改有关程序文件</td><td rowspan="3"></td><td rowspan="2">管理者代表</td><td rowspan="2">质量管理体系领导小组人员及有关人员参加</td></tr>
<tr><td>2. 讨论和修改质量手册</td></tr>
<tr><td>3. 讨论和修改作业指导书</td><td>设计和开发部门、质量检验等部门</td><td>相关人员</td></tr>
<tr><td rowspan="3">2. 文件定稿</td><td>1. 质量手册定稿及批准</td><td rowspan="3"></td><td rowspan="2">最高管理者</td><td rowspan="3"></td></tr>
<tr><td>2. 程序文件的定稿及批准</td></tr>
<tr><td>3. 作业指导书的定稿及批准</td><td>技术文件批准授权人员</td></tr>
<tr><td rowspan="4">3. 文件发放和培训</td><td>1. 明确发放范围,并发放文件</td><td rowspan="4"></td><td>文件管理部门</td><td>文件使用部门参与</td></tr>
<tr><td>2. 质量手册培训</td><td rowspan="2">管理者代表</td><td rowspan="2">质量管理体系领导小组人员及有关人员参加</td></tr>
<tr><td>3. 程序文件培训</td></tr>
<tr><td>4. 作业指导书培训</td><td>设计和开发部门、质量检验等部门</td><td>与产品实现有关人员参加</td></tr>
</table>

(三) GB/T 19001质量管理体系试运行

GB/T 19001质量管理体系试运行主要包括:质量管理体系试运行,质量管理体系内部

审核，质量管理体系变更。试运行主要工作内容、职责和分工见表 16-3。

表 16-3　GB/T 19001 质量管理体系的试运行

阶段	主要工作内容	时间	责任者	相关人员
1. 质量管理体系试运行	1. 各部门及人员按组织确定的质量管理体系要求试运行，并保存质量管理体系记录		各部门责任人	部门相关人员参加
	2. 通过质量管理体系运行，发现不合格，提出质量管理体系变更意见			
	3. 讨论、协调和确定质量管理体系变更		管理者代表	质量管理体系领导小组人员及有关人员参加
2. 质量管理体系内部审核	1. 内部审核员培训：确定内部审核员名单、内部审核员外委培训、内部审核员评价		管理者代表和内部审核员培训机构	内部审核员参加
	2. 内部审核策划		管理者代表	
	3. 组成内部审核组		管理者代表	内部审核员参加
	4. 实施内部审核：编制第一次内部审核计划、编制内部审核检查表、按计划实施内部审核、内部审核中发现的不符合项确认、内部审核结论		审核组	内部审核员和接受审核部门参加
	5. 内部审核中发现的不符合项纠正、纠正和纠正措施的跟踪		审核组长	负责受审核区域的管理者参与
	6. 必要时，再一次实施内部审核		审核组长	内部审核员和接受审核部门参加
3. 质量管理体系变更	7. 必要时，再讨论、协调和确定质量管理体系变更		管理者代表	质量管理体系领导小组人员及有关人员参加

(四) GB/T 19001 质量管理体系的正式运行

GB/T 19001 质量管理体系的正式运行主要包括：体系正式运行和管理评审。主要工作内容、职责和分工见 16-4。

表 16-4　GB/T 19001 质量管理体系的正式运行

阶段	主要工作内容	时间	责任者	相关人员
1. 体系正式运行	1. 培训变更后的组织质量管理体系文件等		各部门责任人	部门相关人员参加
	2. 按组织确定的质量管理体系要求正式运行，并保存质量管理体系记录			
	3. 通过质量管理体系运行，发现不合格，提出质量管理体系是否需要变更意见		管理者代表	质量管理体系领导小组人员及有关人员参加

续表 16-4

阶段	主要工作内容	时间	责任者	相关人员
2. 管理评审	1. 策划管理评审，并制订评审计划		管理者代表	
	2. 各部门准备管理评审资料		部门负责人	部门有关人员参加
	3. 实施管理评审，给出结论		最高管理者	各部门负责人、内审员等参加
	4. 管理评审中发现问题的纠正与验证		管理者代表	责任部门的管理者参加
3. 申请认证	必要时，向第三方提出认证		管理者代表	

第二节 机电企业 GB/T 19001 质量管理体系文件案例

质量管理体系文件包括：①形成文件的质量方针和质量目标；②质量手册；③GB/T 19001 标准所要求的形成文件的程序和记录；④组织确定的为确保其过程的有效策划、运行和控制所需的文件，包括记录。下面结合机电企业特点，分别给予举例。

一、形成文件的质量方针和质量目标

某点钞机公司的质量方针为：科技创新 规范管理 满足客户 共同发展。

某点钞机公司的质量目标以及相关职能和层次上的质量目标见表 16-5。

表 16-5 某点钞机公司的质量方针和质量目标以及相关职能和层次上的质量目标

序号	部门	质 量 目 标
1	公司	常规产品一次检验合格率≥90%，以后每年递增 0.5%
		出厂抽检合格率 100%，出厂产品返工率≤1%
		顾客满意率≥90%，顾客投诉率≤1%；顾客投诉满意率为 100%
2	总经理	及时制定、修改和批准质量方针、质量目标、职责和权限
		及时提供各种资源和进行资源管理
		有关总经理责任的顾客投诉年总数不超过 2 次，无有关总经理责任的重大顾客质量投诉
		公司内质量反馈处理时间不超过 6 天
		公司外质量反馈处理时间不超过 10 天
3	副总经理	产品任务完成及时，每月产品任务不能完成次数不得大于 1 次
		有关总经理责任的顾客投诉年总数不超过 2 次，无有关责任的重大顾客质量投诉
		公司内质量反馈处理时间不超过 5 天
		公司外质量反馈处理时间不超过 9 天

续表 16-5

序号	部门	质　量　目　标
4	管理者代表	每年进行管理评审不少于1次
		内部审核不少于1次
		分析并改进质量管理体系不少于2次
		企业内质量反馈处理时间不超过5天
		企业外质量反馈处理时间不超过8天
5	办公室	文件发放准确率100%
		有关行政部责任的顾客投诉年总数不超过2次
		公司内质量反馈处理时间不超过3天
		公司外质量反馈处理时间不超过5天
6	外贸部销售部	合同准确率100%
		合同执行率100%
		有关销售部责任的顾客投诉年总数不超过2次
		主要顾客调查次数每年不少于1次
		公司内质量反馈处理时间不超过3天
		公司外质量反馈处理时间不超过5天
7	成品库	年账、月账、物、卡相符率不少于99%
		公司内质量反馈处理时间不超过2天
		公司外质量反馈处理时间不超过4天
8	技术开发部	设计质量无重大差错
		文件发放准确率100%
		有关技术开发部责任的顾客投诉年总数不超过2次
		公司内质量反馈处理时间不超过3天
		公司外质量反馈处理时间不超过5天
9	采购部	A类供方调查次数每年不少于1次;B类供方调查次数每三年不少于1次
		合同准确率100%,合同执行率100%
		有关采购部责任的顾客投诉年总数不超过2次
		公司内质量反馈处理时间不超过3天,公司外质量反馈处理时间不超过5天
10	品管部	进货检验月批错检次数少于1次,年批错检次数少于5次
		半成品检验月批错检次数少于1次,年批错检次数少于5次
		成品检验月、年错检次数为零
		测量设备周检率为100%
		有关品管部责任的顾客投诉年总数不超过2次
		公司内质量反馈处理时间不超过3天
		公司外质量反馈处理时间不超过5天

续表 16-5

序号	部门	质　量　目　标
11	生产部	月生产任务不及时完成次数不超过1次，年不及时完成次数不超过5次
		有关生产部责任的顾客投诉年总数不超过2次
		公司内质量反馈处理时间不超过3天
		公司外质量反馈处理时间不超过5天
12	材料库	年账、月账、物、卡相符率不少于98%
		有关材料库责任的顾客投诉年总数不超过2次
		公司内质量反馈处理时间不超过2天
		公司外质量反馈处理时间不超过4天
13	点钞机、验钞机车间	产品一次检验合格率大于95%
		有关车间责任的顾客投诉年总数不超过2次
		公司内质量反馈处理时间不超过3天
		公司外质量反馈处理时间不超过5天
14	注塑、机械车间	零部件一次检验批合格率大于98%
		有关放大机车间责任的顾客投诉年总数不超过2次
		公司内质量反馈处理时间不超过3天
		公司外质量反馈处理时间不超过5天
15	内审组	每年内审次数不少于1次
		公司内质量反馈处理时间不超过3天

二、质量手册

某点钞机公司的质量手册目录见表16-6。

表16-6　某点钞机公司质量手册目录

章节号	标　　题	GB/T 19001—2008标准对应条款	页码	修订状态	备注
0.1	目录		3	D/0	
0.2	颁布令		4	D/0	
0.3	管理者代表授权令		5	D/0	
0.4	前言		6	D/0	
0.5	质量手册的管理		7	D/0	
1	质量手册内容和范围	1	8	D/0	
2	引用标准	2	8	D/0	
3	术语和定义	3	8-9	D/0	
4	质量管理体系	4	9-10	D/0	
5	管理职责	5	10-14	D/0	
6	资源管理	6	14-15	D/0	

续表 16-6

章节号	标　　题	GB/T 19001—2008 标准对应条款	页码	修订状态	备注
7	产品实现	7	15-19	D/0	
8	测量、分析和改进	8	19-22	D/0	
9	附表 A　质量管理体系过程模式图		23	D/0	
10	附录 B　质量管理要素职能分配表		24	D/0	
11	附录 C　受控文件清单		25	D/0	
12	附录 D　管理性文件清单		26-27	D/0	
13	附录 E　技术性文件清单		28	D/0	
14	附录 F　质量记录清单		29-30	D/0	
15	附表 G　组织机构图		31	D/0	
16	附表 H　公司质量管理体系机构		32	D/0	

三、形成文件的程序和记录

某点钞机公司质量管理体系的形成文件的程序见表 16-7。

某点钞机公司质量管理体系的记录(包括组织确定的为确保其过程的有效策划、运行和控制所需的记录)见表 16-8。

表 16-7　质量管理体系的形成文件的程序

序号	文件编号	文件名称	责任部门	备注
1	HLDZ/QMP4201-2008	文件控制程序	行政人事部	
2	HLDZ/QMP4202-2008	记录控制程序		
3	HLDZ/QMP5601-2008	管理评审控制程序	总经理室	
4	HLDZ/QMP6301-2008	人力资源管理控制程序	行政人事部	
5	HLDZ/QMP6302-2008	设备管理控制程序	生产部、品管部、行政人事部	
6	HLDZ/QMP7101-2008	产品一致性和标志保管控制程序	行政人事部	
7	HLDZ/QMP7201-2008	与顾客有关的控制程序	销售部、外贸部	
8	HLDZ/QMP7301-2008	设计和开发控制过程	技术部	
9	HLDZ/QMP7401-2008	采购控制程序	采购部	
10	HLDZ/QMP7501-2008	生产与服务提供过程控制程序	生产部	
11	HLDZ/QMP7502-2008	产品标识和可追溯控制程序	品管部	
12	HLDZ/QMP7503-2008	产品防护控制程序	仓储部、生产部	
13	HLDZ/QMP7601-2008	监视和测量装置控制程序	品管部	
14	HLDZ/QMP8201-2008	内部审核控制程序	总经理室	
15	HLDZ/QMP8202-2008	产品的监视和测量控制程序	生产部、品管部	
16	HLDZ/QMP8301-2008	不合格品控制程序	品管部、生产部	
17	HLDZ/QMP8501-2008	持续改进及纠正预防措施控制程序	总经理、品管部	

表 16-8　质量管理体系的记录

序号	质量记录编号	质量记录名称	责任部门	保存期限
1	HLDZ 4201-01	受控文件清单	行政人事部、技术部	2 年
2	HLDZ 4201-02	文件发放、回收登记表		2 年
3	HLDZ 4201-03	文件更改单		2 年
4	HLDZ 4201-04	文件借阅登记表		1 年
5	HLDZ 4201-05	归档文件、记录登记表		1 年
6	HLDZ 4201-06	文件保留、销毁登记表		1 年
7	HLDZ 4202-01	质量记录清单		2 年
8	HLDZ 5601-01	管理评审计划单	总经理室	3 年
9	HLDZ 5601-02	管理评审报告		3 年
10	HLDZ 6201-01	应聘人员登记审批表	行政人事部	2 年
11	HLDZ 6201-02	年度培训需求表		2 年
12	HLDZ 6201-03	培训计划		2 年
13	HLDZ 6201-04	员工档案		5 年
14	HLDZ 6201-05	会议、培训记录表		3 年
15	HLDZ 6201-06	培训有效性评价		2 年
16	HLDZ 6301-01	设备验收单	生产部、行政人事部	10 年
17	HLDZ 6301-02	设备台账		10 年
18	HLDZ 6301-03	设备档案		10 年
19	HLDZ 6301-04	设备日常检查项目表	生产部	3 年
20	HLDZ 6301-05	设备检修计划		3 年
21	HLDZ 6301-06	设备报废、封存、启用申请表		3 年
22	HLDZ 6301-07	模具档案		3 年
23	HLDZ 7101-01	标志使用的申请书		1 年
24	HLDZ 7101-02	标志使用的批准书		1 年
25	HLDZ 7101-03	标志使用形式		1 年
26	HLDZ 7201-01	订单确认表	外贸部、销售部	3 年
27	HLDZ 7201-02	订单登记表		3 年
28	HLDZ 7201-03	订单统计表		3 年
29	HLDZ 7201-04	顾客满意度调查表		3 年
30	HLDZ 7201-05	工作联系单	各部门	3 年

续表 16-8

序号	质量记录编号	质量记录名称	责任部门	保存期限
31	HLDZ 7201-06	顾客财产登记表	外贸部、销售部	3 年
32	HLDZ 7201-07	顾客反馈信息登记表		3 年
33	HLDZ 7201-08	单证信息表		3 年
34	HLDZ 7201-09	货物出门单		3 年
35	HLDZ 7201-10	新客户资信调查表		3 年
36	HLDZ 7201-11	客户信息登记表		3 年
37	HLDZ 7301-01	设计开发建议书	技术部	3 年
38	HLDZ 7301-02	设计开发计划书		3 年
39	HLDZ 7301-03	设计开发任务书		3 年
40	HLDZ 7301-04	设计开发评审报告		3 年
41	HLDZ 7301-05	设计开发验证报告		3 年
42	HLDZ 7301-06	试样、鉴定、确认报告		3 年
43	HLDZ 7401-01	供方调查表	采购部	3 年
44	HLDZ 7401-02	供方分类表		3 年
45	HLDZ 7401-03	供方评价审批表		3 年
46	HLDZ 7401-04	合格供方名录		3 年
47	HLDZ 7401-05	采购订单		3 年
48	HLDZ 7401-06	采购计划		3 年
49	HLDZ 7401-07	物资采购申请单		3 年
50	HLDZ 7401-08	供方品质评分表	采购部	3 年
51	HLDZ 7401-09	采购周期表		3 年
52	HLDZ 7501-01	生产计划单	生产部	3 年
53	HLDZ 7501-02	生产调度单		3 年
54	HLDZ 7501-03	领料单	仓储部	3 年
55	HLDZ 7501-04	生产流程卡	生产部	3 年
56	HLDZ 7501-05	入库单		3 年
57	HLDZ 7501-06	发货单	仓储部	3 年
58	HLDZ 7501-07	样品确认单	生产部	3 年
59	HLDZ 7501-08	注塑过程参数记录		3 年
60	HLDZ 7501-09	波峰焊过程参数记录		3 年
61	HLDZ 7501-10	过程确认表		3 年

续表 16-8

序号	质量记录编号	质量记录名称	责任部门	保存期限
62	HLDZ 7502-01	标识卡	相关部门	1年
63	HLDZ 7503-01	温湿度记录表	仓储部	3年
64	HLDZ 7601-01	监视和测量装置检定和校准计划	品管部	3年
65	HLDZ 7601-02	校准或检定记录表		3年
66	HLDZ 7601-03	测量结果的有效性评价表		3年
67	HLDZ 7601-04	运行检查项目履历表		3年
68	HLDZ 7601-05	测量设备台账		3年
69	HLDZ 8201-01	年度内部审核方案	总经理室	3年
70	HLDZ 8201-02	内部审核计划		3年
71	HLDZ 8201-03	内部审核检查记录表		3年
72	HLDZ 8201-04	纠正预防措施报告	总经理室、各部门	3年
73	HLDZ 8201-05	不合格项分布表	总经理室	3年
74	HLDZ 8201-06	内部审核报告		3年
75	HLDZ 8202-01	原材料、标准件、外购件、外协件检验记录表	品管部	3年
76	HLDZ 8202-02	成品逐台检验记录表		3年
77	HLDZ 8202-03	成品抽样检验单		3年
78	HLDZ 8202-04	首件检验记录		3年
79	HLDZ 8202-05	关键元器件和材料定期确认检验表		3年
80	HLDZ 8202-06	紧急放行和例外放行审批单		3年
81	HLDZ 8202-07	送检单		3年
82	HLDZ 8202-08	巡检记录表		3年
83	HLDZ 8301-01	不合格品处理单		3年
84	HLDZ 8301-02	不合格统计表		3年
85	HLDZ 8301-03	返工、返修单		3年
86	HLDZ 8301-04	报废单	生产部	3年

四、组织确定的为确保其过程的有效策划、运行和控制所需的文件

某点钞机公司确定的为确保其过程的有效策划、运行和控制所需的文件见表16-9。

表 16-9　确保其过程的有效策划、运行和控制所需的文件

序号	文件编号	文件名称	责任部门	备注
1	HLDZ/SCG-001～058	设备操作规程汇编	生产部	
2	HLDZ/GG-001～065	工艺规程汇编		
3	HLDZ/JB-001～012	检验标准汇编	品管部	
4	HLDZ/JG-001～09	检验规程汇编		
5	HLDZ/JCCG-001	监视和测量操作规程汇编		
6	HLDZ/SW-001～037	设计文件汇编	技术部	
7	Q/HLDZ/001～012	图样		

思考题十六

16-1　质量管理体系策划的原则是什么？

16-2　质量管理体系策划和实施的主要过程是什么？

16-3　试叙述 GB/T 19001 质量管理体系的策划的主要过程和内容。

16-4　试叙述 GB/T 19001 质量管理体系文件的编制的主要过程和内容。

16-5　试叙述 GB/T 19001 质量管理体系试运行的主要过程和内容。

16-6　试叙述 GB/T 19001 质量管理体系的正式运行的主要过程和内容。

16-7　试举出质量管理体系四类文件的例子。

第十七章

机电企业 GB/T 19001 质量管理体系认证一般要求和程序

本章以某认证公司为例说明 GB/T19001 质量管理体系认证一般要求和程序。

第一节 质量管理体系认证审核服务基本流程与要求

一、质量管理体系认证审核服务基本流程

(1) 对象:质量管理体系;

(2) 依据:GB/T 19001 idt ISO 9001 质量管理体系 要求;

(3) 方式:自愿。

二、质量管理体系认证审核服务基本要求

(一) 质量管理体系认证流程图

质量管理体系认证流程见图 17-1。

(二) 认证申请

(1) 申请组织向认证机构有关部门提出认证申请,填写《质量管理体系认证审核申请书》,并按申请书要求提供相关资料,包括:①法律证明文件(如:申请组织的营业执照、组织机构代码及其他证明文件等复印件);②行业资质证书(如:生产许可证、资质证书、CCC 证书等);③生产工艺或业务流程图等。

(2) 认证机构有关部门受理认证申请,组织进行需求评价,并提供认证报价。

(3) 双方确认认证审核费用后,协商签订认证合同。

(三) 认证准备

(1) 认证机构与申请组织商定现场审核时间,并明确认证要求,即申请组织已按认证标准要求建立了质量管理体系,实施了内部审核和管理评审,且体系充分有效运行三个月以上。

(2) 申请组织(审核委托方)应在现场审核前 1 个月还需提交相关文件,包括:①质量手册、程序文件(如果受审核方同意)和产品实现或服务提供过程流程图等;②产品或服务涉及的强制性标准、法律法规清单;③多场所(固定、临时)清单(多场所组织必须提供)。

(3) 认证机构的准备:①认证机构认证部门组建审核组,并与审核委托方确认审核组成员和审核时间;②经审核委托方认可后正式组成审核组,确定审核组长及审核组成员;③审核组按认证机构的程序,审核质量管理体系文件、制定审核计划,与拟认证组织联络,必要时进行初访。

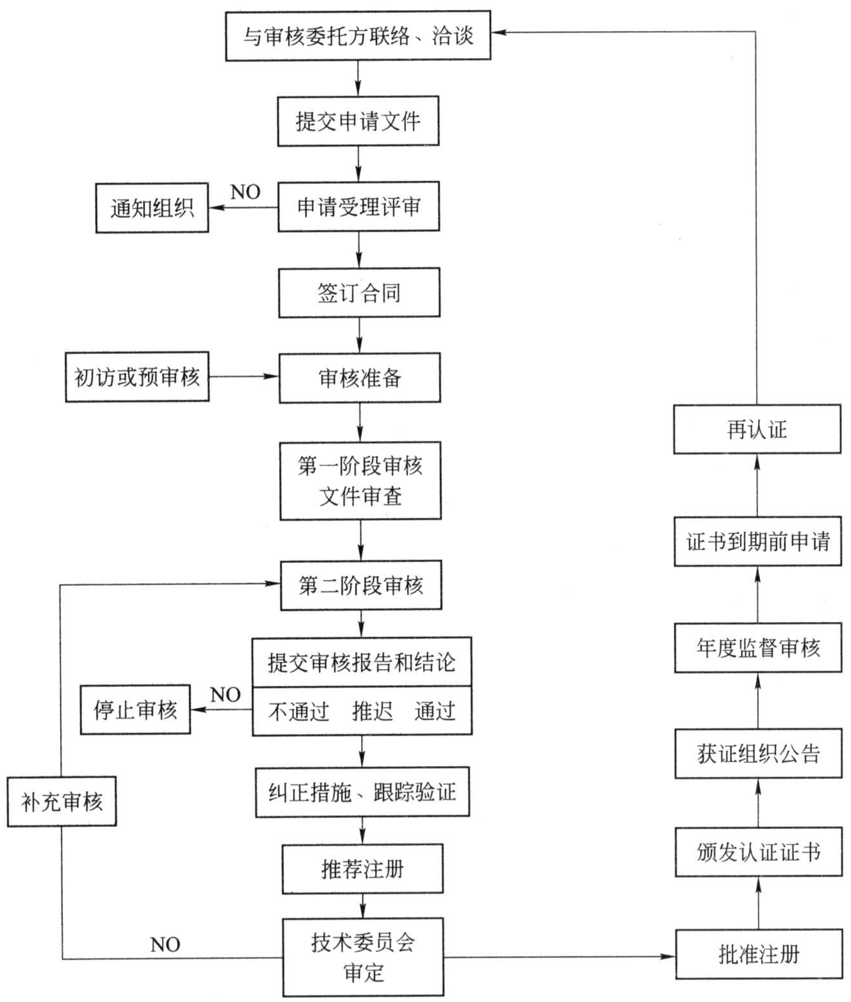

图 17-1　质量管理体系认证流程

(4) 审核委托方的准备：①如审核组长提出质量管理体系文件有问题，审核委托方认可后，应予纠正并提交，并应获审核组长确认；②包含多现场的审核委托方，应在认证审核前按认证机构多现场抽样方案提供多现场清单；③审核组长发送审核计划，审核委托方认可，作好现场审核前的有关准备。

(四) 第一阶段审核

(1) 审核组审查受审核方的质量管理体系文件和审核其质量管理体系；并出具文件评审报告、第一阶段审核报告和不符合报告。受审核方完成文件不符合和不符合报告整改，并得到审核组长的确认。

(2) 评价受审核方的运作场所和现场的具体情况，并与受审核方的人员进行讨论，以确定第二阶段审核的准备工作。

(3) 审查受审核方理解和实施标准要求的情况，特别是对质量管理体系的关键绩效或重要的因素、过程、目标和运作的识别情况。

(4) 收集关于受审核方的质量管理体系范围、过程和场所的必要信息，以及相关的法律法规要求和遵守情况(如受审核方运作中的质量、环境、法律因素，相关的风险等)。

(5) 与受审核方商定第二阶段审核的细节。

(五) 第二阶段审核

1) 第二阶段审核应在受审核方的现场进行，并至少覆盖以下方面：

(1) 与适用的质量管理体系标准或其他规范性文件的所有要求的符合情况及证据。

(2) 依据关键绩效目标和指标，对绩效进行的监视、测量、报告和评审。

(3) 受审核方的质量管理体系和绩效中与遵守法律有关的方面。

(4) 受审核方过程的运作控制。

(5) 内部审核和管理评审。

(6) 针对受审核方质量方针的管理职责。

(7) 规范性要求、质量方针、绩效目标和指标、适用的法律要求、职责、人员能力、运作、程序、绩效数据和内部审核发现及结论之间的联系。

2) 审核组依照审核计划对受审核方进行现场审核，验证质量管理体系与审核依据(包括相关GB/T 19001标准、组织的质量管理体系要求和相关的法律法规)的符合性及实施的有效性。

3) 审核组以客观、公正的态度收集客观证据，对于发现的不符合事实，出具书面不符合项报告，并综合审核情况提出审核报告，做出是否推荐认证注册的结论。

(六) 跟踪验证

(1) 现场审核后，受审核方应对不符合项采取有效的纠正措施，并向审核组提交纠正措施及整改证明材料。

(2) 受审核方的纠正措施一般应在审核结束后一个月内完成，否则不予推荐。

(3) 审核组对受审核方进行书面或现场跟踪审核，如纠正措施的有效性经验证符合要求，方可上报认证机构认证部门。

(七) 注册发证

(1) 推荐发证的准则为：①未发现不符合项，可直接推荐发证；②发现一个严重不符合项和/或若干一般不符合项，受审核方应采取纠正措施并经审核组跟踪验证确认有效纠正后，推荐发证；③发现两个以上(含两个)严重不符合项，或一般不符合项过多，已严重影响受审核方质量管理体系运行的有效性，不予推荐发证。

(2) 受审核方的审核材料经认证机构技术委员会评定认可后，由认证机构最高管理者或授权人员批准并签发认证证书。

(3) 认证证书有效期三年，获证组织同时也获准在规定范围内按规定要求使用质量管理体系认证标志及证书的权利。

(4) 认证机构将在媒体上定期公布获证组织的认证信息，包括其组织的地址和获准认证的范围。

(八) 监督审核

(1) 认证通过之后的三年有效期内，认证机构将定期对获证组织的质量管理体系进行监督审核，以确认获证组织质量管理体系持续的符合性和有效性。每次监督审核将涵盖获证组织质量管理体系有代表性的区域和职能部分。质量管理体系的监督审核的周期为九个月至十二个月，监督审核应至少每年进行一次，两次监督审核的间隔不得超过十二个月，时间按上一次审核的末次会议结束之日起计算，由认证机构认证部门针对不同组织的具体情况制订监督审核计划。

（2）获证组织应在获得认证注册后应确保质量管理体系的有效运作。包括：①始终遵守质量管理体系认证的有关规定；②仅就获准质量管理体系认证的范围做宣传，在宣传认证时，不应损害认证机构的声誉，不应做使认证机构认为误导或未授权的声明；③当接到暂停或撤销认证通知时（不论如何决定的），应立即停止涉及质量管理体系认证内容的广告，并按认证机构的要求交回所有认证文件，包括认证证书；④只能用质量管理体系认证来证明其质量管理体系符合 GB/T 19001 标准要求，不能用其来暗示其产品或服务得到了认证机构的批准；⑤确保不采取误导的方式使用或部分使用认证文件、标志或报告；⑥在传播媒体中（例如文件、小册子或广告）对质量管理体系认证内容的引用，应符合认证机构的要求。

（3）获证组织应及时向认证机构通报质量管理体系运行情况：①每季度填报认证机构认证部门寄发的《情况通报表》；②如发生质量管理体系重大变化、质量手册重大调整或换版、认证覆盖产品重大变动、重大质量事故、产品质量监督或抽查不合格、不合格品召回及处理等情况，应在发生之时起 48 小时内将相应情况及相应的措施以书面形式向认证机构认证部门通报，接受认证机构的检查和处置。

（4）获证组织若需要扩大、缩小认证范围，应提前准备好相应的文件并向认证机构有关部门提出申请，经双方商洽确定相应要求后，在恰当的时机实施审核。

（九）再认证（复评）审核换证

（1）获证组织在证书到期前须实施再认证（复评）换证。获证组织在证书到期前三个月内向认证机构有关部门提出换证申请并接受再认证（复评）审核。注意：证书到期后实施的再认证（复评）审核按初次审核实施。

（2）再认证（复评）审核的目的是验证作为一个整体的组织质量管理体系全面的持续有效性。再认证（复评）审核时需要对质量管理体系在上一个认证周期的绩效进行一次评审。再认证（复评）审核计划一般将考虑上述审核的结果，当质量管理体系、获证组织或质量管理体系运作环境有重大变更时，再认证审核可能需要有第一阶段审核。

（3）经再认证（复评）审核验证合格后，认证机构向获证组织换发认证证书。

（十）申请证书转换

申请证书转换的组织除提供上述资料外，还必须提供以下资料：①原发证机构质量管理体系认证证书复印件；②原发证机构质量管理体系文件审核报告；③最后/最近一次审核计划、审核/监督报告/再认证（复评）报告、不符合项报告及采取纠正措施关闭情况的见证资料。

三、认证其他要求

（一）认证证书和标志的暂停使用

1）认证机构认证部门对获证组织及其质量管理体系在认证资格有效期内进行监视，凡有下列情况之一者，认证机构将暂停获证组织使用认证证书和标志的资格。

（1）获证组织未事先通知认证机构，对法人代表，组织名称变更，组织结构和通过认证的质量管理体系进行重大调整或更改，且该更改偏离了原证书的质量管理体系标准要求。

（2）不能提供出有效期内的生产许可证、CCC 证书等资质证证明文件（必要时）。

（3）获证组织未能按合同规定金额支付质量管理体系认证费用，且经指出后未予以纠正的(超过现场审核时间三个月)。

(4) 出现顾客对产品的重大投诉未能妥善处理并造成用户严重不满。

(5) 出现国家、地方、行业对产品质量监督抽查不合格。

(6) 获证组织在监督审核后认为应暂停的或不按期(超过审核结束1个月)提交纠正措施。

(7) 未能在规定的时间间隔内完成监督审核的。

(8) 其他(如获证组织发生质量、安全事故等;发生投诉经调查后属获证组织应负责任的等)。

(9) 认证证书和认证标志错误使用且得不到纠正时。

(10) 获证组织自愿申请要求暂停认证资格。

(11) 其他构成暂停认证资格情况。

2) 对被暂停使用认证证书和认证标志的获证组织,认证机构将以书面形式通知该组织,并告知认证机构对其恢复使用认证证书和标志的资格的要求和条件。

3) 认证机构认证部门将收回被暂停获证组织的认证证书,并对被暂停组织的整改情况将进行跟踪,经验证若确认该组织在认证机构规定的期限内已采取有效的纠正措施,重新满足规定的要求和条件,认证机构将恢复其使用认证证书和标志的权利,重新发给该组织原认证证书;否则,将撤销其认证注册资格,终止其使用认证证书和标志的权利。

4) 认证证书和标志暂停使用的期限从暂停之日起不超过六个月。

5) 在暂停期间获证组织不得进行任何涉及获得认证机构认证资格内容的宣传。

(二) 认证撤销

1) 获证组织或其质量管理体系有下列情况之一的,认证机构将撤销其注册认证资格:

(1) 认证组织在被暂停使用质量管理体系认证证书和标志后,未按规定要求在规定期限内,采取适当的纠正措施解决存在的问题或完成整改措施;

(2) 日常管理或监督审核时发现获证组织质量管理体系多项严重不符合规定要求,且在短期内无法有效纠正的;

(3) 认证证书和标志的使用严重违反规则,经警告仍不改正的;

(4) 因产品/服务质量、安全造成严重后果或重大社会影响的;

(5) 发生认证机构与获证组织之间协议中特别规定的其他构成撤销认证证书和标志使用资格的有关情况;

(6) 获证组织在未通知我公司情况下,已取得其他认证机构同一质量管理体系认证证书的;

(7) 获证组织未能按合同规定金额支付质量管理体系认证费用,且经指出后未予以纠正的(超过认证决定作出日期三个月);

(8) 在认证证书有效期限内,获证方经营不善,不再提供产品或服务的;

(9) 企业已失去(或改变)法人地位,获证组织倒闭、破产或被兼并;

(10) 由于体系认证标准或认证规则发生变更,体系获证组织不愿或不能确保符合新的要求;

(11) 获证组织在认证证书有效期满前未向认证机构提出再认证(复评)申请的;

(12) 获证组织正式提出撤销认证的;

(13) 发生其他构成撤销认证资格情况的。

2) 对被撤销认证资格的获证组织,认证机构将以书面形式通知该组织,收回其所有认证文件,终止其使用认证证书和标志的权利,在认证机构公开的获证组织名录中删除该组织

相应质量管理体系的注册信息，并在相关的媒体上予以公告。

3）撤销后的认证证书编号将不再被使用，被撤销注册认证资格的组织不得再进行任何涉及获得认证机构认证注册相关内容的宣传。

（三）质量管理体系认证证书及认证标志使用规定

1）获证组织可使用认证机构认证标志。

2）获得认证机构认证许可的组织可以在认证机构认证的质量管理体系相关领域按有关规则使用认证机构认证标志。

CNAS是国际认可论坛（IAF）质量管理体系多边承认协议（MLA）成员。获准CNAS认可的认证机构可以在质量的相关领域按有关规则使用国际认可论坛质量管理体系多边承认协议（IAF/MLA）互认标识。

3）认证标志、认可标志和国际互认标识的简单说明

（1）浙江公信认证有限公司（GAC）质量管理体系认证标志见图17-2。①标志图形正下方为质量管理体系标准代号，一般情况下，若该标准存在国际标准和国家标准且为等同（idt）关系，则在此处采用国际标准代号，除前述关系外的其他情况应直接使用相应的标准代号；②上述认证标志由GAC发布，获得GAC认证许可的组织可以使用。GAC对该认证标志的使用进行监督管理。

（2）CNAS认可标志见图17-3。①CNAS认可标志为图形与文字的组合；②标志图形正下方为CNAS认可注册号，其中的“X”对应相应质量管理体系代号，质量管理体系采用的代号为：Q—QMS质量管理体系认证；③认可标志由CNAS发布，认可标志由CNAS授权获得认可的认证机构使用。CNAS对使用该认可标志的认证机构进行监督管理。认证机构对使用该认可标志的获证组织进行监督管理。

（3）国际互认标识

经CNAS认可，认证机构可以使用国际互认标识。根据认证机构与中国合格评定国家认可委员会签署的书面协议要求，国际互认标志可使用在质量管理体系认证活动中。根据规定，获得认证机构认证的组织可以以认证证书的形式使用IAF MLA标志，见图17-4，但不得单独使用此国际互认标志。

GB/T 19001—质量管理体系标准代号

图17-2　GAC认证标志

CNAS

体系认证

CNAS C013—X

图17-3　CNAS认可标志

图17-4　国际互认标识

4）认证机构认证证书及认证标志的综合要求

（1）获证组织可按规定要求将标志/标识使用在有关文件、邮政收件、广告以及其他宣传材料上，标志必须完整，也不得将其变形使用，其使用方案报认证机构备案。不可使用在产品上或作为产品合格的说明。使用质量管理体系认证标志例子见表17-1。

表17-1 标志的使用

		在产品上	在用于运输产品的大箱子等的上面	在做广告的小册子上等
标志的使用	不带声明	不允许	不允许	允许
	带声明	不允许	允许	允许

(2) 当发现获证组织误用或有意错用认证机构认证标志、CNAS认可标志和国际互认标识,认证机构将采取适当措施要求其中止上述行为并消除滥用标志/标识造成的不良影响,同时在公开媒体上发布澄清声明。

(四) 申诉、投诉与争议处理

1. 关于申诉、投诉与争议说明

(1) 申诉:当组织的认证状态直接受到认证机构决定的影响时作出不满意的正式书面声明。

(2) 投诉:与认证机构或其获证组织、产品或个人有关的不满意的正式声明。

(3) 争议:受审核组织与认证机构在认证程序和认证技术问题方面不同意见的口头或书面表述。

2. 申诉、投诉与争议处理流程

1) 对认证机构的申诉

(1) 申请/获证组织应在接到认证机构的决定或措施通知后10个工作日内向认证机构提出申诉。申诉应以书面文件形式并经申诉方负责人签名盖章后提交,并同时预付申诉保证金2000元。认证机构有关部门负责有关对认证机构获证组织的申诉调查。

(2) 申诉处理结果的反馈。认证机构有关部门应在收到申诉文件的6个月内,将书面处理决定通知申诉人及有关各方。

(3) 费用。申诉处理的合理支出费用由双方根据在申诉事项中所应承担的责任负担。

2) 获证组织对认证机构的投诉

(1) 投诉方应以书面形式就投诉所涉及事件向认证机构提出,并提供所投诉事件的细节情况、证明材料并签单。通常情况下认证机构对匿名投诉不予受理。

(2) 认证机构有关部门负责对投诉的情况进行调查核实。

(3) 投诉处理决定的反馈。认证机构有关部门在收到投诉后的60个工作日内,完成调查并提出书面处理意见,报管理者代表审核,最高管理者或授权人员批准后形成最终决定并立即将处理决定以书面形式反馈给投诉方及有关方面。

3) 争议

(1) 在认证审核过程中提出的争议,一般的,由审核组长与受审核方依据审核准则、认证规则协商处理。对经协商仍不能取得一致意见的,审核组长有权先行决定。但须将争议的情况在10个工作日内报告认证机构行政部。受审核方也可以在10个工作日内直接向认证机构有关部门提出争议。

(2) 在其他场合发生的争议,应在争议所涉及事件发生后10个工作日内以书面文件形式向认证机构有关部门提出。

(3) 争议的处理。认证机构有关部门指定相关人员研究提交的争议,并将研究结果通知争议提出人。争议提出人对处理结果不满意的,可以通过本文件规定的程序向认证机构

有关部门提出申诉或投诉。

3. 约束规则

(1) 申诉/投诉处理工作人员对因其所涉及到的任何与申诉/投诉有关的非公开情况负有保密的责任。

(2) 参与申诉/投诉处理工件的所有工作人员，均应保持客观公正。

(3) 与申诉、投诉或争议事件有直接利害关系的工作人员，均应回避申诉/投诉的处理工作，包括在最近两年内直接参与了向申诉、投诉或争议涉及到的组织或任何其他有关方提供咨询或涉嫌咨询服务的人员(包括管理岗位的人员)。

第二节　质量管理体系认证业务范围和审核服务收费标准

一、质量管理体系认证业务范围

根据 CNAS-GC11 质量管理体系认证机构认证业务范围管理实施指南，认证机构认证业务范围分类有大类、中类、小类；大类共 39 类，每一大类中分若干中类；每一中类中分若干小类。大类见表 17-2。

表 17-2　认证机构认证业务范围分类表

专业大类	认证业务范围	专业大类	认证业务范围
01	农业、渔业	21	航空航天
02	采矿业及采石业	22	其他运输设备
03	食品、饮料和烟草	23	其他未分类的制造业
04	纺织品及纺织制品	24	回收业
05	皮革及皮革制品	25	供电业
06	木材及木制品	26	供气业
07	纸浆、纸及纸制品	27	供水业
08	出版业	28	建设业
09	印刷业	29	批发及零售业；汽车、摩托、个人及家庭用品修理业
10	焦炭及精炼石油制品		
11	核燃料	30	宾馆及餐馆
12	化学品、化学制品及纤维	31	运输、仓储和通信业
13	药品	32	金融中介、房地产和租赁
14	橡胶和塑料制品	33	信息技术
15	非金属矿物制品	34	工程服务
16	混凝土、水泥、石灰、石膏及其他	35	其他服务
17	基础金属及金属制品	36	公共行政管理
18	机械及设备	37	教育
19	电和光学设备	38	健康和社会服务
20	造船业	39	其他社会服务

二、质量管理体系认证审核服务收费标准

质量管理体系认证审核所需“审核日数”与组织规模、人数等有关，见表17-3。

表17-3 质量管理体系认证审核员日

雇员数量	初评审核员日	雇员数量	初评审核员日	雇员数量	初评审核员日
1～10	2	276～425	10	3 451～4 350	18
11～25	3	426～625	11	4 351～5 450	19
26～45	4	626～875	12	5 451～6 800	20
46～65	5	876～1 175	13	6 801～8 500	21
66～85	6	1 176～1 550	14	8 501～10 700	22
86～125	7	1 551～2 025	15	>10 700	依次类推
126～175	8	2 026～2 675	16		
176～275	9	2 676～3 450	17		

注：(1) 表中提到的“雇员”是指其工作活动维持着质量管理体系所描述的认证范围的所有人员。雇员的有效数量包括审核时将在场的非长期（季节性的、临时的和分包的）雇员。可适当考虑季节、月份、日期和班次。根据兼职雇员已工作的小时数量与全职雇员的相比较，宜将兼职雇员的数量折算为全职雇员。

(2) “审核员日”包括：审核员或审核组策划审核的时间（适当时，包括非现场文件审核）；与组织、人员、记录、文件和过程接触的时间；撰写报告的时间。应注意审核策划和完成报告所占的时间不应使现场审核的时间低于审核人日数中总人日数的90%。审核员旅途时间是表中所列审核员日以外的，不计算在内。

(3) 认证机构将根据申请组织的实际情况（包括体系覆盖范围的复杂性、产品风险性、工作或活动的重复性和简单程度、体系成熟情况、认证准备状态、后勤条件等因素）增加或减少审核时间，但考虑所有因素，调整后的审核时间最少不得低于规定时间的70%。

(4) 此表为单一场所组织的审核时间标准，具有多场所的申请组织请同时参考认证机构有关认证机构认证审核多现场组织抽样要求。

思考题十七

17-1 质量管理体系认证的对象、依据、方式和目的是什么？

17-2 简述质量管理体系认证的流程。

17-3 组织向认证机构提出质量管理体系认证申请及接受质量管理体系审核前，需提供什么资料？

17-4 质量管理体系审核分几个阶段？各有什么要求？

17-5 针对质量管理体系审核中发现的不符合报告，审核组长或认证机构应如何实施跟踪验证？

17-6 质量管理体系认证注册发证有何要求？

17-7 简述获准质量管理体系认证后的监督管理。

17-8 质量管理体系认证证书和标志的暂停使用有何规定?

17-9 什么情况下质量管理体系认证证书应予撤销?

17-10 简述质量管理体系认证证书及认证标志的使用。

17-11 简述申诉、投诉与争议处理。

17-12 质量管理体系认证业务范围有几大类?

17-13 质量管理体系认证审核服务收费主要与什么有关?

17-14 简述质量管理体系认证与机电专业知识的关系。

第十八章

与质量认证和认可相关法律法规

与质量认证和认可有关的规定不仅涉及法律法规，而且涉及与质量认证和认可有关的行政法规和行政法规性文件、部门规章及行政规范性文件，本章主要介绍质量认证认可条例和认证及认证培训、咨询人员管理办法。

第一节　质量认证认可条例

一、《中华人民共和国认证认可条例》的立法背景

（一）认证认可的意义

（1）认证认可是国际通行的规范市场和促进经济发展的主要手段。

（2）认证认可企业组织提高管理和服务水平、保证产品质量、提高市场竞争力的可靠方式之一。

（3）认证认可是国家从源头上确保产品质量安全、规范市场行为、指导消费、保护环境、保障人民生命健康、保护国家经济利益和安全、促进对外贸易的重要保障。

（4）认证认可是大多数国家对涉及安全、卫生、环保等产品、服务和管理体系进行有效监管的重要手段。

（5）在国际贸易中，认证认可作为技术壁垒措施，被许多国家和区域经济组织广泛运用，得以保护自身经济利益。

（二）中国的认证认可概况

中国的认证认可制度始于20世纪70年代，伴随着社会主义市场经济体制的建立和不断完善，中国的认证认可工作也取得了长足的发展和进步。目前，中国认证认可工作已经涵盖了产品认证、管理体系认证、卫生注册登记、认证机构和认证培训机构认可、实验室和检查机构认可、认证人员注册等诸多领域。

1）1988年12月29日全国人大通过的《中华人民共和国标准化法》

1989年2月21日全国人大通过的《中华人民共和国进出口商品检验法》确立了认证制度在中国的法律地位。

1991年5月7日，国务院发布了《中华人民共和国产品质量认证管理条例》，该条例确定了国家产品认证的初步框架、组织形式和工作模式，在一定时期内对规范中国产品认证工作，保证产品质量，提高产品信誉，保护用户和消费者的利益，促进国际贸易等方面发挥了积极的作用。

2）但同时，随着国际认证认可规则的日趋完善，特别是在中国加入世界贸易组织后，在认证认可领域的诸多方面已经呈现出与认证认可发展需要不相适应的状况。主要表现在：

(1) 认证认可法律规范相对滞后,《中华人民共和国产品质量认证管理条例》的调整范围仅限于产品质量认证,仅对认证活动做了若干规定,不涉及管理体系认证,也不涉及认可,已经不能适应社会主义市场经济发展的需要,不能适应中国加入世界贸易组织后对服务、管理体系认证和认可实施监督管理的需要。

(2) 认证认可工作中政出多门、交叉管理、多重标准、监督不力的问题比较突出,在客观上制约了认证认可工作的进一步发展。

(3) 认证市场存在一定的混乱现象,严重影响了认证市场的健康、有序发展。

(4) 对外商投资认证机构、境外认证机构代表机构、认证培训机构和认证咨询机构的监督管理缺乏明确的法律依据。

(5) 中国在加入世界贸易组织时已经承诺,对重要的进口产品质量安全许可制度和国产品安全认证强制性监督管理制度实行"四个统一",使中国有关法律、行政法规符合世界贸易组织规则,而当时的法律、行政法规并未体现制度的统一,因此,要兑现这一承诺,必须出台新的法规。

二、中华人民共和国认证认可条例

《中华人民共和国认证认可条例》于 2003 年 8 月 20 日国务院第 18 次常务会议通过,自 2003 年 11 月 1 日起施行。条例共两章十六条。

(一) 总则

第一章总则共八条,主要包括:

(1) 指出制定条例的目的是为了规范认证认可活动,提高产品、服务的质量和管理水平,促进经济和社会的发展。

(2) 明确认证是指由认证机构证明产品、服务、管理体系符合相关技术规范、相关技术规范的强制性要求或者标准的合格评定活动。明确认可是指由认可机构对认证机构、检查机构、实验室以及从事评审、审核等认证活动人员的能力和执业资格,予以承认的合格评定活动。

(3) 明确条例适用范围是在中华人民共和国境内从事认证认可的活动。

(4) 统一认证认可活动:在国务院认证认可监督管理部门统一管理、监督和综合协调下,各有关方面共同实施的工作机制,并按本条例实施管理。

(5) 国务院认证认可监督管理部门应当依法对认证培训机构、认证咨询机构的活动加强监督管理。

(6) 认证认可活动应当遵循客观独立、公开公正、诚实信用的原则。

(7) 鼓励平等互利地开展认证认可国际互认活动,认证认可国际互认活动不得损害国家安全和社会公共利益。

(8) 从事认证认可活动的机构及其人员,对其所知悉的国家秘密和商业秘密负有保密义务。

(二) 认证机构

第二章认证机构共八条,主要包括:

(1) 设立认证机构,应当经国务院认证认可监督管理部门批准,并依法取得法人资格后,方可从事批准范围内的认证活动。未经批准,任何单位和个人不得从事认证活动。

(2) 认证机构,应当符合:①有固定的场所和必要的设施;②有符合认证认可要求的管理制度;③注册资本不得少于人民币 300 万元;④有 10 名以上相应领域的专职认证人员。

(3) 境外认证机构在中华人民共和国境内设立代表机构,须经批准,并向工商行政管理部门依法办理登记手续后,方可从事与所从属机构的业务范围相关的推广活动,但不得从事认证活动。境外认证机构在中华人民共和国境内设立代表机构的申请、批准和登记,按照有关外商投资法律、行政法规和国家有关规定办理。

设立外商投资的认证机构除应当符合上述规定的条件外,还应当符合:①外方投资者取得其所在国家或者地区认可机构的认可;②外方投资者具有 3 年以上从事认证活动的业务经历。设立外商投资认证机构的申请、批准和登记,按照有关外商投资法律、行政法规和国家有关规定办理。

(4) 设立认证机构的申请和批准程序:①设立认证机构的申请人,应当向国务院认证认可监督管理部门提出书面申请,并提交符合本条例第十条规定条件的证明文件;②国务院认证认可监督管理部门自受理认证机构设立申请之日起 90 日内,应当作出是否批准的决定。涉及国务院有关部门职责的,应当征求国务院有关部门的意见。决定批准的,向申请人出具批准文件,决定不予批准的,应当书面通知申请人,并说明理由;③申请人凭国务院认证认可监督管理部门出具的批准文件,依法办理登记手续。

(5) 国务院认证认可监督管理部门应当公布依法设立的认证机构名录。

(6) 认证机构不得与行政机关存在利益关系。认证机构不得接受任何可能对认证活动的客观公正产生影响的资助;不得从事任何可能对认证活动的客观公正产生影响的产品开发、营销等活动。认证机构不得与认证委托人存在资产、管理方面的利益关系。

(7) 认证人员从事认证活动,应当在一个认证机构执业,不得同时在两个以上认证机构执业。

(8) 向社会出具具有证明作用的数据和结果的检查机构、实验室,应当具备有关法律、行政法规规定的基本条件和能力,并依法经认定后,方可从事相应活动。认定结果由国务院认证认可监督管理部门公布。

第二节　认证及认证培训、咨询人员管理办法

《认证及认证培训、咨询人员管理办法》2004 年 4 月 30 日经国家质量监督检验检疫总局局务会议审议通过,自 2004 年 8 月 1 日起施行。管理办法共二十三条。

一、概述

(一) 目的

制定本管理办法目的是为规范认证及认证培训、咨询人员的执业行为,加强对认证市场的管理,根据《中华人民共和国认证认可条例》。

(二) 适用范围

明确认证及认证培训、咨询人员是指管理体系认证审核员、产品认证检查员、认证培训

教员和认证咨询师等从事认证及认证培训、咨询活动的人员，以及认证及认证培训、咨询机构的业务管理人员。且是指受聘于认证及认证培训、咨询机构的人员从事的认证及认证培训、咨询和业务管理的活动的执业人员。

（三）国家有关机构职责

国家对管理体系认证审核员、产品认证检查员、认证培训教员和认证咨询师等从事认证及认证培训、咨询活动的人员实施统一的执业资格注册制度；对认证及认证培训、咨询人员的执业行为实行统一的监督管理。

(1) 国家认证认可监督管理委员会（以下简称国家认监委）负责对从事认证及认证培训、咨询活动人员执业资格注册制度的批准工作；对认证及认证培训、咨询人员执业行为实施监督管理。

(2) 地方质量技术监督部门和各地出入境检验检疫机构（以下统称地方认证监督管理部门）按照各自职责分工，依法对所辖区域内的认证及认证培训、咨询人员的执业行为实施监督检查。

(3) 中国合格评定国家认可委员会（已代替中国认证人员与培训机构国家认可委员会）承担对从事认证及认证培训、咨询活动人员的执业资格注册工作。

(4) 中国合格评定国家认可委员会依照认可准则对认证机构的认证人员的能力评定及使用管理活动实施认可监督。

(5) 认证及认证培训、咨询机构依照本办法的规定，对所聘认证及认证培训、咨询人员执业行为实施管理。

二、注册、执业和受聘

（一）资格注册

(1) 从事认证及认证培训、咨询活动的人员应当向中国合格评定国家认可委员会申请执业资格注册，未经注册的，不得从事相关活动。

(2) 属于认证及认证培训、咨询新领域、国家尚未建立执业资格注册制度的，由相应认证及认证培训、咨询机构建立执业人员评价制度，并统一向中国认证人员与培训机构国家认可委员会申请办理相关人员执业资格的确认，未经确认的，不得从事相关活动。

（二）执业

认证及认证培训、咨询人员执业分为专职和兼职

(1) 专职认证及认证培训、咨询人员是指将认证及认证培训、咨询和有关业务管理活动作为本职工作，与 1 个认证、认证培训或者认证咨询机构签订劳务合同，并固定在该机构工作的人员。

(2) 兼职认证及认证培训、咨询人员是指在不脱离本职工作的情况下与 1 个认证、认证培训或者认证咨询机构签订劳务合同，从事认证、认证培训或者认证咨询活动的人员。

(3) 国家公务员不得从事认证、认证咨询和认证培训活动。

(4) 认证人员从事认证活动应当在 1 个认证机构执业，不得同时在 2 个或者 2 个以上认证机构执业。在认证机构执业的专职或者兼职认证人员，具备相关认证培训教员资格的，经所在认证机构与认证培训机构签订合同后，可以在 1 个认证培训机构从事认证培训活动。

认证人员不得受聘于认证咨询机构或者以任何方式,从事认证咨询活动。

(5) 认证培训人员从事认证培训活动应当在1个认证培训机构执业,不得同时在2个或者2个以上的认证培训机构执业。在1个认证培训机构执业的专职或者兼职认证培训人员,具备相关认证或认证咨询人员资格的,经所在认证培训机构与认证机构或者认证咨询机构签订合同后,可以在1个认证机构或者1个认证咨询机构从事认证或者认证咨询活动。

(6) 认证咨询人员应当在1个认证咨询机构从事认证咨询活动,不得同时在2个或者2个以上的认证咨询机构执业。在认证咨询机构执业的专职或者兼职认证咨询人员,具备相关认证培训教员资格的,经所在认证咨询机构与认证培训机构签订合同后,可以在1个认证培训机构从事认证培训活动。

认证咨询人员不得受聘于认证机构或者以任何方式从事认证活动。

(7) 特殊领域的认证及认证培训、咨询人员的执业,应当经国家认监委批准。

(三) 受聘

认证及认证培训、认证咨询人员受聘于认证及认证培训、咨询机构时,应当出具有关证明文件以及其他申明材料,并保证上述材料的真实、有效。

(1) 认证及认证培训、咨询机构在决定聘用执业人员时,应当查验所聘用的执业人员提供的证明文件以及其他申明材料是否真实、有效,并归档留存。

(2) 认证及认证培训、咨询人员与认证及认证培训、咨询机构之间建立聘用关系的,应当依法签订劳务合同,明确规定双方的权利、义务;聘用关系解除的,应当依法终止劳务合同。

三、认证及认证培训、咨询活动准则

(一) 客观公正、诚实信用的原则

认证及认证培训、认证咨询人员从事认证及认证培训、咨询活动,应当遵循客观公正、诚实信用的原则,确保所从事认证及认证培训、咨询活动具有完整性、客观性、真实性和有效性。

(二) 十一项禁止行为

认证及认证培训、咨询人员从事认证及认证培训、咨询活动,禁止有下列行为:

(1) 在不符合国家有关法律法规规定的机构或者单位,从事认证及认证培训、咨询活动。

(2) 不具备注册资格或者未经确认、批准,从事认证及认证培训、咨询活动。

(3) 出具虚假或者失实的结论,编造或者唆使编造虚假、失实的文件、记录。

(4) 增加、减少、遗漏有关法律法规、标准或者相关规则规定的认证及认证培训、咨询程序。

(5) 作出误导性、欺诈性宣传或者虚假承诺谋取利益。

(6) 接受认证及认证培训、咨询客户及其相关利益方的礼金或者其他形式的利益。

(7) 在认证机构执业的认证人员与认证咨询机构、认证咨询活动存在或者发生经济利益关系;在认证咨询机构执业的人员与认证机构、认证活动存在或者发生经济利益关系。

(8) 认证机构的工作人员在认证活动中与认证咨询机构的工作人员存在利害关系或者

可能对认证公正性产生影响，未进行回避。

(9) 对所在执业的认证及认证培训、咨询机构隐瞒本人执业真实情况。

(10) 恶意诽谤或者诋毁其他认证及认证培训、咨询机构及其人员。

(11) 其他违反认证及认证培训、咨询有关规定的行为。

四、监管和处罚

国家认监委和地方认证监督管理部门可以根据投诉及其在监督管理工作中发现的问题，就有关事项询问认证及认证培训、咨询人员及其执业的机构，有关人员和机构应当积极配合。

(一) 认证及认证培训、咨询人员处罚

(1) 认证及认证培训、咨询人员违反本办法第八条、第九条和第十条规定的，责令限期改正，给予停止执业资格1年的处罚；情节严重的，给予停止执业资格2年的处罚；逾期未改正的，给予撤销执业资格的处罚。

(2) 认证及认证培训、咨询人员违反本办法第十四条第(三)项规定的，给予撤销执业资格的处罚。

(3) 认证及认证培训、咨询人员，违反本办法第十四条其他规定的，责令限期改正；逾期未改正的，给予停止执业6个月以上1年以下的处罚；情节严重的，给予停止执业资格2年直至撤销执业资格的处罚。

(4) 认证及认证培训、咨询人员被撤销执业资格之日起5年内，中国认证人员与培训机构国家认可委员会不再受理其注册申请。

(5) 国家认监委对被停止执业、撤销执业资格的认证及认证培训、咨询人员予以公布。

(二) 认证及认证培训、咨询机构处罚

认证及认证培训、咨询机构对其执业人员未实施有效管理，或者纵容、唆使，导致其执业人员违法违规的，处以5千元以上1万元以下的罚款；情节严重的，处以32万元的罚款；法律、行政法规另有规定的，依照其规定执行。

思考题十八

18-1 制定《中华人民共和国认证认可条例》的意义是什么？

18-2 制定《中华人民共和国认证认可条例》的目的是什么？

18-3 认证认可活动应当遵循何种原则？

18-4 从事认证活动的认证机构应符合什么条件？

18-5 境外认证机构在中华人民共和国境内设立代表机构应符合什么条件？

18-6 设立外商投资的认证机构应符合什么条件？

18-7 制定《认证及认证培训、咨询人员管理办法》的目的是什么？

18-8 《认证及认证培训、咨询人员管理办法》所称的认证及认证培训、咨询人员是

指哪几类人员？

18-9　国家认证认可监督管理委员会对从事认证及认证培训、咨询活动人员负何职责？

18-10　地方质量技术监督部门和各地出入境检验检疫机构对从事认证及认证培训、咨询活动人员负何职责？

18-11　中国合格评定国家认可委员会对从事认证及认证培训、咨询活动人员负何职责？

18-12　从事认证及认证培训、咨询活动的人员应取得什么资格？

18-13　简单叙述认证及认证培训、咨询人员从事认证及认证培训、咨询活动有什么要求？

18-14　从事认证及认证培训、咨询活动的人员受聘应提供什么资料？

18-15　认证及认证培训、认证咨询人员从事认证及认证培训、咨询活动应禁止哪些不良行为？

18-16　简单叙述认证及认证培训、咨询人员从事认证及认证培训、咨询活动违规时，如何处罚？

参考文献

[1] 全国质量管理体系和质量保证标准化技术委员会，合格评定国家认可委员会，中国认证认可协会编著. 2008版质量管理体系国家标准理解与实施[M]. 北京：中国标准出版社，2009.

[2] 中国认证人员国家注册委员会编. 质量管理体系国家注册审核员预备知识培训教程[M]. 天津：天津社会科学院出版社，2001.

[3] GB/T 19000—2008 质量管理体系 基础和术语[S].

[4] GB/T 19001—2008 质量管理体系 要求[S].

[5] GB/T 16999—2010 人民币鉴别仪通用技术条件[S].